Cristian Quinzacara

Problemas Resueltos de Mecánica

Cristian Quinzacara
Facultad de Ingeniería y Tecnología
Universidad San Sebastián
Concepción, Chile

Twitter: @c_quinzacara

Primera edición: agosto 2021

Edición *e-book* (PDF)
ISBN: 978-956-404-494-1

Edición *rústica* (tapa blanda)
ISBN: 978-956-404-497-2

Edición *cartoné* (tapa dura)
ISBN: 978-956-404-498-9

Registro de Propiedad Intelectual: N° 2021-A-7336

Dedicado a la memoria de mi padre

Prefacio

Después de dictar durante varios años el primer curso de física del pregrado en ingeniería he decidido escribir este libro cuyo objetivo principal es entregar un compendio de problemas resueltos de manera ordenada, sistemática y coherente, que sirva a los estudiantes de ingeniería, matemáticas y física para entrenar sus habilidades de razonamiento lógico y operatoria matemática, y así mejorar su desempeño académico.

El presente libro es una recopilación de los problemas consultados en las evaluaciones realizadas a los estudiantes que han asistido a mis clases de mecánica. Cada problema cuenta con su respectiva solución desarrollada con el máximo de detalle que una obra como ésta permite. Numerosos dibujos, diagramas y gráficos acompañan tanto a los problemas como a sus soluciones con el fin de facilitar su comprensión.

En gran parte de las universidades del país y del mundo, el estudio de la física comienza con un curso en que primero se introducen las nociones y herramientas básicas de la física (unidades de medida, notación científica, vectores, etc.) y luego se estudian los principios elementales de la mecánica de Newton, a saber: cinemática, leyes de Newton, teorema del trabajo y la energía, conservación del *momentum* lineal, torque y aceleración angular, y conservación del *momentum* angular. Este libro provee problemas para todos estos temas con un *nivel de dificultad estándar* en lo que se espera se un curso de mecánica newtoniana para estudiantes de pregrado en ingeniería, matemáticas y física. Con «*nivel de dificultad estándar*» me refiero a que su dificultad es comparable a la de los problemas que aparecen en libros considerados referentes en la materia tales como *Física para ciencias e ingeniería* de R. Serway y J. Jewett, *Física para la ciencia y la tecnología* de P. Tipler y G. Mosca, y *Fundamentos de Física* de D. Halliday, R. Resnick y J. Walker, entre otros. De hecho, los títulos anteriores son los recomendados para estudiar la teoría necesaria para resolver los problemas aquí propuestos.

Las matemáticas son fundamentales en el estudio de la física. Para enfrentar los problemas de este volumen es necesario contar con conocimientos previos principalmente de álgebra y nociones de cálculo diferencial y álgebra lineal, éstas dos últimas, asignaturas que generalmente se cursan en paralelo con mecánica.

Durante mis años dedicados a la docencia universitaria he visto en reiteradas ocasiones cómo mis estudiantes utilizan los problemas resueltos que tienen a su disposición. Cuando la solución se da inmediatamente tras el enunciado tienden a seguir la forma en que el problema fue solucionado por el autor y no a tratar de *razonar por sí mismos* cuál es el algoritmo que los llevará a la solución. Es por esto que en este libro he decidido separar los problemas de sus respectivas soluciones, tratando de evitar que los estudiantes que lo utilicen caigan en la tentación de revisar de inmediato cómo se resolvió el problema de turno. Como consecuencia de lo anterior, el libro se compone de dos partes: la primera titulada *Problemas Propuestos* y la segunda *Soluciones*. Por supuesto, en la primera parte se enuncian los problemas mientras que en la segunda se muestran sus soluciones con todo detalle. Tanto la primera como la segunda parte han sido organizadas en seis capítulos que agrupan los problemas según los ejes tradicionales de la asignatura:

- Introducción a la Física
- Cinemática de la partícula
- Dinámica de la partícula
- Movimiento circunferencial
- Energía y *momentum* lineal
- Dinámica del cuerpo rígido.

Al cierre se incluye un apéndice con los momentos de inercia de los sólidos homogéneos más sencillos.

Por último, me gustaría indicar que la retroalimentación es bienvenida. Errores detectados, sugerencias para abordar los problemas o bien comentarios y/o valoraciones serán recibidas con entusiasmo, y en el caso de que una segunda edición vea la luz, serán con gusto incluidas. Agradeceré enviar esta información a mi correo cristian.quinzacara@gmail.com.

Concepción, Chile
Agosto de 2021

Cristian Quinzacara

Índice general

Parte I
Problemas Propuestos

Capítulo 1
Problemas de introducción a la Física

Los siguientes problemas tratan sobre los temas introductorios de todo curso de mecánica:

- Unidades de medida,
- Cifras significativas,
- Notación científica,
- Análisis dimensional,
- Vectores.

Las soluciones a los problemas de este capítulo se encuentran en el Capítulo 7.

1.1 Unidades de medida, cifras significativas y notación científica

Las soluciones de los siguientes problemas se encuentran en la Sección 7.1, página 55.

Problema 1.1. Utilizando cifras significativas y notación científica, determine el valor de $\tau = F(r_1 - r_2)$, donde $r_1 = 55{,}0$ cm, $r_2 = 0{,}480$ m y $F = 6{,}845$ N son tres magnitudes medidas.

Problema 1.2. Utilizando cifras significativas calcule el volumen de un paralelepípedo de caras rectangulares de lados $a = 15{,}58$ cm, $b = 47{,}9$ cm y $c = 3{,}6754$ cm. Exprese su resultado usando notación científica.

Problema 1.3. La densidad del oro en condiciones normales en el SI es dada por

$$\rho_{\mathrm{Au}} = 1{,}93 \times 10^4 \ \frac{\mathrm{kg}}{\mathrm{m}^3}.$$

a) Transforme la densidad del oro a unidades del sistema CGS (centímetro-gramo-segundo).

b) Transforme la densidad del oro a unidades del sistema tradicional de los EE.UU. (lb_m/ft^3).

Indicación: Considere que una *libra de masa* (lb_m) es igual a 453,6 g y un *pie* (ft) equivale a 30,48 cm.

Problema 1.4. El *minuto-luz* (min l) es una unidad de medida que se define como la distancia que recorre la luz en el vacío durante un minuto. Se sabe que la distancia media entre el Sol y Saturno es $d = 79{,}5$ min l. Si un pie (ft) equivale a 12 pulgadas y una pulgada (in) es equivalente a 2,54 cm, determine la distancia d en pies (ft).

Indicación: La rapidez de la luz en el vacío se define como $c = 299\,792{,}458$ km/s.

Problema 1.5. Considere un recipiente lleno con agua. Las medidas del recipiente son 19,69 in de largo, 31,50 in de ancho y 27,60 in de alto. La masa de agua es 9 876,7 oz. Utilizando cifras significativas y notación científica en cada operación:

a) Transforme la masa de agua a unidades del SI (Sistema Internacional).

b) Obtenga el volumen de agua en in^3.

c) Transforme el volumen obtenido en el item anterior a unidades SI.

d) Calcule la densidad del agua en unidades SI.

Indicación: Considere 1 oz = 28,35 g y $1 \text{ in} \equiv 2,54$ cm.

Problema 1.6. En su forma metálica el *osmio* es el elemento natural más denso. Considere un bloque de este metal que mide 5,05 in (pulgadas) de largo, 4,567 in de ancho y 1,62 in de alto. La masa de este bloque es 488,89 oz (onzas). Utilizando cifras significativas y notación científica en cada operación,

a) Transforme la masa a unidades del SI (Sistema Internacional).

b) Obtenga el volumen del bloque en in^3.

c) Transforme el volumen obtenido en la pregunta anterior a unidades SI.

d) Calcule la densidad del osmio en unidades SI.

Indicación: Considere que 1 oz es igual a 28,35 g y 1 in es equivalente a 2,54 cm.

Problema 1.7. La *unidad astronómica* (UA) se define como la distancia media de la Tierra al Sol, a saber, $1{,}496 \times 10^{11}$ m. El *pársec* (pc) es la longitud radial desde la cual una UA de longitud de arco subtiende un ángulo de $1''$ –*un segundo de arco*– como muestra la Figura 1.1. El año luz (al) es la distancia que la luz recorre en un año.

a) ¿Cuántos pársec están contenidos en una unidad astronómica?

b) ¿Cuántas unidades astronómicas existen en un año luz?

c) ¿Cuántos años luz tiene un pársec?

Indicación: Un grado sexagesimal (1°) equivale a sesenta minutos de arco (60′) y un minuto de arco (1′) equivale a sesenta segundos de arco (60″).

$$1° = 60' \quad , \quad 1' = 60''.$$

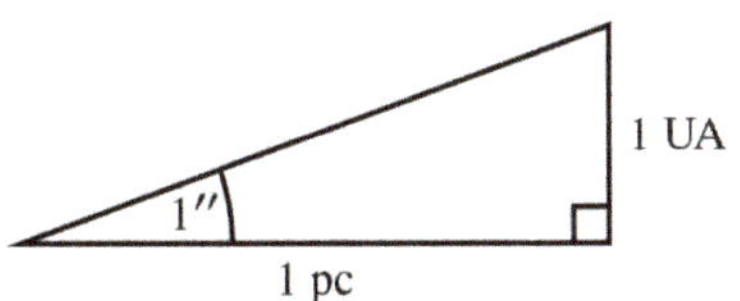

Figura 1.1. *Geometría del Problema 1.7.*

Problema 1.8. En uno de sus viajes, el arqueólogo Indiana Jones encontró una antigua civilización perdida en medio de los Himalayas. Para los lugareños el día estaba dividido en 12 000 tim y la altura de su montaña sagrada, el monte Everest, era 6 320 tam.

a) Determine a cuánto es equivalente 1,00 tam^3 en unidades del SI.

b) Transforme la rapidez del sonido 340 m/s a las unidades de los timtamtumenses.

c) Si la densidad del agua medida por los timtamtumenses era 3 920 $\frac{\text{tum}}{\text{tam}^3}$ ¿Cuánto es 1,00 kg en unidades de los timtamtumenses?

Indicación: La altura del monte Everest es 8 848 m y la densidad del agua es 1 000 kg/m^3.

1.2 Análisis dimensional

Las soluciones de los siguientes problemas se encuentran en la Sección 7.2, página 60.

Problema 1.9. El *número de Reynolds* (Re) es una cantidad adimensional que usted estudiará en el curso de Mecánica de Fluidos. El número de Reynolds relaciona la densidad ρ, la viscosidad μ, y la velocidad v de un fluido, con el diámetro D de la tubería por la que circula. El número de Reynolds se define como

$$\text{Re} = \frac{\rho v D}{\mu}.$$

Si las dimensiones de la densidad son $[\rho] = ML^{-3}$, encuentre la unidad de medida SI de la viscosidad μ.

Problema 1.10. Para medir experimentalmente la aceleración de gravedad g un grupo de estudiantes ha encontrado la siguiente relación

$$g = 4\pi^2 \frac{l^2(l-R)}{aT^2} \cos\alpha$$

donde l y R son longitudes, T es un período de tiempo y α un ángulo ¿Qué dimensiones tiene a?

Problema 1.11. Dada la siguiente ecuación física dimensionalmente homogénea

$$mx = f - \sqrt{y}\, s + yz\,,$$

donde m es una masa y f es fuerza.

a) ¿Cuál es la ecuación dimensional de x?

b) Si s es longitud, ¿Cuál es la ecuación dimensional de y?

c) ¿Cuál es son las dimensiones de z?

Indicación: La ecuación dimensional de la fuerza es $[f] = ML/T^2$.

Problema 1.12. Considere la siguiente expresión dimensionalmente correcta

$$p = 2x\,t^2 \log\pi + y\,p + zF$$

donde p es presión, t es tiempo, ρ es densidad y F es fuerza.

a) Si la fuerza F se mide en kg m/s^2 y z se mide en 1/m^2, determine la dimensión de la presión p.

b) La dimensión de la densidad es $[\rho] = ML^{-3}$ ¿Cuál es la unidad de la constante y en el Sistema Internacional?

c) Determine la dimensión de la constante x.

d) Las unidades de masa, longitud y tiempo en el sistema tradicional de los EE.UU. son $\mathrm{lb_m}$ (libra de masa), ft (pie) y segundo ¿Cuál es la unidad de medida de la constante x en el sistema tradicional de los EE.UU.?

Problema 1.13. Considere la siguiente ecuación física

$$am = p + bx - \sqrt{b}c,$$

donde m es una masa, x es una longitud y p es una presión. En términos de las dimensiones longitud, masa, tiempo (LMT), determine

a) La ecuación dimensional de a.

b) Las unidades de medida de b en el Sistema Internacional.

c) La ecuación dimensional de c.

Indicación: La presión se mide en el SI en *pascal* (Pa)

$$1\,\text{Pa} = \frac{\text{kg}}{\text{m}\,\text{s}^2}.$$

Problema 1.14. Si una partícula sigue una trayectoria circunferencial de radio r con rapidez constante v, se sabe que la magnitud de la aceleración radial de la partícula es de la forma

$$a_r = v^m r^n,$$

mientras que la magnitud de la aceleración tangencial de la partícula es de la forma

$$a_\theta = cr$$

donde m, n y c son constantes reales. Utilizando análisis dimensional determine

a) Los valores de m y n.

b) Las dimensiones de la constante c.

Finalmente, usted aprenderá que la rapidez v se relaciona con el radio r y la rapidez angular ω como

$$v = \omega r.$$

c) Obtenga las unidades de medida de ω en el sistema internacional.

1.3 Vectores

Las soluciones de los siguientes problemas se encuentran en la Sección 7.3, página 64.

Problema 1.15. El *momentum* lineal de una partícula es $\vec{p} = (-5{,}3\,\hat{\imath} - 3{,}8\,\hat{\jmath})$ kg m/s. Obtenga el ángulo entre $\vec{p}$ y la *dirección positiva* del eje y.

Problema 1.16. En la Figura 1.2 *a*), considere los vectores $\vec{a}$, $\vec{b}$ y $\vec{c}$ cuyas magnitudes son 8,4 m, 11,2 m y 5,64 m, respectivamente.

a) Escriba cada vector en forma unitaria (coordenadas cartesianas).

b) Calcule el valor de $\vec{a} + \vec{b} + \vec{c}$.

Indicación: No olvide usar cifras significativas.

Problema 1.17. Considere los vectores $\vec{r} = 10{,}5$ m, $\vec{s} = 12{,}3$ m y $\vec{t} = 9{,}84$ m, y los ángulos $\alpha = 60{,}0°$, $\beta = 45{,}0°$ y $\gamma = 15{,}0°$ mostrados en la Figura 1.2 *b*). Calcule

a) Las componentes rectangulares de cada uno de los tres vectores.

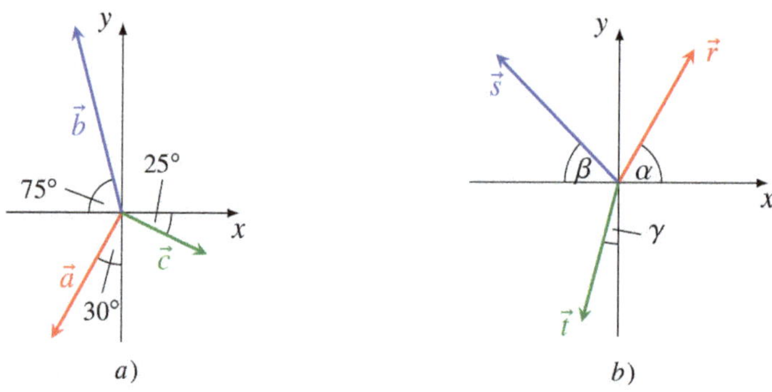

Figura 1.2. *Vectores involucrados en los problemas 1.16 y 1.17.*

b) $(\vec{r} + 2\vec{s}) \cdot \vec{t}$

Indicación: No olvide utilizar *cifras significativas*.

Problema 1.18. Considere los siguientes vectores $\vec{F} = (12{,}0\,\hat{\imath} - 17{,}0\,\hat{\jmath})\,\mathrm{N}$ y $\vec{d} = (-5{,}0\,\hat{\imath} - 8{,}0\,\hat{\jmath})\,\mathrm{m}$.

a) Dibuje los vectores en un sistema coordenado cartesiano.

b) Determine la magnitud y el ángulo *polar* del vector $\vec{F}$.

c) Obtenga la magnitud y el ángulo *polar* del vector $\vec{d}$.

d) Calcule el producto punto entre ambos vectores.

Indicación: El ángulo polar de un vector es el ángulo que forma el vector con el eje x medido en sentido antihorario ↺.

Capítulo 2
Problemas de cinemática de la partícula

La cinemática trata sobre la descripción del movimiento sin atender sus causas. Los problemas enunciados a continuación cubren los siguientes tipos de movimiento:

- Movimiento rectilíneo,
- Movimiento parabólico,
- Movimiento relativo.

Las soluciones a los problemas de este capítulo se encuentran en el Capítulo 8.

2.1 Definiciones cinemáticas

Las soluciones de los siguientes problemas se encuentran en la Sección 8.1, página 71.

Problema 2.1. Un automóvil se mueve con rapidez constante de 90,0 km/h hacia el oeste durante 30,0 minutos, después lo hace durante 20,0 minutos en la dirección 60,0° al norte del este y finalmente hacia el sur durante 40,0 minutos. Utilizando un sistema de referencia con eje x apuntando hacia el este y eje y hacia el norte, obtenga

a) El desplazamiento total del automóvil.

b) La distancia total recorrida por el automóvil.

c) La velocidad media del automóvil.

Indicación: No olvide utilizar *cifras significativas*.

Problema 2.2. Un mortero es un arma que dispara proyectiles con gran poder destructivo en un ángulo superior a 45° y a velocidades relativamente bajas. La ecuación de la trayectoria de un proyectil disparado por un mortero *10 cm Nebelwerfer 40* (usado por los alemanes en la II Guerra Mundial) se muestra a continuación

$$\vec{r}(t) = \Big((130 + 155\,t)\,\hat{\imath} + (268\,t - 4{,}90\,t^2)\,\hat{\jmath}\Big)\,\mathrm{m}$$

donde t es medido en segundos.

Si el disparo ocurre en el tiempo $t = 0{,}00$ s y el proyectil impacta en el blanco en $t = 54{,}0$ s, determine

a) La velocidad media del proyectil durante todo el movimiento.

b) La velocidad del proyectil en el momento del disparo.

c) La aceleración en función del tiempo durante el vuelo del proyectil.

Indicación: No olvide usar cifras significativas y notación científica.

2.2 Movimiento rectilíneo

Las soluciones de los siguientes problemas se encuentran en la Sección 8.2, página 73.

Problema 2.3. Suponga que la posición de una partícula que se mueve en línea recta y con velocidad constante, es $x = -3{,}0\,\mathrm{m}$ en $t = 1{,}0\,\mathrm{s}$, y $x = -5{,}0\,\mathrm{m}$ en $t = 6{,}0\,\mathrm{s}$.

a) Construya la gráfica de la posición en función del tiempo.

b) Determine la velocidad con que se mueve la partícula.

c) Determine la ecuación itinerario.

d) ¿Dónde se encontrará la partícula en el tiempo $t = 10\,\mathrm{s}$? ¿Y en $t = 15\,\mathrm{s}$?

e) ¿Cuál es el desplazamiento entre $t = 10\,\mathrm{s}$ y $t = 15\,\mathrm{s}$?

Problema 2.4. Una partícula se desplaza en línea recta hacia la dirección positiva del eje x partiendo de un punto O con una velocidad constante de 3,0 m/s. Después de 6,0 s, al pasar por el punto P, adquiere un movimiento con aceleración constante de 4,0 m/s^2. Escriba la ecuación que proporciona la posición x de la partícula en función del tiempo si

a) El origen de x está en O y se toma $t = 0{,}0$ s cuando la partícula pasa por P.

b) El origen de x está en P y se toma $t = 0{,}0$ s cuando la partícula pasa por ese punto.

Problema 2.5. Desde un mismo lugar parten simultáneamente, en línea recta y en el mismo sentido, un ciclista y un corredor de fondo. El corredor mantiene una velocidad constante de 6,0 m/s y el ciclista parte del reposo y acelera a razón de 4,0 m/s^2. Considere que el movimiento ocurre en la dirección positiva del eje x y además suponga que el movimiento comienza en el origen del sistema de referencia.

a) Escriba las ecuaciones itinerario del ciclista y del corredor.

b) Determine el tiempo que tarda el ciclista en alcanzar al corredor

c) A los 8,0 s de iniciado el movimiento ¿Qué distancia separa a uno del otro?

Problema 2.6. Un motociclista se mueve en la dirección positiva del eje x con rapidez de 90,0 km/h. En un instante de tiempo ve que un gatito se cruza en su camino a una distancia de 50,0 m, ante lo cual frena con aceleración constante. Si la magnitud de la aceleración de frenado es 5,00 m/s^2

a) ¿Cuánto tiempo tarda la moto en detenerse?

b) ¿Qué distancia recorre hasta detenerse? ¿Se salva el gatito?

Suponga que la moto el día anterior fue llevada al taller mecánico y se le *cambiaron los frenos*. En esta situación el motorista alcanza a frenar justo antes de atropellar al gatito

c) ¿Cuál fue la aceleración de frenado?

Indicación: No olvide utilizar *cifras significativas*.

Problema 2.7. Un motociclista se prepara para recorrer una pista recta y sin pendiente. En cierto instante de tiempo, el motociclista arranca desde el reposo con una aceleración de 2,0 m/s^2 hacia una pared que se encuentra a 120 m.

a) ¿Qué distancia ha recorrido la moto tras 4,0 segundos de recorrido? ¿A qué distancia se encuentra de la pared?

b) ¿Cuánto tiempo tardaría el motorista en chocar con la pared?

c) Suponga que tras 8,0 segundos desde que comenzó su movimiento, el motorista decide apretar los frenos para evitar chocar con la pared, logrando una desaceleración de 3,0 m/s^2. Calcule el tiempo que tarda en detenerse

d) ¿Logra detenerse a tiempo antes de chocar con la pared?

Indicación: No olvide utilizar *cifras significativas*.

Problema 2.8. Desde la azotea de un edificio de 120 m de altura se lanza hacia abajo una pequeña bola con velocidad inicial de 20 m/s. Desde el suelo se lanza hacia arriba una segunda bola con velocidad inicial de 60 m/s. Considere que ambas bolas son arrojadas al mismo tiempo

a) Determine las ecuaciones cinemáticas (posición y velocidad) de cada bola.

b) Obtenga el instante de tiempo en que ambas bolas se encuentran en la misma posición.

c) Calcule la altura respecto del piso en la que ocurre el encuentro.

d) Determine el vector velocidad con que llega la primera bola al suelo.

Problema 2.9. Dos cuerpos A y B se mueven sobre el eje x. Se sabe que ambos cuerpos describen movimientos con aceleración constante y que luego de cierto tiempo se llegan a encontrar. La Tabla 2.1 muestra datos de la posición y velocidad de los cuerpos en distintos instantes de tiempo. Obtenga

Magnitud	Instante	Valor
Posición de A	1,0 s	2,0 m
Posición de A	2,0 s	8,0 m
Posición de B	3,0 s	182 m
Velocidad de A	4,0 s	16,0 m/s
Velocidad de B	5,0 s	0,0 m/s
Velocidad de B	6,0 s	2,0 m/s

Tabla 2.1. *Variables cinemáticas de los cuerpos A y B del Problema 2.9.*

a) La aceleración de cada cuerpo.

b) La posición inicial (en t = 0,0 s) de cada cuerpo.

c) La velocidad inicial (en t = 0,0 s) de cada cuerpo.

d) El instante de tiempo posterior en que ambos cuerpos se encuentran.

Indicación: Formule las ecuaciones cinemáticas de cada cuerpo, reemplace los valores de posición y velocidad, y luego, resuelva el sistema de ecuaciones.

Problema 2.10. Un auto avanza por una carretera recta a 120 km/h cuando adelanta a un camión. En ese momento, aparece otro auto que avanza en sentido contrario a 100 km/h. Los dos conductores frenan simultáneamente con la misma aceleración de magnitud igual a 5,0 m/s^2.

a) Formule las ecuaciones de movimiento para cada auto indicando el sentido considerado como positivo.

b) Calcule cuánto tiempo tarda cada vehículo en detenerse.

c) ¿Cuál debe ser la distancia mínima entre los autos, al inicio de la frenada, para que no choquen entre sí?

Indicación: No olvide utilizar *cifras significativas*.

2.3 Interpretación de gráficos

Las soluciones de los siguientes problemas se encuentran en la Sección 8.3, página 84.

Problema 2.11. El gráfico de la Figura 2.1 *a)* representa la velocidad horizontal de un auto de juguete. Se sabe que la posición del autito es $x = 0{,}0$ cm cuando $t = 0{,}0$ s. Determine en unidades SI

a) La ecuación itinerario del autito en los 11 s de recorrido.

b) La posición del auto en $t = 5{,}0$ s y su desplazamiento entre $t = 2{,}0$ s y $t = 5{,}0$ s.

c) La aceleración media y la velocidad media entre $t = 5{,}0$ *s* y $t = 9{,}0$ s.

Indicación: No olvide usar cifras significativas y notación científica.

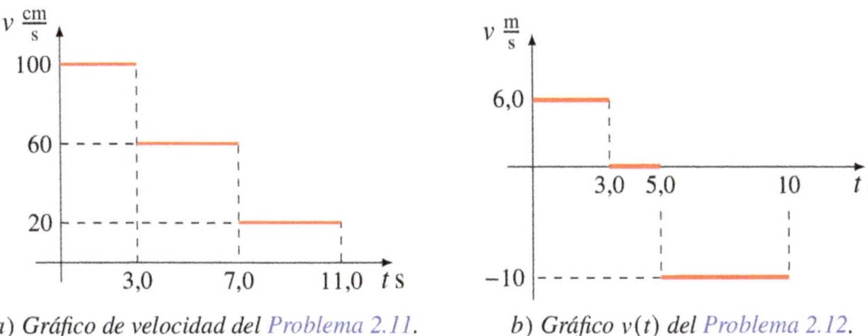

a) Gráfico de velocidad del Problema 2.11.

b) Gráfico v(t) del Problema 2.12.

Figura 2.1

Problema 2.12. Considere el gráfico de velocidad de una partícula que se mueve en línea recta de la Figura 2.1 *b)*. Obtenga

a) La velocidad como función del tiempo $v(t)$, a partir de la lectura del gráfico.

b) La gráfica de la posición suponiendo que el movimiento solo ocurre en el eje x y sabiendo que en $t_0 = 0{,}0$ s la posición es $x_0 = -5{,}0$ m.

c) La ecuación itinerario de la partícula.

d) El desplazamiento total y la velocidad media (entre $t_i = 0{,}0$ s y $t_f = 10$ s).

e) La *distancia total* recorrida y la rapidez media (entre $t_i = 0{,}0$ s y $t_f = 10$ s).

Sugerencia: Para calcular la distancia total, calcule la distancia que *avanza* la partícula, luego calcule la distancia que *retrocede* y sume estas distancias.

Problema 2.13. La Figura 2.2 *a)* muestra la gráfica $v(t)$ v/s t del movimiento de una partícula. Suponiendo que en el tiempo $t = 1{,}0$ s la partícula se encuentra en $x = 2{,}0$ m. Determine

a) Determine la aceleración media entre $t = 2{,}0$ s y $t = 7{,}0$ s.

b) La ecuación itinerario $x(t)$.

c) La velocidad media durante los 10 segundos de movimiento.

d) El instante de tiempo en que la partícula pasa por el origen ($x = 0{,}0$ m).

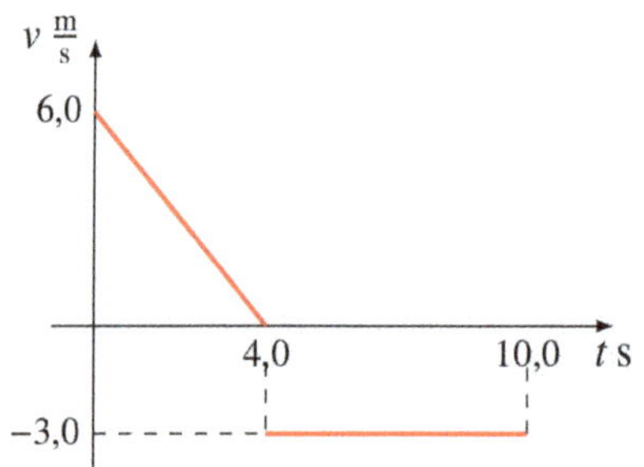

a) *Gráfico $v(t)$ del movimiento de la partícula del Problema 2.13.*

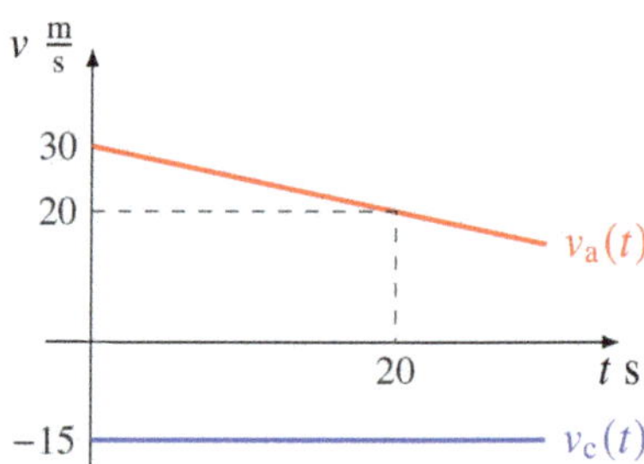

b) *Velocidad en función del tiempo del auto (v_a) y la camioneta (v_c) del Problema 2.14.*

Figura 2.2

Problema 2.14. El gráfico de la Figura 2.2 *b*) muestra la velocidad en función del tiempo de un auto (v_a) y de una camioneta (v_c) que se mueven por una carretera recta, en sentidos opuestos. Si en $t = 0{,}0$ s el auto se encuentra en el origen del sistema de referencia y los vehículos están distanciados 500 m

a) Determine la aceleración de cada vehículo.

b) Escriba la ecuación itinerario para cada vehículo.

c) Encuentre la distancia que separará los vehículos transcurridos 30 s.

Indicación: No olvide usar cifras significativas y notación científica.

Problema 2.15. El gráfico de la figura Figura 2.3 muestra la velocidad de un automóvil $v_a(t)$ y de una motocicleta $v_m(t)$ que se mueven por la misma trayectoria rectilínea en cierto intervalo de tiempo. Ambos vehículos se encuentran en la misma posición en $t = 0{,}0$ s. Obtenga

a) La velocidad en función del tiempo de cada vehículo.

b) La ecuación itinerario de cada vehículo.

c) El instante de tiempo en el que se vuelven a encontrar ambos vehículos ¿Es este tiempo t_1? Explique.

d) La distancia recorrida desde $t = 0{,}0$ s hasta que ocurre el encuentro entre los vehículos.

Indicación: No olvide usar cifras significativas.

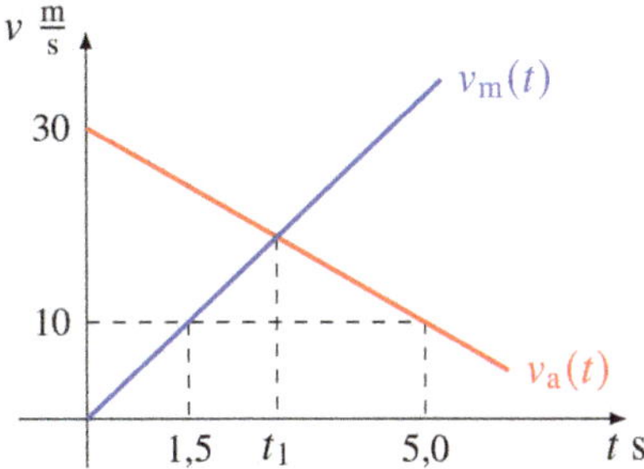

Figura 2.3. *Velocidad del automóvil y de la motocicleta del Problema 2.15.*

2.4 Movimiento parabólico

Las soluciones de los siguientes problemas se encuentran en la Sección 8.4, página 94.

Problema 2.16. Un proyectil se dispara horizontalmente desde un cañón ubicado en la cima de una colina de 45,0 m de altura sobre la llanura. Si la rapidez del proyectil en la boca del cañón es de 900 km/h, obtenga

a) El tiempo que permanece el proyectil en el *aire*.

b) La distancia *horizontal* a la que el proyectil golpea el suelo de la llanura.

c) El *vector* velocidad justo antes que el proyectil golpee el suelo.

Indicación: Desprecie el rozamiento del proyectil con el aire.

Problema 2.17. En el bosque de *Sherwood* se encuentra uno de los árboles más emblemáticos de toda Inglaterra. Se trata del *Major Oak* –Roble Mayor–, un imponente árbol que se estima tiene cerca de mil años. La leyenda cuenta que era en este árbol donde *Robin Hood* y su banda se ocultaban.

Durante una demostración para sus seguidores, *Robin Hood* lanza una flecha estando a 65 m de distancia del *Major Oak*, con la intención de sobrepasarlo. Robin lanza la flecha desde la altura de su hombro, a unos 150 cm de altura sobre el piso, con rapidez de 32 m/s, formando un ángulo de 50° sobre la horizontal.

Robin logra su objetivo. La flecha sobrepasa el *Major Oak* y cuando va cayendo se clava a 15 m de altura en otro árbol situado detrás. Determine

a) El tiempo de vuelo de la flecha

b) La magnitud y dirección de la velocidad de la flecha al incrustarse en el árbol.

c) La distancia desde el *Major Oak* a la que se encuentra el árbol en que se incrustó la flecha.

d) La altura del *Major Oak* si la flecha apenas lo sobrepasa.

Problema 2.18. La Figura 2.4 muestra un avión de combate que se dirige a hacer blanco en un objetivo con una velocidad de magnitud 315 km/h.

Cuando el piloto se prepara para realizar el disparo, forma un ángulo de $\theta = 30{,}0°$ bajo la horizontal, justo en este instante libera el proyectil impactando a una distancia horizontal $d = 754$ m.

a) ¿Cuánto tiempo tarda el proyectil en impactar a su objetivo?

b) ¿Cuál fue la altura del lanzamiento?

c) ¿Cuál fue la velocidad y dirección del proyectil al impactar con el suelo?

Indicación: No olvide usar cifras significativas y notación científica.

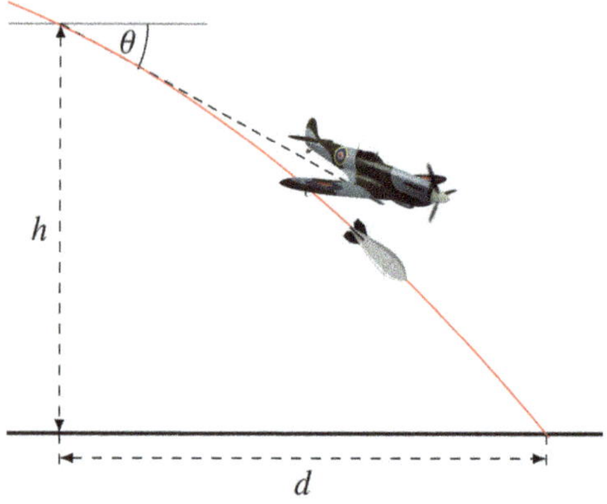

Figura 2.4. *Diagrama del avión de combate del Problema 2.18.*

Problema 2.19. *Legolas* el elfo, se encuentra sobre una torre de 20,0 m de altura, disparando sus certeras flechas contra los orcos que tratan de tomar el castillo.

Figura 2.5. *Legolas defendiendo la torre del Problema 2.19.*

Ante la gran perdida de tropas, los orcos traen una catapulta que es capaz de disparar a 70,0 m/s con ángulo de elevación de 30,0° Determine *a*) La distancia desde la torre a la cuál se debe ubicar la catapulta para hacer blanco en su base (*desprecie la altura de la catapulta*).

Para mejorar la probabilidad de éxito, los orcos ubican la catapulta a 200 m de la torre. La vista de águila de Legolas le permite darse cuenta de lo que traman los orcos y decide lanzar una flecha horizontal para hacer blanco en el operador de la catapulta.

b) ¿Cuál debe ser la rapidez inicial de la flecha de Legolas? Si Legolas dispara flechas a 60,0 m/s ¿Es capaz Legolas de hacer blanco y evitar el disparo de la catapulta?

Problema 2.20. Una pelota resbala a lo largo de un techo inclinado en un ángulo $\alpha = 36°$ respecto a la horizontal y situado a una altura $h = 6{,}5$ m sobre el suelo. La pelota llega al borde del tejado con una rapidez $v = 10$ m/s y luego cae libremente.

La pared opuesta más próxima al tejado está a una distancia horizontal $D = 4{,}0$ m. Considere el nivel de referencia en el suelo.

a) ¿La pelota llega directamente al piso o choca con la pared opuesta?

b) Determine las coordenadas donde choca la pelota.

c) Obtenga el *vector* velocidad de la pelota en el punto de impacto.

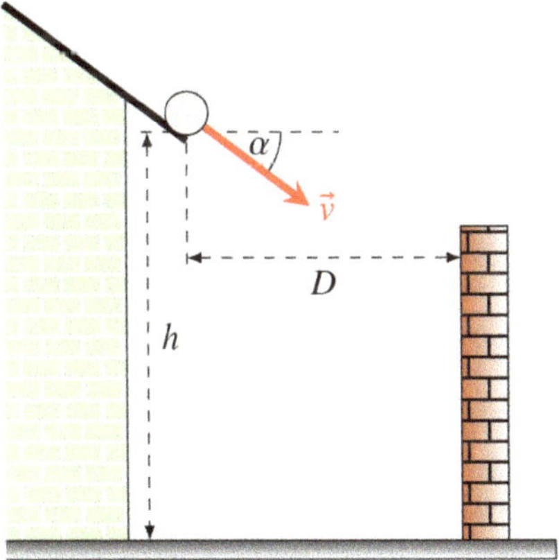

Figura 2.6. *Esquema del Problema 2.20.*

2.5 Movimiento relativo

Las soluciones de los siguientes problemas se encuentran en la Sección 8.5, página 102.

Problema 2.21. Un automóvil viaja por una carretera recta a 55 km/h, mientras nieva *verticalmente*. Si los copos de nieve caen a 7,8 m/s. Obtenga

a) La rapidez con que el conductor del automóvil observa que cae la nieve.

b) El ángulo respecto de la vertical con que cae la nieve según el conductor.

Indicación: Determine primero el vector velocidad de los copos de nieve medido por el conductor.

Problema 2.22. En un soleado día de septiembre una avioneta *Piper J-3 Cub* vuela desde Concepción a Chillán. En el trayecto el viento sopla *desde* el sur con velocidad de 50,0 km/h. Si el vuelo dura 0,600 h y Chillán está ubicado a 87,5 km de Concepción, a 12,0° al norte del este, determine:

a) La rapidez de la avioneta respecto de tierra.

b) El *vector* velocidad de la avioneta respecto de tierra.

c) El *vector* velocidad de la avioneta respecto del aire.

d) La rapidez de la avioneta respecto del aire.

e) El ángulo respecto del norte al que el piloto debe orientar la avioneta para llegar a Chillán.

Indicación: Considere un sistema de referencia con eje x que apunta hacia el este y eje y que apunta hacia el norte.

Capítulo 3
Problemas de dinámica de la partícula

Los problemas propuestos de este capítulo tratan sobre la aplicación de las tres leyes de Newton al movimiento de objetos que pueden ser modelados como partículas, es decir, que solo se trasladan. Los problemas incluyen situaciones en que los cuerpos permanecen en reposo (estática) y situaciones en que aceleran (dinámica). En algunos problemas, no se hace referencia alguna a la posible fuerza de roce entre las superficies. En estos casos supondremos que el rozamiento es despreciable. En otros problemas, se indica explícitamente si se debe considerar la fuerza de roce o no.

Las soluciones a los problemas de este capítulo se encuentran en el Capítulo 9.

3.1 Leyes del movimiento de Newton

Las soluciones de los siguientes problemas se encuentran en la Sección 9.1, página 105.

Problema 3.1. En la Figura 3.1, el cuerpo de masa m_3 se mueve con una aceleración $a = g/8$ ($g = 9{,}8\,\mathrm{m/s^2}$) hacia abajo. Si $m_1 = m_3 = 1{,}0\,\mathrm{kg}$ y $m_2 = 0{,}50\,\mathrm{kg}$, determine

a) Las tensiones que actúan sobre los bloques m_2 y m_3.

b) La fuerza normal que actúa sobre el cuerpo m_1.

c) El coeficiente de roce cinético que actúa entre la mesa y m_1.

Problema 3.2. En una fábrica procesadora de alimentos, es necesario contar con una cinta transportadora para elevar las cajas con fruta hasta la zona de despacho.

Cada caja cargada tiene una masa total de 25 kg y es necesario que la cinta esté inclinada en 30° y que su velocidad sea de 1,5 m/s (constante), como muestra la Figura 3.2.

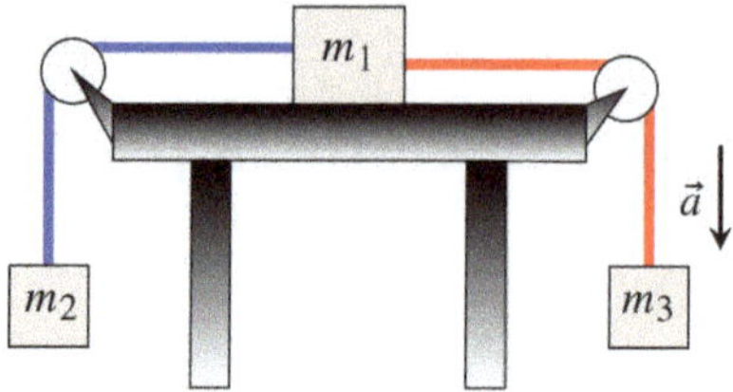

Figura 3.1. *Mesa con bloques colgantes del Problema 3.1.*

a) Realice un diagrama de fuerzas sobre la caja.

b) Calcule el coeficiente de roce mínimo para que la cinta pueda transportar las cajas.

c) Decida cuál o cuáles de los siguientes materiales son adecuados para construir la cinta transportadora a considerando los coeficientes de roce estático (μ_e) y cinético (μ_c) dados. **Justifique**.

- Tela plástica: $\mu_e = 0{,}40$, $\mu_c = 0{,}30$.
- Lona: $\mu_e = 0{,}60$, $\mu_c = 0{,}40$.
- Goma: $\mu_e = 0{,}80$, $\mu_c = 0{,}50$.

Figura 3.2. *Esquema de la cinta transportadora del Problema 3.2.*

Problema 3.3. Un bloque de masa m se encuentra en equilibrio sobre un plano inclinado de ángulo θ mediante una cuerda, como muestra la Figura 3.3.

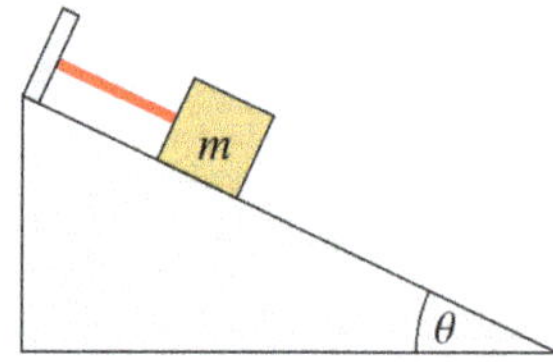

Figura 3.3. *Bloque sobre un plano inclinado del Problema 3.3.*

Si se corta la cuerda, el bloque desciende con movimiento acelerado de aceleración a. Considerando la acción del rozamiento, demuestre que el coeficiente de roce cinético es dado por

$$\mu_c = \tan\theta - \frac{a}{g\cos\theta}$$

Indicación: Explique en detalle su razonamiento.

Problema 3.4. En la Figura 3.4 se tiene un bloque de masa $M = 20\,\text{kg}$ conectado por medio de una polea móvil con un bloque colgante de masa $m = 5{,}0\,\text{kg}$. El coeficiente de roce cinético entre el bloque M y la superficie es $\mu_c = 0{,}15$.

a) Bosqueje los diagramas de cuerpo libre del bloque M (con la polea móvil incluida) y del bloque m. Formule la segunda ley de Newton para cada bloque.

b) Calcule la aceleración de cada bloque.

c) Obtenga la tensión en la cuerda.

Indicación: No olvide usar cifras significativas.

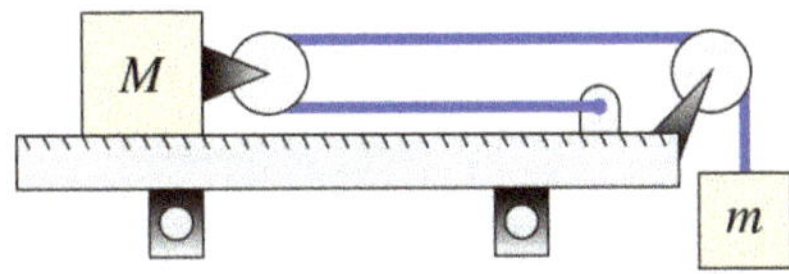

Figura 3.4. *Esquema de la repisa del Problema 3.4.*

Problema 3.5. El bloque de masa $M = 8{,}0\,\text{kg}$ descansa sobre una superficie inclinada en $\alpha = 30°$ respecto de la horizontal. El bloque M está conectado mediante una cuerda ideal que pasa por una polea sin masa, a un bloque de masa $m = 6{,}0\,\text{kg}$ que descansa sobre una superficie inclinada en $\beta = 60°$ (ver Figura 3.5). Determine

a) La magnitud de la aceleración de los bloques.

b) La tensión en la cuerda

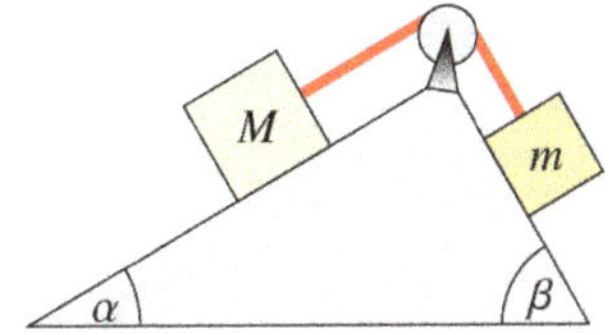

Figura 3.5. *Esquema del Problema 3.5.*

A continuación considere que entre los bloques y la superficie inclinada existe rozamiento. Obtenga *c*) El mínimo coeficiente de roce estático que hace que el sistema permanezca en equilibrio.

d) La tensión en la cuerda.

Problema 3.6. La Figura 3.6 muestra un bloque de masa $m = 5{,}0$ kg se coloca sobre un bloque de $M = 10{,}0$ kg. El bloque m se encuentra amarrado a la pared mediante una cuerda horizontal, mientras una fuerza horizontal de magnitud $F = 45$ N se aplica sobre el bloque M. El coeficiente de fricción cinética entre las superficies de los bloques es 0,20 y el resto del sistema no presenta roce.

a) Identifique, en los diagramas de cuerpo libre que corresponda, las fuerzas de acción-reacción *entre los bloques*.

b) Determine la tensión en la cuerda.

c) Obtenga la magnitud de la aceleración del bloque M.

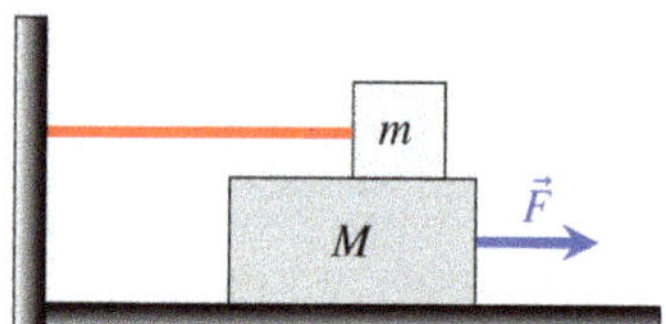

Figura 3.6. *Diagrama de la situación del Problema 3.6.*

Problema 3.7. Considere los bloques de masa $M = 3{,}0\,\text{kg}$ y $m = 2{,}0\,\text{kg}$. El ángulo del plano inclinado es $\alpha = 37°$.

a) Si el roce es despreciable, determine la aceleración de los bloques.

b) ¿Cuál debe ser el coeficiente de roce estático μ_e para que los bloques permanezcan estáticos?

c) Si los bloques deslizan y el coeficiente de roce cinético es $\mu_c = 0{,}20$ ¿Cuál es la aceleración de los bloques?

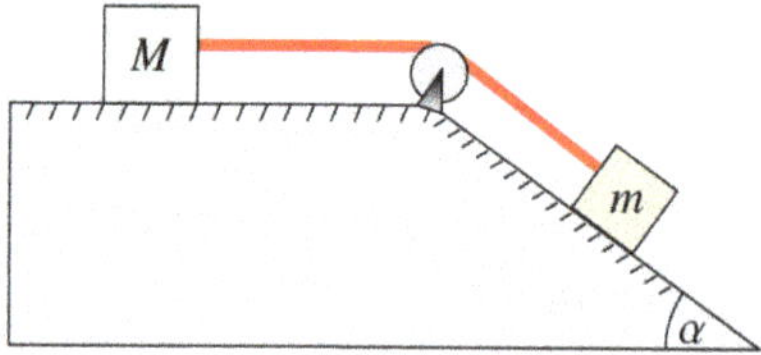

Figura 3.7. *Esquema del Problema 3.7.*

Problema 3.8. Los bloques de la Figura 3.8 tienen masas $m_1 = 10$ kg, $m_2 = 20$ kg y $M = 15$ kg. El bloque m_1 se encuentra atado al bloque M mediante una cuerda inextensible sin masa, mientras m_2 también se encuentra ligado al bloque M mediante otra cuerda de las mismas características. El ángulo de inclinación del plano inclinado es $\alpha = 30°$ y ambas poleas tienen masas despreciables.

a) Dibuje un diagrama de cuerpo libre para cada bloque.

b) Si *no* hubiese roce con el plano inclinado ¿El bloque M sube o baja?

c) Suponiendo que *si* hay roce, detemine el mínimo coeficiente de roce estático para que los bloques no se muevan.

d) En la situación anterior ¿Cuál es el valor de la tensión en cada cuerda?

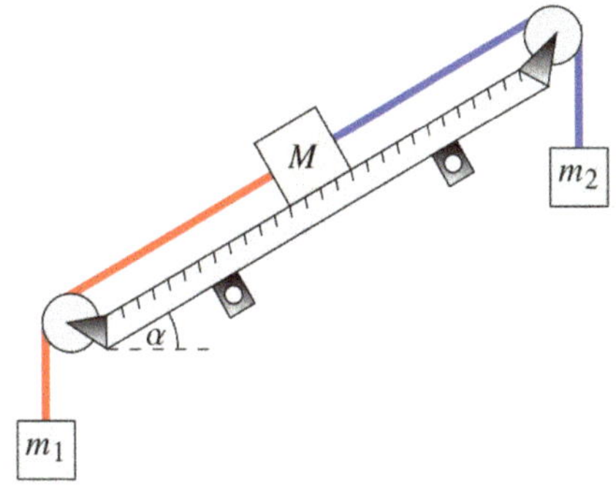

Figura 3.8. *Superficie inclinada del Problema 3.8.*

Problema 3.9. Un objeto de masa m_1 ubicado sobre una repisa horizontal sin fricción, se conecta a un bloque de masa m_2 por medio de una polea muy ligera P_1 y una polea fija ligera P_2 como se muestra en la Figura 3.9.

a) Si a_1 y a_2 son las aceleraciones de m_1 y m_2, respectivamente ¿Cuál es la relación entre dichas aceleraciones?

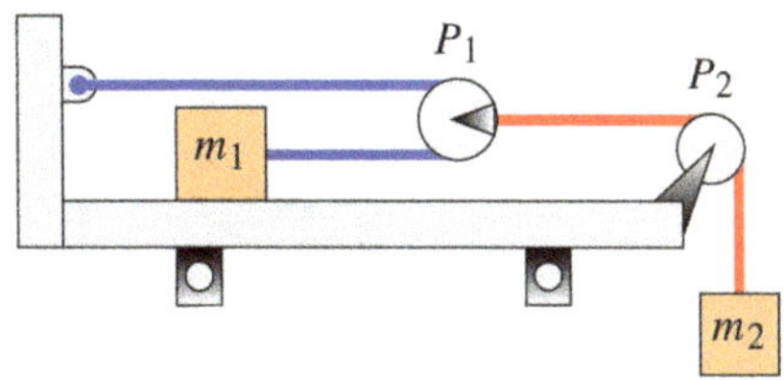

Figura 3.9. *Repisa horizontal del Problema 3.9.*

En términos de las masas m_1 y m_2, y de la aceleración de gravedad g, obtenga

b) Las tensiones en las cuerdas.

c) Las aceleraciones a_1 y a_2.

Problema 3.10. Un objeto de masa M se mantiene en su lugar mediante una fuerza aplicada $\vec{F}$ y un sistema de poleas como muestra la Problema 3.10. Considere que las poleas no tienen masa ni fricción.

a) Dibuje un diagrama de cuerpo libre para cada polea y para el objeto de masa M.

En términos de la la masa M y la aceleración de gravedad g, encuentre

b) La tensión en cada sección de cuerda, $\vec{T}_1$, $\vec{T}_2$, $\vec{T}_3$, $\vec{T}_4$ y $\vec{T}_5$.

c) La magnitud de la fuerza $\vec{F}$.

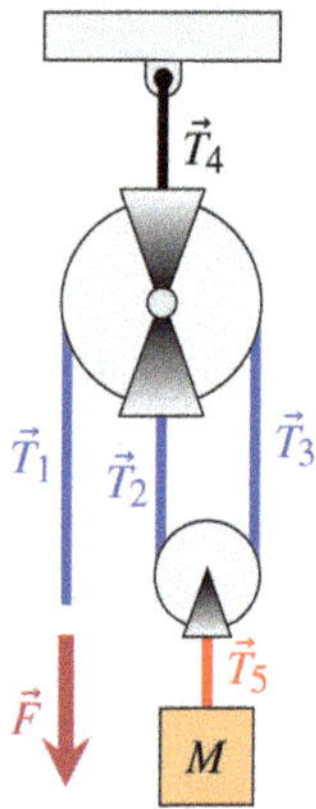

Figura 3.10. *Polea compuesta del Problema 3.10.*

Problema 3.11. En el sistema de la Figura 3.11, el bloque m_1 = 4,50 kg desliza sobre una superficie unido a m_2 = 2,70 kg mediante una cuerda ideal y una polea ideal. Calcule

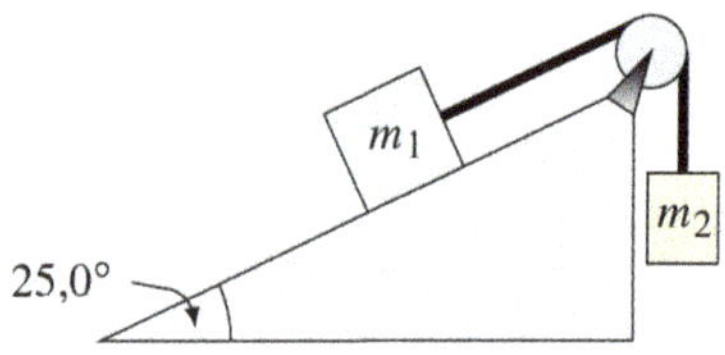

Figura 3.11. *Sistema de bloques del Problema 3.11.*

a) La magnitud de la aceleración de los bloques, si la superficie es lisa.

b) La magnitud de la aceleración de los bloques, si el coeficiente de roce cinético entre la superficie y el bloque es $\mu_c = 0{,}100$.

c) La tensión en la cuerda en el caso con roce.

Problema 3.12. Los bloques A y B están en movimiento siendo arrastrados por la fuerza $\vec{F}$. El cuerpo A tiene una masa de 80 kg, el cuerpo B tiene una masa de 60 kg y los coeficientes de roce cinético entre cada bloque y la superficie son $\mu_A = 0{,}30$ y $\mu_B = 0{,}50$. Determine la magnitud de la fuerza $\vec{F}$ y la tensión en la cuerda si el conjunto

a) Se mueve con *velocidad constante* de 2,0 m/s.

b) Se mueve con aceleración constante de 2,0 m/s^2.

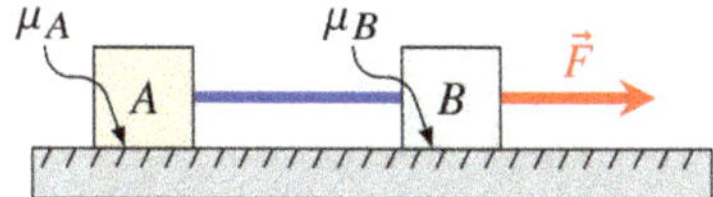

Figura 3.12. *Diagramas de los bloques del Problema 3.12.*

Capítulo 4
Problemas de movimiento circunferencial

En este capítulo se proponen problemas sobre el movimiento circunferencial

- Cinemática del movimiento circunferencial,
- Dinámica del movimiento circunferencial.

Cierran el capítulo un par de problemas donde se aplica la dinámica del movimiento circunferencial a problemas que involucran la fuerza de gravitación universal.

Las soluciones a los problemas de este capítulo se encuentran en el Capítulo 10.

4.1 Cinemática del movimiento circunferencial

Las soluciones de los siguientes problemas se encuentran en la Sección 10.1, página 125.

Problema 4.1. Una rueda de 70 cm de diámetro, comienza a girar a partir del reposo de modo que transcurridos 12 s un punto del borde se mueve con rapidez de 25 m/s, obtenga

a) La aceleración angular de la rueda durante los 12 s (suponga que es constante).

b) La cantidad de vueltas que realiza la rueda durante los 12 s.

Indicación: No olvide utilizar *cifras significativas.*

Problema 4.2. El trompo de la Figura 4.1 es puesto a girar con rapidez inicial de 900 rpm. Después de 18 s la rapidez del trompo es de 500 rpm. Encuentre

a) La aceleración angular del trompo.

b) El tiempo que tarda el trompo en detenerse.

c) La cantidad de vueltas sobre su eje que realiza el trompo hasta detenerse.

d) La aceleración centrípeta de un punto P situado en la superficie del trompo a una distancia de 3,5 cm de su eje de rotación cuando han transcurrido 32 s de iniciado el movimiento.

Indicación: La sigla rpm significa *revoluciones por minuto*.

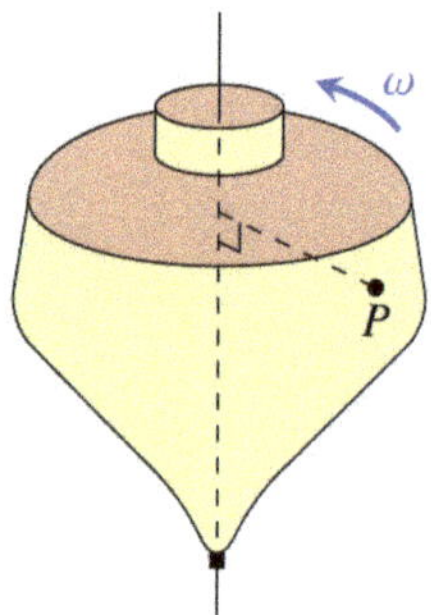

Figura 4.1. *Trompo del Problema 4.2.*

Problema 4.3. Una rueda de 40 cm de radio gira de modo que un punto del borde se mueve con rapidez de 2,2 m/s. Luego, se accionan los frenos de la rueda durante 19 s hasta que se detiene. Calcule

a) La aceleración angular de la rueda durante el frenado, suponiendo que la detención es uniforme.

b) La cantidad de vueltas que realiza la rueda durante el frenado.

Problema 4.4. Un automóvil *frena* mientras recorre una curva, reduciendo su rapidez desde 108 km/h a 90 km/h en los 15 s que tarda en recorrerla. Si el radio de la curva es 150 m

a) Calcule el cambio en la rapidez angular durante los 15 s.

b) Determine la aceleración tangencial del automóvil.

c) Cuando han pasado 10 s desde que empezó a recorrer la curva, obtenga la rapidez angular y la aceleración centrípeta que experimenta el vehículo.

d) Durante los 15 s ¿Qué distancia recorrió el automóvil?

Problema 4.5. En una fiesta, el DJ pone en marcha su tornamesa llegando a adquirir una velocidad angular de 45,0 rpm después de haber completado una vuelta y media. Si los discos de vinilo tienen un diámetro de 30,5 cm, determine

a) El tiempo que tarda el disco de vinilo en completar la vuelta y media.

b) La aceleración angular del disco de vinilo.

c) La aceleración tangencial en el borde del vinilo.

Problema 4.6. La Figura 4.2 muestra la aceleración total $a = 15{,}0\,\mathrm{m/s^2}$ de una partícula que se mueve en el sentido de las manecillas del reloj en una circunferencia de 2,50 m de radio en cierto instante de tiempo. En este instante, encuentre

a) La aceleración radial de la partícula,

b) La rapidez de la partícula,

c) La rapidez angular de la partícula,

d) La aceleración tangencial de la partícula.

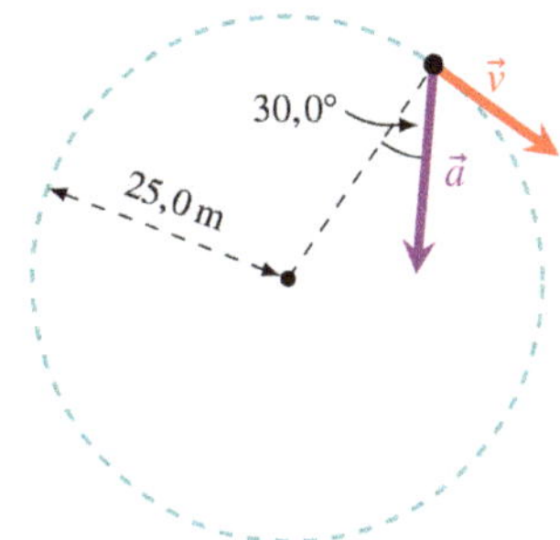

Figura 4.2. *Partícula realizando movimiento circunferencial.* Problema 4.6.

4.2 Dinámica del movimiento circunferencial

Las soluciones de los siguientes problemas se encuentran en la Sección 10.2, página 131.

Problema 4.7. La Figura 4.3 muestra una bola de masa $m = 1{,}2\,\mathrm{kg}$, unida a una eje vertical giratorio mediante dos cuerdas ideales sin masa de largo $L = 1{,}8\,\mathrm{m}$. Mientras el sistema gura, las cuerdas forman ángulos $\theta = 60°$ con la vertical. Si la tensión en la cuerda de arriba es $T_1 = 45\,\mathrm{N}$,

a) Dibuje el diagrama de cuerpo libre de la bola.

b) Obtenga la tensión en la cuerda inferior.

c) Halle la aceleración centrípeta y la rapidez de la bola.

Indicación: No olvide usar *cifras significativas*.

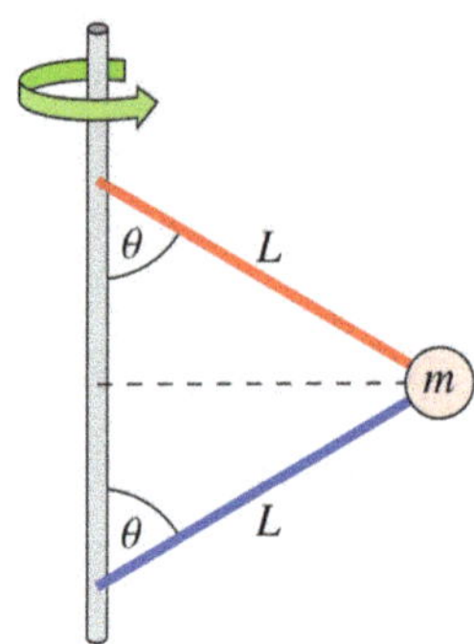

Figura 4.3. *Esquema de la bola del Problema 4.7.*

Problema 4.8. Una niña en un columpio tipo péndulo de largo $L = 3{,}00\,\text{m}$, realiza un movimiento circular sobre el plano horizontal (ver Figura 4.4). Si la masa total de la niña más el columpio es $M = 18\,\text{kg}$ y el ángulo entre la cuerda y la vertical es $\theta = 30°$.

a) Realice un diagrama de cuerpo libre de la niña con el columpio. Formule la segunda Ley de Newton.

b) Obtenga la tensión en la cuerda.

c) Calcule la velocidad tangencial y la velocidad angular de la niña.

d) Determine el tiempo que tarda la niña en realizar una vuelta completa.

Indicación: No olvide usar cifras significativas.

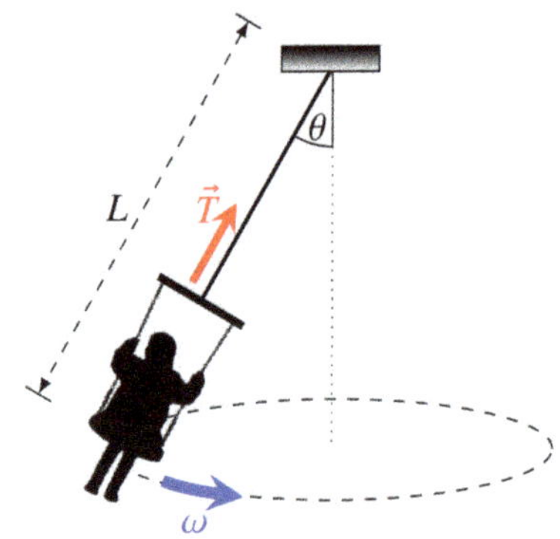

Figura 4.4. *Niña en un columpio. Problema 4.8.*

Problema 4.9. En el interior de una *Esfera de la Muerte* (jaula esférica de acero) hay un motociclista listo para realizar acrobacias (ver Figura 4.5). El acróbata enciende su motocicleta y da vueltas dentro de la esfera. El acto más espectacular es cuando

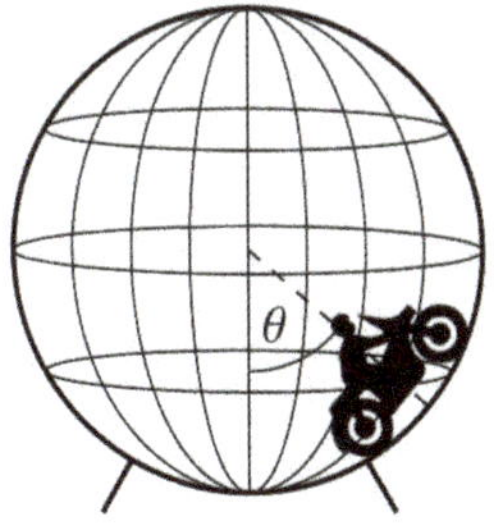

Figura 4.5. *Esfera de la Muerte del Problema 4.9.*

el motociclista da vueltas a lo largo de los meridianos, en círculos completamente verticales. Considere que el radio de la jaula es r y la masa total de la motocicleta y el motociclista es m. En términos de m, r y g, obtenga

a) La fuerza normal que ejerce la jaula sobre la motocicleta en términos de la velocidad de la motocicleta y del ángulo de su posición con respecto al polo sur de la jaula.

b) La aceleración angular resultante.

c) La velocidad mínima que debe alcanzar la motocicleta en el punto más alto de la jaula para no caer.

Problema 4.10. La *rueda de la Fortuna* de la Figura 4.6 tiene un radio de 20,0 m y gira con rapidez constante. Los asientos donde van los pasajeros tienen masa

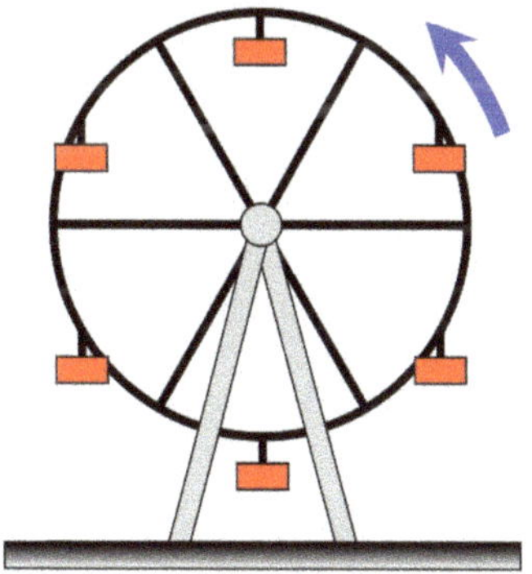

Figura 4.6. *Rueda de la Fortuna. Problema 4.10.*

$M = 100\,\text{kg}$ y siempre permancen verticales colgando de la estructura mediante un

cable de acero. Si un pasajero de masa $m = 80{,}0$ kg va sentado en uno de los asientos, obtenga

a) La rapidez máxima a la que puede girar la rueda, sin que el pasajero se *despegue* de su asiento en el punto de máxima altura.

b) La tensión en el cable que sujeta al asiento, en el punto más bajo del recorrido si la rueda gira a máxima rapidez.

c) La magnitud de la aceleración centrípeta que experimenta el pasajero en su recorrido a rapidez máxima.

Indicación: Desprecie el largo del cable de acero.

Problema 4.11. Un automóvil entra en una curva cuyo radio de curvatura es de 80 m. El coeficiente de roce entre la pista y los neumáticos del automovil es $\mu = 0{,}50$

a) Dibuje un diagrama de cuerpo libre para el automóvil y escriba las ecuaciones que describen la dinámica de su movimiento.

b) Obtenga la máxima rapidez con que el automóvil puede recorrer la curva.

c) En la situación anterior, determine la aceleración que experimenta el vehículo.

4.3 Fuerza de Gravitación Universal

Las soluciones de los siguientes problemas se encuentran en la Sección 10.3, página 139.

Problema 4.12. Un grupo de exploradores especiales llega al planeta Saturno y verifica que Mimas, una de las lunas de Saturno, tiene una órbita que puede ser

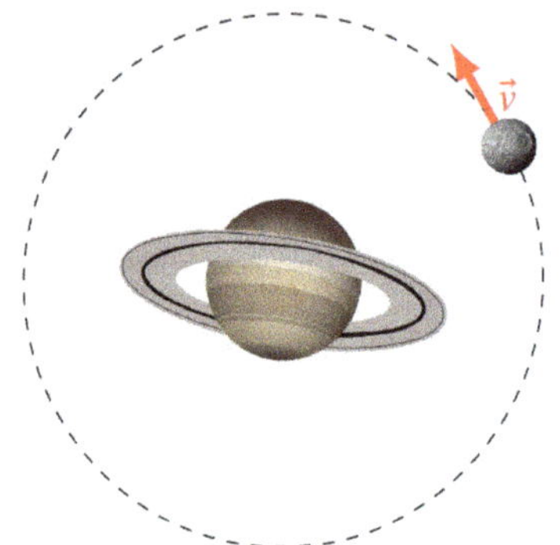

Figura 4.7. *Saturno y Mimas. Problema 4.12.*

considerada circunferencial de radio $R = 1{,}86 \times 10^5$ km y período $T = 22{,}5$ horas (ver Figura 4.7). Determine *a*) La rapidez v con que Mimas se traslada alrededor de Saturno.

b) La aceleración que experimenta Mimas.

c) La masa de Saturno.

Indicación: No olvide usar cifras significativas y notación científica.

Problema 4.13. Un satélite *síncrono*, es aquel que permanece *fijo* en el mismo punto sobre el ecuador de un planeta. El día en Marte dura 24,6 h (tiempo que tarda en realizar una rotación alrededor de su eje), su masa es $6{,}42 \times 10^{23}$ kg y su radio medio es 3 370 km. Determine

a) La rapidez angular de un satélite *síncrono* puesto en órbita alrededor de Marte.

b) La altura respecto de la superficie marciana, a la cuál debe ser puesto el satélite anterior.

c) La rapidez lineal de un segundo satélite puesto en orbita a 1 000 km sobre la superficie marciana.

d) El periodo del satélite de la situación anterior.

Capítulo 5
Problemas de energía y *momentum* lineal

Los problemas de este capítulo son aplicaciones directas de

- El teorema del Trabajo y la Energía,
- El teorema de conservación del *Momentum* Lineal en colisiones.

Las soluciones a los problemas de este capítulo se encuentran en el Capítulo 11.

5.1 Trabajo y Energía

Las soluciones de los siguientes problemas se encuentran en la Sección 11.1, página 143.

Problema 5.1. Un bloque de masa $m = 3{,}50\,\mathrm{kg}$ se encuentra detenido a una altura $H = 1{,}50\,\mathrm{m}$ del suelo, manteniendo comprimido un resorte de constante elástica $k = 150\,\mathrm{N/m}$. Se deja elongar el resorte de modo que el bloque m desciende hasta la zona más baja del recorrido y luego asciende por un plano inclinado de ángulo $\alpha = 30°$. Si el bloque recorre una distancia $d = 2{,}00\,\mathrm{m}$ sobre el plano inclinado y la única región con roce es el plano inclinado ($\mu_c = 0{,}35$), calcule

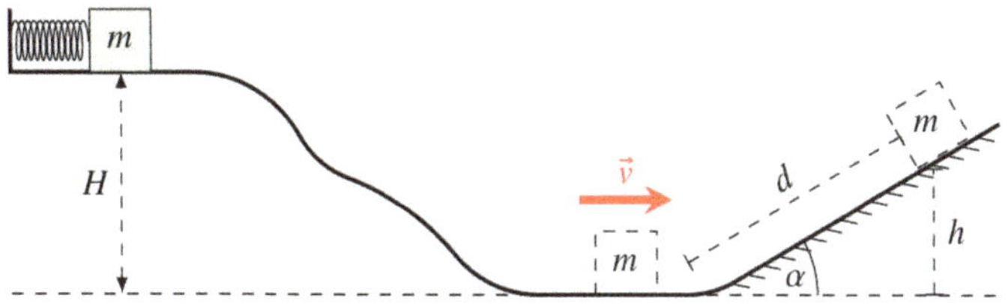

Figura 5.1. *Recorrido del bloque del Problema 5.1.*

a) La altura h que alcanzó el bloque m al final de su recorrido.

b) La velocidad $\vec{v}$ que llevaba el bloque cuando pasó por la zona más baja de su recorrido.

c) La compresión del resorte al inicio del recorrido.

Problema 5.2. El resorte de la Figura 5.2 tiene una constante de elasticidad $k = \frac{mg}{d}$. En la situación que se muestra, el bloque de masa m se suelta desde la posición indicada, baja por el rizo y recorre la pista horizontal, cuyo tramo AB es rugoso, y luego, comprime el resorte deformándolo una distancia $2d$. Determine

a) El coeficiente de roce, μ_c entre el tramo rugoso y la superficie del bloque.

b) La rapidez del bloque la *última vez* que pasa por O.

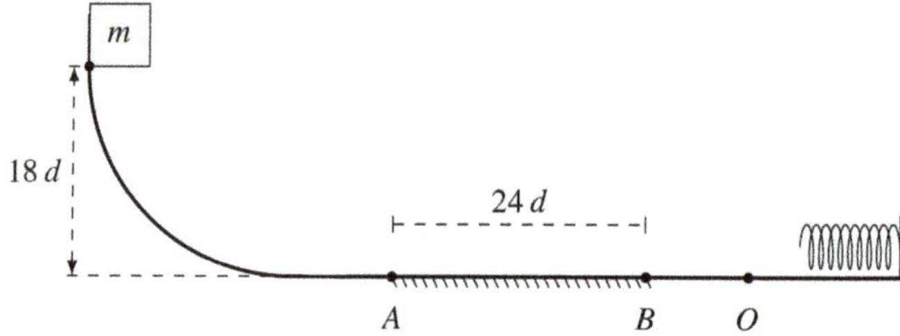

Figura 5.2. *Pista con tramo rugoso. Problema 5.2.*

Problema 5.3. Un cuerpo de 5,0 kg se encuentra colgando de una cuerda que pasa por una pequeña polea sin fricción. En el otro extremo de la cuerda una persona ejerce una fuerza de 100 N y tira 2,0 m de cuerda levantando el cuerpo desde A hasta B. Considere que el objeto parte del reposo en A.

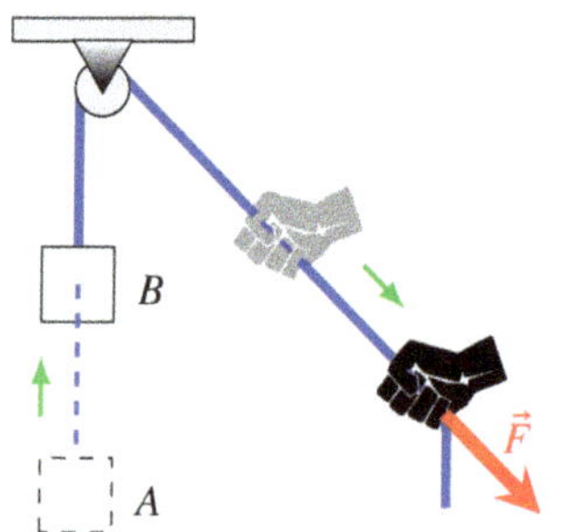

Figura 5.3. *Diagrama del Problema 5.3.*

a) Dibuje un diagrama de cuerpo libre del cuerpo.

b) Calcule el trabajo de cada una de las fuerzas que actúan sobre el cuerpo desde A hasta llegar a B.

c) Obtenga la energía cinética del bloque en B

d) Determine la velocidad del bloque en B

Problema 5.4. La masa m de 2,0 kg parte del reposo desde el punto A en la Figura 5.4 a una altura $h_A = 5{,}0\,\text{m}$. En su recorrido desciende por una pendiente sin roce hasta llegar al segmento horizontal $\overline{BC}$ de largo 1,0 m donde el coeficiente de roce cinético es 0,20. A continuación sube en dirección a la cima en D, también sin roce, cuya altura es $h_D = 3{,}0\,\text{m}$. Luego desciende hasta alcanzar el trayecto horizontal $\overline{EF}$ de 1,2 m de extensión, que está a una altura $h_F = 1{,}5\,\text{m}$, donde nuevamente hay roce cinético ($\mu_c = 0{,}20$). Finalmente comprime al resorte de constante elástica $k = 300\,\text{N/m}$. Determine

a) El trabajo realizado por la fuerza de roce en el tramo $\overline{BC}$.

b) La rapidez del bloque en D.

c) El trabajo realizado por la fuerza de roce en el tramo $\overline{EF}$.

d) La máxima compresión del resorte.

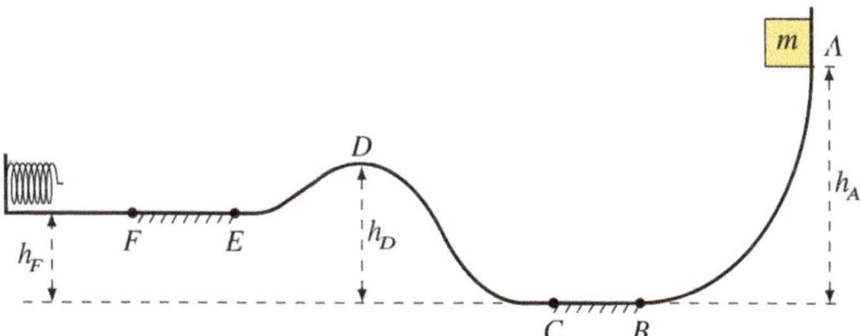

Figura 5.4. *Esquema del Problema 5.4.*

Problema 5.5. Sobre el plano inclinado en 37° de la Figura 5.5, se encuentra un bloque de 2,0 kg conectado a un resorte ligero de constante 50 N/m mediante una cuerda ideal. Cuando el resorte no está estirado el bloque se suelta del reposo. Calcule

a) La distancia que avanza el bloque hasta detenerse, suponiendo que el plano no presenta roce.

b) Ahora considere que entre el bloque y el plano inclinado existe rozamiento. En esta situación, el bloque se mueve 30 cm hacia abajo del plano hasta detenerse. Determine el coeficiente de roce entre el bloque y el plano inclinado.

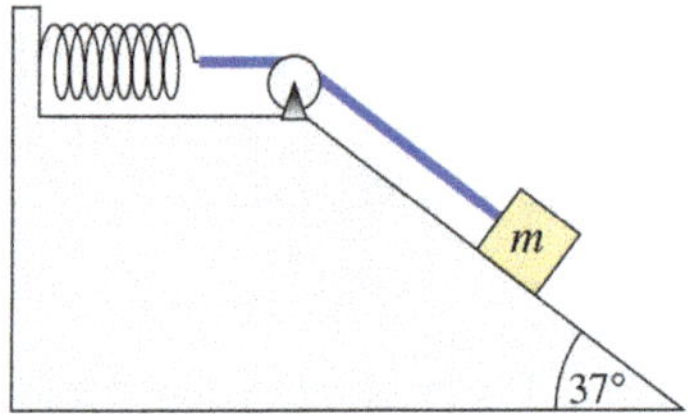

Figura 5.5. *Plano inclinado del Problema 5.5.*

Problema 5.6. Una partícula de masa $m = 200\,\text{g}$ se suelta desde el reposo en el punto A del riel que muestra la figura. La partícula desliza sin roce a lo largo del riel y recorre el *loop* pasando por B y C.

Si el radio del *loop* es $R = 0{,}50\,\text{m}$ y la altura en A es $h = 3{,}0\,\text{m}$, determine

a) La velocidad en el punto B y la fuerza que ejerce el riel sobre la partícula

b) La velocidad en el punto C y la fuerza que ejerce el riel sobre la partícula

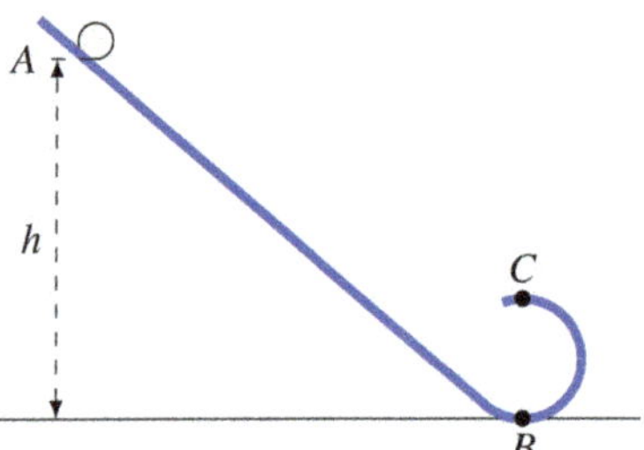

Figura 5.6. *Riel del Problema 5.6.*

Problema 5.7. Se impulsa desde el reposo, un cuerpo de masa $m = 4{,}00\,\text{kg}$ mediante un resorte de constante elástica $k_1 = 6{,}40\,\text{kN/m}$. El cuerpo recorre una pista horizontal en la que el rozamiento es despreciable, salvo en la zona AB, donde el coeficiente de roce es $\mu_c = 0{,}30$. Posteriormente el cuerpo rebota contra otro resorte de constante elástica k_2 desconocida, e ingresa nuevamente a la zona con rozamiento deteniéndose exactamente en el punto A. Determine

a) Los trabajos realizados por las fuerzas normal, peso y roce sobre el cuerpo en el segmento AB.

b) La compresión inicial del resorte de constante k_1.

c) La constante elástica k_2 del otro resorte sabiendo que ambos sufrieron idéntica compresión máxima.

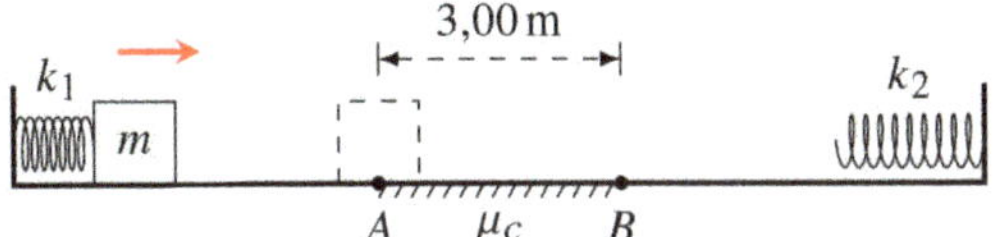

Figura 5.7. *Pista horizontal del Problema 5.7.*

5.2 Colisiones

Las soluciones de los siguientes problemas se encuentran en la Sección 11.2, página 159.

Problema 5.8. Dos partículas de masas $m_1 = 50\,\mathrm{kg}$ y $m_2 = 80\,\mathrm{kg}$ se mueven con rapideces $v_1 = 2{,}0\,\mathrm{m/s}$ y $v_2 = 3{,}0\,\mathrm{m/s}$ tal como muestra la Figura 5.8. Si las partículas chocan y permanecen unidas, obtenga

a) El ángulo que forma la velocidad del sistema, después del choque, con el eje x.

b) La rapidez final del conjunto.

c) La energía mecánica perdida en el choque.

Indicación: Primero calcule las componentes de la velocidad final del sistema.

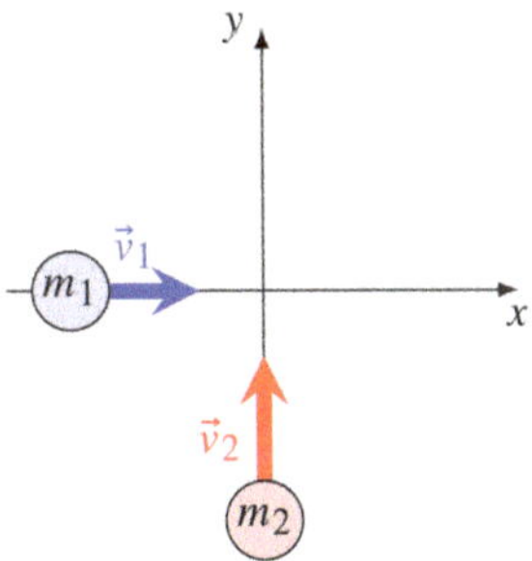

Figura 5.8. *Colisión entre dos partículas. Problema 5.8.*

Problema 5.9. Dos bloques son libres de deslizarse por el tramo de una pista mostrada en la Figura 5.9. La pista no tiene fricción, excepto por al tramo comprendido entre los puntos B y C que tiene una longitud de 4,0 m y un coeficiente de fricción cinética $\mu_c = 0{,}20$. Al final de la pista se encuentra un resorte de constante de fuerza $k = 800\,\mathrm{N/m}$.
El bloque de masa $m_1 = 10\,\mathrm{kg}$ se libera desde A. El bloque de masa $m_2 = 5{,}0\,\mathrm{kg}$, se encuentra inicialmente en reposo. Después de la colisión, los bloques permanecen unidos.

a) Determine la velocidad de m_1 justo antes de producirse el impacto.

b) Calcule la velocidad del conjunto de bloques inmediatamente después de la colisión.

c) Si el conjunto choca al resorte hasta quedar en reposo momentáneamente ¿Cuál es la máxima compresión del resorte?

d) Luego, el resorte se estira y empuja al conjunto de vuelta por la pista ¿Qué altura alcanza el sistema?

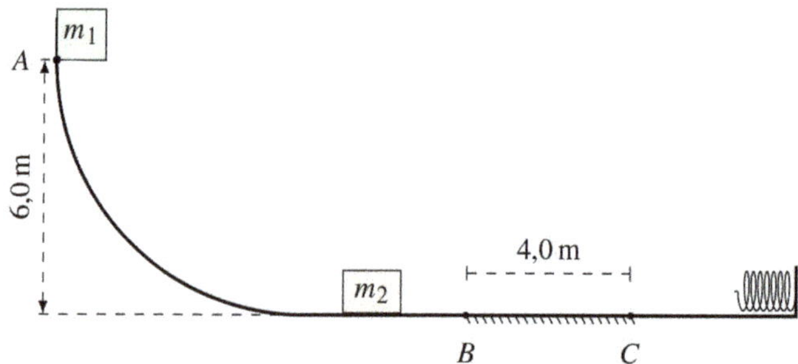

Figura 5.9. *Pista del Problema 5.9.*

Problema 5.10. Una pelota de masa 0,50 kg está unida a una cuerda de masa despreciable y longitud $L = 1{,}5$ m, que puede girar alrededor de O, como muestra la Figura 5.10. La pelota se deja caer desde el punto A, desciende y choca con un bloque de masa $M = 2{,}5$ kg inicialmente en reposo. Después del choque la pelota

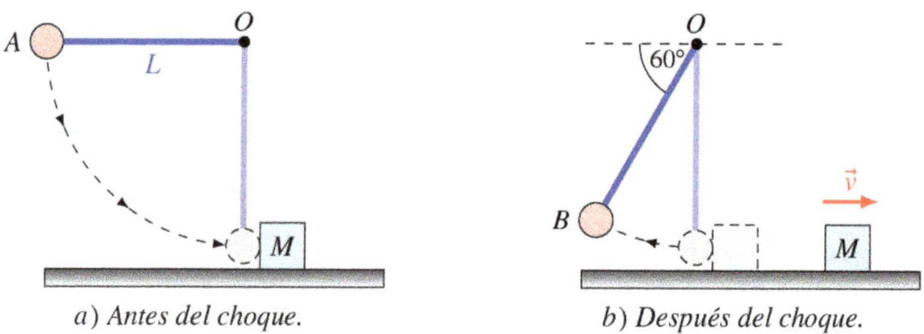

Figura 5.10. *Choque del Problema 5.10.*

vuelve hasta el punto B formando un ángulo de 60° con la horizontal. Determine

a) La rapidez de la pelota justo antes del choque.

b) La rapidez de la pelota inmediatamente después del choque.

c) La rapidez del bloque M tras el choque.

Problema 5.11. En el *péndulo balístico* de la Figura 5.11, una bala de 10 g se dispara con velocidad de $v = 250\,\mathrm{m/s}$ hacia el péndulo –un bloque de masa $M = 1{,}3\,\mathrm{kg}$– que se encuentra inicialmente en reposo, colgando mediante una cuerda de largo $l = 0{,}50\,\mathrm{m}$. Tras el impacto la bala queda incrustada en el bloque. Determine

a) La rapidez con que el bloque y la bala se mueven justo tras el impacto.

b) La altura h que alcanza el bloque.

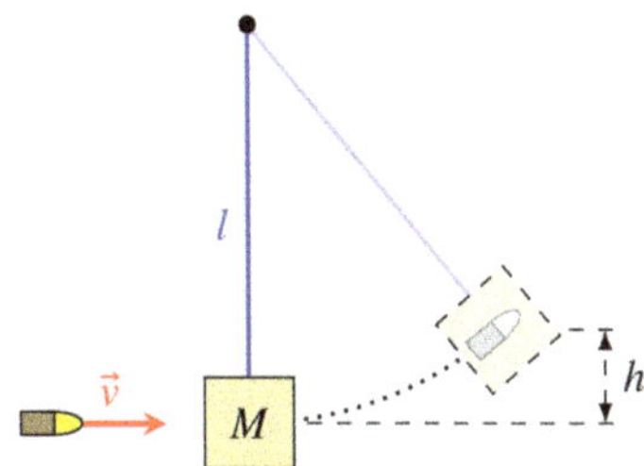

Figura 5.11. *Péndulo balístico. Problema 5.11.*

Problema 5.12. Un proyectil de masa 5,0 g viaja con velocidad horizontal de $360\,\mathrm{m/s}$ e impacta a un bloque de madera de 0,70 kg que se encuentra en reposo sobre una superficie plana, como muestra la Figura 5.12. El proyectil *atraviesa* el bloque y sale con una rapidez de $100\,\mathrm{m/s}$. El bloque se desliza una distancia de 65 cm sobre la superficie con respecto a su posición inicial.

a) *Antes del impacto.* b) *Después del impacto.*

Figura 5.12. *Impacto del proyectil sobre el bloque de madera de la Problema 5.12.*

a) ¿Qué rapidez tiene el bloque justo después del choque?

b) ¿En cuánto se reduce la energía cinética de la bala?

c) ¿Qué coeficiente de fricción cinética hay entre el bloque y la superficie?

d) En el caso en que la bala quedara incrustada en el bloque ¿Cuál sería la rapidez del conjunto justo después de la colisión?

Problema 5.13. El bloque de masa $M = 1{,}0\,\mathrm{kg}$ de la Figura 5.13 se mueve hacia la izquierda con rapidez $v_0 = 2{,}0\,\mathrm{m/s}$ cuando golpea contra la esfera de masa $m = 0{,}50\,\mathrm{kg}$, la cual está en reposo y cuelga de una cuerda sujeta en O.
Se sabe que el coeficiente de roce cinético entre el bloque y la superficie horizontal es $\mu_c = 0{,}20$ y que el bloque choca de forma completamente elástica a la esfera. Determine tras el impacto

a) La rapidez de la esfera justo tras el choque.

b) La altura máxima alcanzada por la esfera.

c) La distancia x que recorre el bloque hasta detenerse.

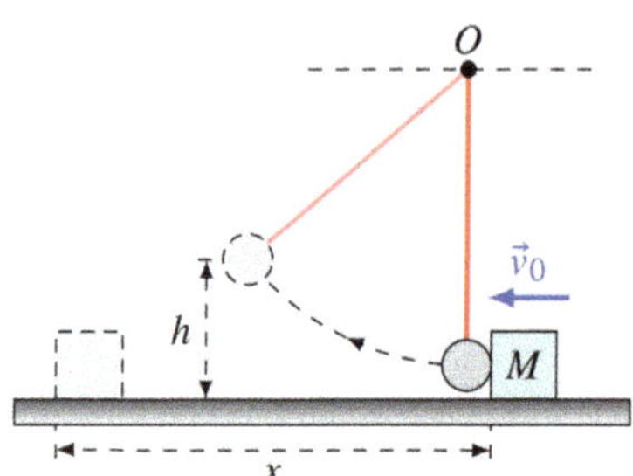

Figura 5.13. *Diagrama de la colisión del Problema 5.13.*

Problema 5.14. La esfera 1 de masa 0,50 kg, se mueve con una velocidad $(2{,}0\,\hat{\imath} - 3{,}0\,\hat{\jmath})\,\mathrm{m/s}$. En cierto instante de tiempo, impacta con la esfera 2 de masa 1,5 kg, que se mueve con una rapidez de 2,24 m/s, en una dirección de 63,4° *sobre* la dirección negativa del eje x. Suponiendo que no existen fuerzas externas presentes, determine

a) La energía cinética del sistema antes de la colisión.

b) La velocidad final de la esfera de 1,5 kg, si la velocidad de la esfera de 0,50 kg después de la colisión es $(-1{,}0\,\hat{\imath} + 3{,}0\,\hat{\jmath})\,\mathrm{m/s}$.

c) La energía cinética del sistema después de la colisión ¿Qué tipo de choque experimentan las esferas?

Problema 5.15. El bloque de masa $M = 5{,}0\,\mathrm{kg}$ de la Figura 5.14 se mueve inicialmente hacia la derecha con rapidez $V_0 = 0{,}60\,\mathrm{m/s}$, mientras que el bloque de masa $m = 0{,}80\,\mathrm{kg}$ es mantenido por la mano de un estudiante comprimiendo a un resorte de constante $k = 180\,\mathrm{N/m}$ en 0,20 m. Antes que el bloque M llegue a las cercanías del resorte, el estudiante retira la mano y el bloque m avanza hacia la izquierda y golpea al bloque M en un *choque elástico*. Despreciando el rozamiento, determine

a) La rapidez de m antes de impactar a M.

b) La rapidez de M y m después del impacto.

c) La compresión máxima del resorte tras el choque cuando el bloque m se devuelve hacia el resorte.

Figura 5.14. *Esquema del Problema 5.15.*

Capítulo 6
Problemas de dinámica del cuerpo rígido

Los siguientes problemas propuestos tratan de la dinámica del cuerpo rígido en situaciones estáticas y dinámicas en que puede rotar respecto de un eje de giro que no cambia su orientación. Los problemas se dividen en tres tópicos:

- Segunda ley de Newton para cuerpos rígidos que rotan sobre sí mismos.
- Teorema de conservación del *Momentum* Angular.
- Teorema de conservación de la energía con cuerpos rígidos que rotan sobre sí mismos.

En el Apéndice A se listan los momentos de inercia necesarios para resolver los problemas propuestos.

Las soluciones a los problemas de este capítulo se encuentran en el Capítulo 12.

6.1 Torque y aceleración angular

Las soluciones de los siguientes problemas se encuentran en la Sección 12.1, página 177.

Problema 6.1. Considere la *máquina de Atwood* de la Figura 6.1 *a*). La polea se puede considerar como un disco sólido de radio R y masa M. Los bloques de masa $m_1 = 2M$ y $m_2 = 3M$ se encuentran unidos mediante una cuerda sin masa que *no resbala* en la polea.

a) Haga un diagrama de fuerzas para la polea y ambos bloques.

b) Obtenga la aceleración de los bloques.

c) Encuentre la aceleración angular de la polea.

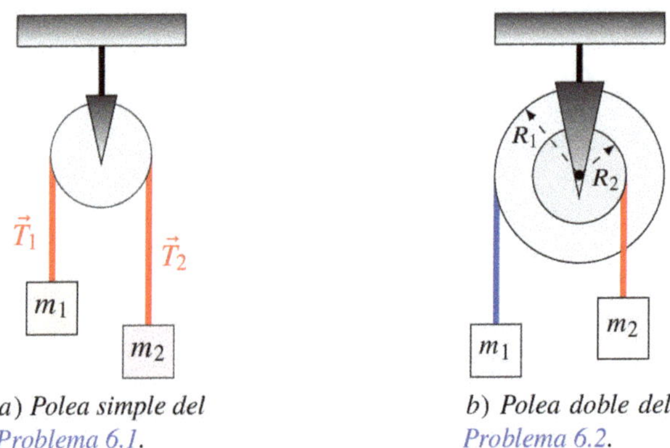

a) *Polea simple del Problema 6.1.*

b) *Polea doble del Problema 6.2.*

Figura 6.1. *Distintos tipos de poleas.*

d) Encuentre la tensión $\vec{T}_1$ en la cuerda, entre el bloque de masa m_1 y la polea.

Problema 6.2. En la Figura 6.1 *b*), la polea doble tiene momento de inercia total $I = 0{,}20\,\mathrm{kg \cdot m^2}$. El bloque de masa $m_1 = 8{,}0\,\mathrm{kg}$ cuelga mediante una cuerda inextensible de la polea con radio $R_1 = 40\,\mathrm{cm}$ mientras que el bloque de masa $m_2 = 12{,}0\,\mathrm{kg}$ cuelga de la polea con radio $R_2 = 25\,\mathrm{cm}$.

a) Dibuje un diagrama de cuerpo libre para cada bloque y la polea.

b) Obtenga el torque neto que actúa sobre la polea.

c) Calcule la aceleración de los bloques ¿En qué sentido acelera la polea?

d) Determine la tensión en la cuerda amarrada al bloque m_1.

Problema 6.3. Se desea usar un tablón rígido de longitud 180 cm y masa 25,0 kg como mesa. El tablón se monta sobre dos soportes y en su superficie se ubican tres objetos de masas $m_1 = m_2 = 5{,}0\,\mathrm{kg}$ y $m_3 = 12{,}0\,\mathrm{kg}$ como muestra la Figura 6.2. Si el sistema está en equilibrio y uno de los soportes ejerce una fuerza normal de magnitud $N_A = 200\,\mathrm{N}$, determine

a) La magnitud de la fuerza normal que ejerce el segundo soporte.

b) La distancia de separación entre los soportes.

Problema 6.4. Un cascarón esférico de masa $m = 2{,}0\,\mathrm{kg}$ y radio $R = 25\,\mathrm{cm}$ permanece en reposo sobre un plano inclinado de ángulo $\theta = 30°$ por medio de una cuerda horizontal (ver Figura 6.3). Obtenga

a) La tensión en la cuerda.

b) La fuerza normal ejercida sobre la esfera por el plano inclinado.

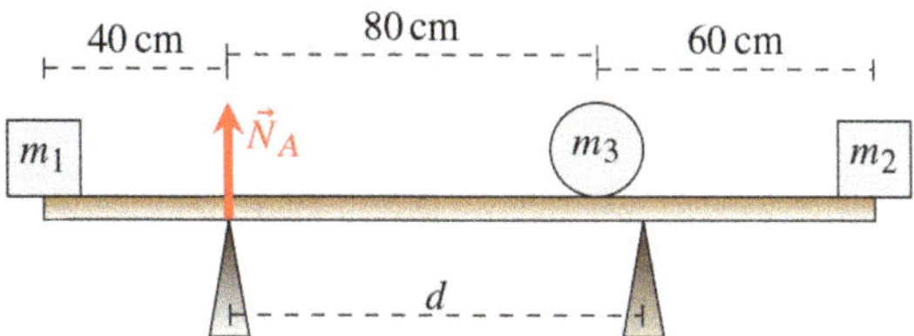

Figura 6.2. *Esquema del tablón del Problema 6.3.*

c) La fuerza de roce que actúa sobre la esfera.

Indicación: Busque los momentos de inercia que necesite en el Apéndice A.

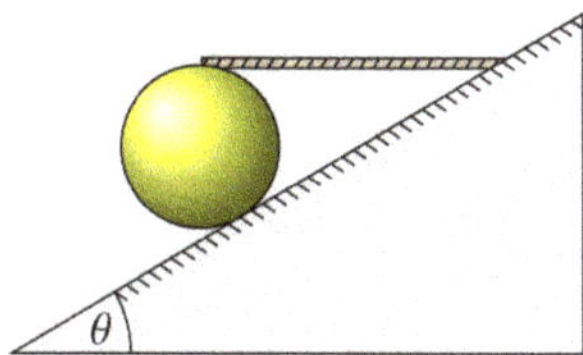

Figura 6.3. *Cascarón esférico en reposo. Problema 6.4.*

Problema 6.5. Una escalera de largo $L = 2{,}0$ m y masa 10 kg permanece estática, apoyada contra una pared sin roce y sobre el suelo con roce, como muestra la Figura 6.4. Si $\alpha = 55°$, determine

a) La fuerza normal que ejerce la pared sobre la escalera.

b) La fuerza normal que ejerce el piso sobre la escalera

c) El mínimo coeficiente de roce estático entre la escalera y el piso.

Problema 6.6. En la Figura 6.5 los bloques tienen masas $M = 7{,}0$ kg y $m = 3{,}0$ kg, los ángulos de las superficies inclinadas son $\beta = 30°$ y $\gamma = 45°$, y la polea tiene momento de inercia $I = 0{,}125$ kg m^2 y radio $R = 25$ cm. Si el roce de los bloques con la superficie es despreciable, obtenga la aceleración de los bloques y la aceleración angular de la polea.

Problema 6.7. Un bloque de masa m cuelga de una polea con forma de disco sólido de masa $2m$ y radio R, a través de una cuerda ideal cuyo extremo está amarrado a otro bloque de masa $3m$ que descansa en un plano inclinado de ángulo $\alpha = 10°$, como muestra la Figura 6.6. Si la cuerda no resbala en la polea, calcule

a) La aceleración de los bloques, suponiendo que el plano inclinado no presenta roce con el bloque de masa $3m$ ¿Sube o baja el bloque de masa m?

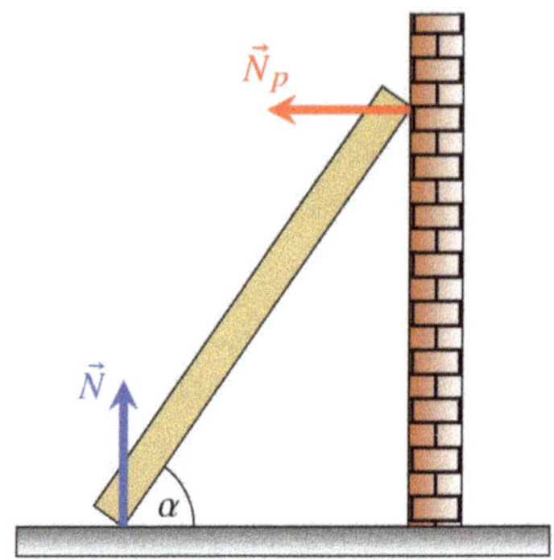

Figura 6.4. *Escalera apoyada en una pared.* Problema 6.5.

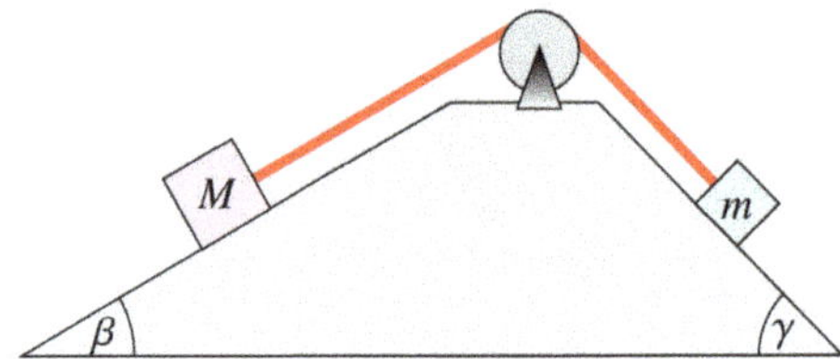

Figura 6.5. *Diagrama del* Problema 6.6.

b) La aceleración de los bloques, suponiendo que el coeficiente de roce cinético entre el plano y el bloque $3m$ es $\mu_c = 0{,}10$.

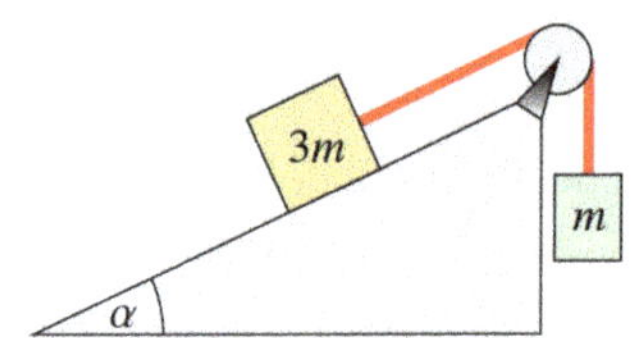

Figura 6.6. *Sistema del* Problema 6.7.

Problema 6.8. El carrete de hilo de la Figura 6.7 *a*) está formado por dos discos de masa m y un cilindro de masa $2m$. El carrete tiene enrollado un hilo que a su vez está atado a un bloque suspendido, tal como se representa en la Figura 6.7 *b*). Considere que el hilo, es inextensible, de masa despreciable y que se puede desenrollar del carrete sin deslizar. También considere que la polea por la cual pasa el hilo es ideal. Sabiendo que el carrete rueda sobre la mesa horizontal sin deslizar, obtenga

a) Una expresión para el momento de inercia del carrete en términos de m y R.

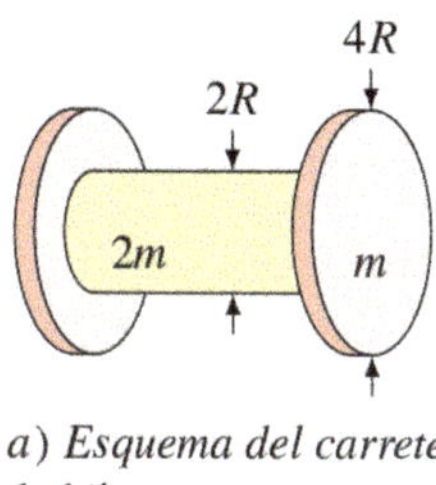

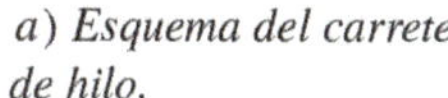
a) *Esquema del carrete de hilo.*

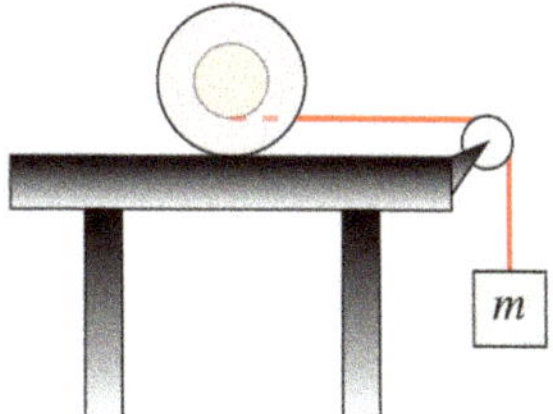

b) *Carrete de hilo que rueda sobre una mesa..*

Figura 6.7. *Diagramas del Problema 6.8.*

b) Las ecuaciones del movimiento para el carrete y el bloque.

c) La aceleración angular del carrete.

Sugerencia: Exprese su sistema de ecuaciones en términos de la aceleración angular.

6.2 *Momentum* angular

Las soluciones de los siguientes problemas se encuentran en la Sección 12.2, página 193.

Problema 6.9. Un estudiante se sienta sobre un banco rotatorio sosteniendo dos mancuernas, cada una de masa $m = 3{,}00\,\mathrm{kg}$. Cuando el estudiante extiende horizontalmente sus brazos cada mancuerna se encuentra a 0,750 m del eje de rotación y el estudiante da vueltas con rapidez angular de 0,750 rad/s. Posteriormente, el estudiante cierra sus brazos ubicando las mancuernas a una distancia de 0,300 m del eje de rotación. Si el momento de inercia del estudiante más el banco es de $3{,}00\,\mathrm{kg}\cdot\mathrm{m}^2$ y se puede suponer que permanece constante, calcule

a) El momento de inercia del sistema formado por el estudiante, el banco giratorio y las dos mancuernas, en los dos escenarios planteados.

b) La rapidez angular del estudiante cuando el estudiante cierra sus brazos.

c) La energía cinética rotacional del sistema antes y después de que el estudiante cierra sus brazos.

Problema 6.10. Un cascarón cilíndrico de masa M, radio R y altura a, está sobre una superficie plana sin roce (ver Figura 6.8). Se dispara horizontalmente una bala de masa m con una velocidad v_0 que impacta sobre el aro justo en el borde a una altura $a/2$ sobre la superficie. La bala atraviesa el cascarón y sigue de largo en la misma dirección con velocidad $v_0/2$. En términos de m, M, R, a, g y v_0 encuentre

a) El *momentum* lineal del sistema bala-cascarón antes de la colisión.

b) La velocidad lineal del centro del cascarón después de la colisión con la bala.

c) El *momentum* angular del sistema bala-cascarón *justo antes* de la colisión.

d) La velocidad angular ω del cascarón despues de la colisión.

Indicación: Consulte el momento de inercia del cascarón cilíndrico en el Apéndice A.

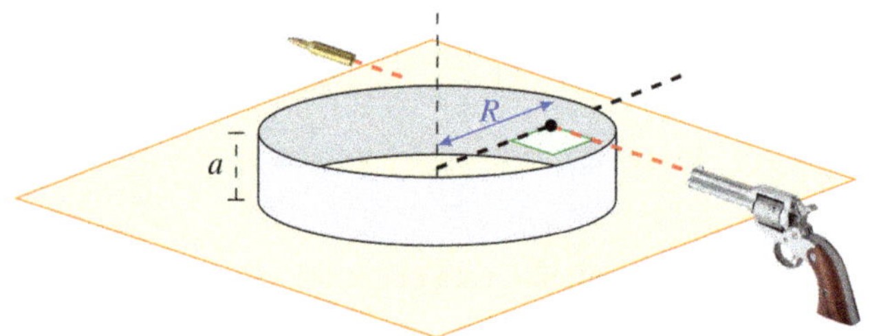

a) *Vista en perspectiva del cascarón cilíndrico.*

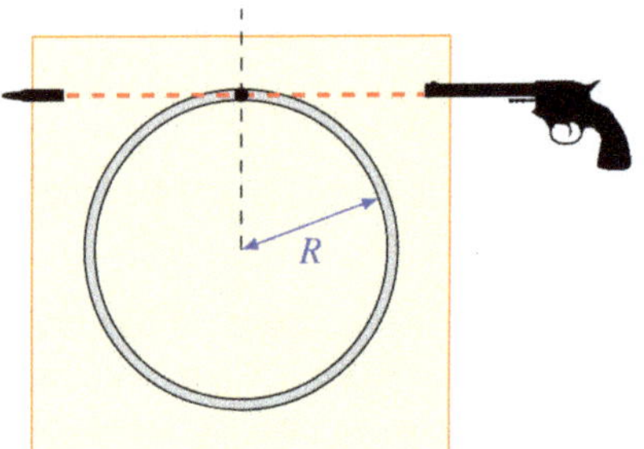

b) *Vista desde arriba del cascarón cilíndrico.*

Figura 6.8. *Diagrama del Problema 6.10.*

Problema 6.11. El disco sólido homogéneo de masa M_d = 1,6 kg y radio R = 15 cm que se muestra en la Figura 6.9, se encuentra unido a una barra también homogénea de masa M_b = 300 g y largo L = 60 cm. El sistema gira con rapidez angular ω_0 = 20 rad/s. En cierto instante de tiempo el revólver *calibre .38* de la figura dispara una bala de masa m = 10 g hacia el extremo de la barra en ángulo de 90°. Si la rapidez de la bala es v = 240 m/s y tras el impacto queda incrustada en la barra, obtenga

a) El *momentum* angular del sistema disco-barra-bala antes del impacto, respecto del eje de giro.

b) La rapidez angular del sistema después del impacto ¿En que sentido gira el sistema?

c) La rapidez a la que habría que disparar la bala para que el sistema quede en reposo.

Indicación: Utilice los momentos de inercia listados en el Apéndice A.

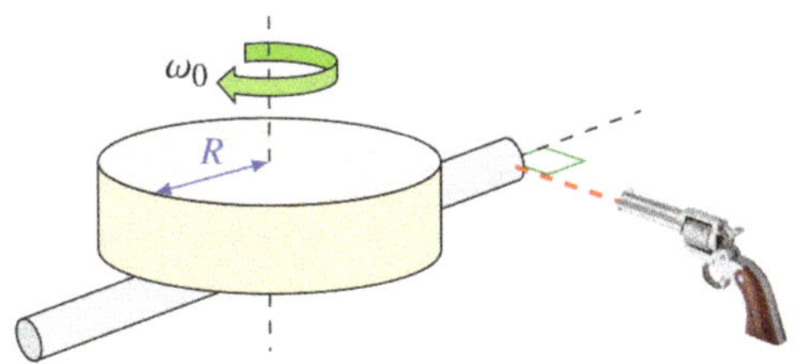

Figura 6.9. *Esquema del Problema 6.11.*

6.3 Energía mecánica de cuerpos rígidos

Las soluciones de los siguientes problemas se encuentran en la Sección 12.3, página 199.

Problema 6.12. Un cilindro sólido de 50 kg de masa y 60 cm de radio sube rodando sin deslizar por un plano inclinado mediante la tracción realizada por una cuerda. Según muestra la Figura 6.10, la cuerda está amarrada al eje del cilindro, se mantiene paralela al plano inclinado, pasa por una *polea ligera* sin roce y en su otro extremo está amarrada a un objeto colgante de masa 75 kg. Se sabe que el cilindro parte del

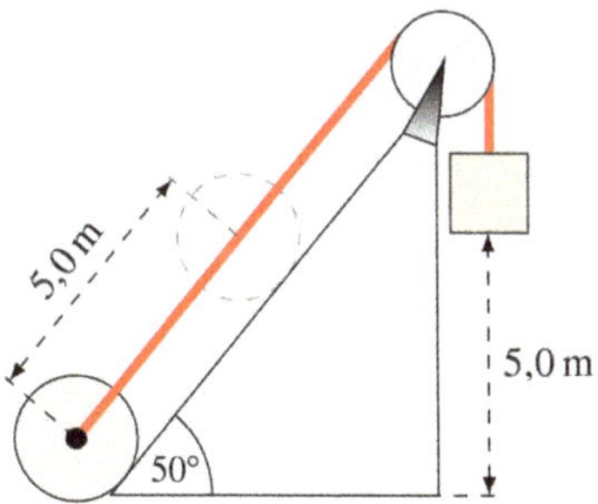

Figura 6.10. *Cilindro que subre rodando por una plano inclinado. Problema 6.12.*

reposo y recorre 5,0 m a lo largo del plano, mientras que el bloque desciende desde una altura de 5,0 m de altura. Calcule

a) La altura que asciende el cilindro en su recorrido.

b) La energía del sistema formado por el cilindro y la masa colgante.

c) La velocidad del centro de masa del cilindro cuando ha recorrido los 5,0 m.

d) El *momentum* angular del cilindro cuando ha recorrido los 5,0 m.

Indicación: El momento de inercia de un cilindro sólido se puede consultar en el Apéndice A.

Problema 6.13. Una esfera sólida de masa $2m$ y radio R que rueda con rapidez v_0 hacia la derecha choca elásticamente con un cascarón esférico de masa m y radio R, inicialmente detenido, como muestra la Figura 6.11. Después del choque, el cascarón de masa m rueda hasta subir por un plano inclinado en un ángulo α. Determine

a) La rapidez angular ω del cascarón tras el choque.

b) La distancia D que sube m por el plano.

Indicación: Los momentos de inercia de la esfera sólida y el cascarón son dados en el Apéndice A.

Figura 6.11. *Esquema del Problema 6.13.*

Parte II
Soluciones

Capítulo 7
Soluciones de introducción a la Física

7.1 Unidades de medida, cifras significativas y notación científica

Solución 1.1. Primero transformamos r_1

$$r_1 = 55{,}0\,\mathrm{cm} \times \left(\frac{1\,\mathrm{m}}{100\,\mathrm{cm}}\right) = 0{,}550\,\mathrm{m},$$

con tres cifras significativas al igual que 55,0 cm. Luego calculamos τ

$$\tau = 6{,}845\,\mathrm{N} \times \left(0{,}550\,\mathrm{m} - 0{,}480\,\mathrm{m}\right) = 6{,}845\,\mathrm{N} \times 0{,}070\,\mathrm{m},$$

donde el resultado del paréntesis conserva la menor cantidad de cifras decimales. Así

$$\boxed{\tau = 6{,}845\,\mathrm{N} \times 0{,}070\,\mathrm{m} = 0{,}48\,\mathrm{N}\cdot\mathrm{m} = 4{,}8 \times 10^{-1}\,\mathrm{N}\cdot\mathrm{m}.}$$

Aquí la multiplicación conserva la menor cantidad de cifras significativas (las de 0,070 m, dos).

Solución 1.2. El volumen V de un paralelepípedo de caras rectangulares de lados a, b y c es

$$V = abc = 15{,}58\ \mathrm{cm} \times 47{,}9\ \mathrm{cm} \times 3{,}6754\ \mathrm{cm} = 2\,743{,}8\ldots\ \mathrm{cm}^3.$$

Como el factor que menos cifras significativas tiene es b, con tan solo 3, entonces el resultado solo debe tener tres cifras. Nos vemos en la obligación de introducir potencias de 10

$$\boxed{V = 274 \times 10\ \mathrm{cm}^3 = 2{,}74 \times 10^3\ \mathrm{cm}^3.}$$

En el último cálculo hemos introducido la notación científica.

Solución 1.3. Las respuestas de ambas preguntas deben quedar expresadas con tres cifras significativas puesto que el valor a transformar ($\rho_{\text{Au}} = 1{,}93 \times 10^4\,\text{kg/m}^3$) posee tres cifras.

a) Dado que 1 kg ≡ 1 000 g y 1 m ≡ 100 cm, se tiene que

$$\rho_{\text{Au}} = 1{,}93 \times 10^4\,\frac{\text{kg}}{\text{m}^3} = 1{,}93 \times 10^4\,\frac{\text{kg}}{\text{m}^3} \times \left(\frac{10^3\,\text{g}}{1\,\text{kg}}\right) \times \left(\frac{1\,\text{m}}{100\,\text{cm}}\right)^3 = 1{,}93 \times 10^1\,\frac{\text{g}}{\text{cm}^3}.$$

La densidad del oro en el sistema CGS es $\boxed{\rho_{\text{Au}} = 19{,}3\,\text{g/cm}^3.}$

b) Según la indicación dada, sabemos que $1\,\text{lb}_{\text{m}} = 453{,}6$ g y que 1 ft ≡ 30,48 cm de modo que

$$\rho_{\text{Au}} = 19{,}3\,\frac{\text{g}}{\text{cm}^3} = 19{,}3\,\frac{\text{g}}{\text{cm}^3} \times \left(\frac{1\,\text{lb}_{\text{m}}}{453{,}6\,\text{g}}\right) \times \left(\frac{30{,}48\,\text{cm}}{1\,\text{ft}}\right)^3,$$

cuyo resultado es $\boxed{\rho_{\text{Au}} = 1{,}20 \times 10^3\,\text{lb}_{\text{m}}/\text{ft}^3.}$

Solución 1.4. Un minuto-luz es la distancia recorrida por la luz en el vacío en un minuto. De la definición de rapidez

$$v := \frac{d}{\Delta t} \quad \Longrightarrow \quad d = v\Delta t,$$

que en el caso de la luz en el vacío lleva a $d = c\Delta t$ con $c = 299\,792{,}458$ km/s según la indicación dada en el problema. Así, un minuto-luz es

$$1\,\text{min l} \equiv 299\,792{,}458\,\text{km/s} \times 60\,\text{s} = 1{,}798\,754\,748 \times 10^7\,\text{km}.$$

Luego, la distancia pedida en km es

$$d = 79{,}5\,\text{min l} = 79{,}5\,\text{min l} \times \left(\frac{1{,}798\,754\,748 \times 10^7\,\text{km}}{1\,\text{min l}}\right) = 1{,}430 \times 10^9\,\text{km}.$$

Ahora transformamos a pies (ft) pasando por pulgadas (in) puesto que en el enunciado se menciona las equivalencias entre pies y pulgadas y entre pulgadas y centímetros

$$d = 1{,}430 \times 10^9\,\text{km} \times \left(\frac{10^3\,\text{m}}{1\,\text{km}}\right) \times \left(\frac{10^2\,\text{cm}}{1\,\text{m}}\right) \times \left(\frac{1\,\text{in}}{2{,}54\,\text{cm}}\right) \times \left(\frac{1\,\text{ft}}{12\,\text{in}}\right).$$

Al igual que el valor inicial 79,5 min l, la distancia en ft también debe tener tres cifras significativas

$$\boxed{d = 4{,}69 \times 10^{12}\,\text{ft}.}$$

Solución 1.5.

a) La masa de agua a unidades del SI se obtiene utilizando la equivalencia dada en la indicación (1 oz = 28,35 g)

$$m = 9\,876{,}7\,\text{oz} \times \left(\frac{28{,}35\,\text{g}}{1\,\text{oz}}\right) = 2{,}800\,04 \times 10^5\,\text{g} \times \left(\frac{1\,\text{kg}}{10^3\,\text{g}}\right).$$

El resultado se debe entregar con 5 cifras significativas (CS.) porque m = 9 876,7 oz tenía inicialmente 5 CS.

$$\boxed{m = 2{,}800\,0 \times 10^2\,\text{kg}.}$$

b) El volumen de agua en in^3.

$$\boxed{V = 19{,}69\,\text{in} \times 31{,}50\,\text{in} \times 27{,}60\,\text{in} = 17\,118\,\text{in}^3 = 1{,}712 \times 10^4\,\text{in}^3.}$$

Con cuatro CS. porque de los factores, el que tenía menos CS. tenía 4 (todos tenían 4).

c) El volumen obtenido en el item anterior a unidades SI.

$$V = 1{,}711\,8 \times 10^4\,\text{in}^3 \times \left(\frac{2{,}54\,\text{cm}}{1\,\text{in}}\right)^3 = 2{,}805\,1 \times 10^5\,\text{cm}^3 \times \left(\frac{1\,\text{m}}{10^2\,\text{cm}}\right)^3,$$

donde hemos utilizado la indicación 1 in = 2,54 cm. El resultado es

$$\boxed{V = 2{,}805 \times 10^{-1}\,\text{m}^3.}$$

Con 4 CS. porque el volumen antes de transformar tenía 4 CS. ($V = 1{,}712 \times 10^4\,\text{in}^3$).

d) La densidad del agua en unidades SI.

$$\boxed{\rho = \frac{m}{V} = \frac{2{,}800\,04 \times 10^2\,\text{kg}}{2{,}805\,1 \times 10^{-1}\,\text{m}^3} = 9{,}981\,9 \times 10^2\,\frac{\text{kg}}{\text{m}^3} = 9{,}982 \times 10^2\,\frac{\text{kg}}{\text{m}^3}.}$$

Con 4 CS. porque el divisor tiene la menor cantidad de CS., cuatro ($V = 2{,}805 \times 10^{-1}\,\text{m}^3$).

Solución 1.6.

a) Para transformar la masa a unidades del SI (Sistema Internacional) utilizamos la relación entre onzas y gramos dada en la indicación

$$m = 488{,}89\,\text{oz} \times \frac{28{,}35\,\text{g}}{1\,\text{oz}} = 13\,860{,}03\,\text{g} \times \left(\frac{1\,\text{kg}}{10^3\,\text{g}}\right) = 1{,}386\,003 \times 10\,\text{kg},$$

que debe quedar expresada con 5 CS. porque la masa antes de transformar tenía 5 CS. (m = 488,89 oz)

$$\boxed{m = 1{,}386\,0 \times 10\,\text{kg}.}$$

b) El volumen del bloque en in^3 se obtiene multiplicando el largo por el ancho y por el alto del bloque

$$\boxed{V = 5{,}05 \times 4{,}567 \times 1{,}62\ \text{in}^3 = 3{,}736\,3 \times 10\,\text{in}^3 = 3{,}74 \times 10\ \text{in}^3.}$$

Con tres CS. porque de los factores, el que tenía menos CS. tenía 3.

c) La transformación del volumen obtenido en la pregunta anterior a unidades SI es

$$V = 3{,}736\,3 \times 10\,\text{in}^3 \times \frac{(2{,}54\ \text{cm})^3}{1\ \text{in}^3} = 612{,}27\ \text{cm}^3 \times \left(\frac{1\ \text{m}}{10^2\ \text{cm}}\right)^3 = 6{,}122\,7 \times 10^{-4}\ \text{m}^3,$$

cuyo resultado final queda con 3 CS. porque el volumen antes de transformar tenía 3 CS. (V = 3,74 × 10 in^3).

$$\boxed{V = 6{,}12 \times 10^{-4}\ \text{m}^3.}$$

d) Calcule la densidad del osmio en unidades SI.

$$\boxed{\rho_{\text{Os}} = \frac{m}{V} = \frac{1{,}386\,003 \times 10\,\text{kg}}{6{,}122\,7 \times 10^{-4}\,\text{m}^3} = 2{,}263\,7 \times 10^4\ \frac{\text{kg}}{\text{m}^3} = 2{,}26 \times 10^4\ \frac{\text{kg}}{\text{m}^3}.}$$

Con tres CS. porque el denominador ($6{,}12 \times 10^{-4}$ m^3) solo tenía tres CS mientras que el numerador (m = 1,386 0 × 10 kg) tenía cinco.

Solución 1.7.

a) Para calcular los pársec equivalentes a una unidad astronómica, basta con recurrir a la definición. Podemos utilizar el triángulo de la Figura 1.2 *b*)

$$\tan(1'') = \frac{1\ \text{UA}}{1\ \text{pc}} \quad \Longrightarrow \quad 1\ \text{UA} = 1\ \text{pc} \times \tan(1'').$$

Transformando $1''$ a grados sexagesimales

$$1'' = 1'' \times \frac{1'}{60''} = 1'' \times \frac{1'}{60''} \times \frac{1^\circ}{60'} = \frac{1^\circ}{60 \times 60},$$

con lo cuál se tiene

$$1\ \text{UA} = 1\ \text{pc} \times \tan(1'') = 1\ \text{pc} \times \tan\left(\frac{1^\circ}{60 \times 60}\right) = 4{,}8481 \times 10^{-6}\ \text{pc}.$$

Concluimos que 1 UA contiene *cerca* de $\boxed{4{,}848 \times 10^{-6}\ \text{pc.}}$

b) Un año luz es la distancia que viaja la luz durante un año en el vacío. Dado que la rapidez de la luz en el vacío es $c = 299\,792{,}458$ km/s, se puede obtener el año luz (al) a partir de la definición de rapidez

$$c = \frac{d}{\Delta t} \quad \Longrightarrow \quad d = c\Delta t \quad \Longrightarrow \quad 1 \text{ al} = 299\,792{,}458 \text{ km/s} \times 1 \text{ año}.$$

Dado que un año es

$$1 \text{ año} = 365 \text{ días} = 365 \times 24 \text{ h} = 365 \times 24 \times 60 \text{ min} = 365 \times 24 \times 60 \times 60 \text{ s},$$

se tiene que el año luz es dado por

$$1 \text{ al} = 299\,792{,}458 \text{ km/s} \times 365 \times 24 \times 60 \times 60 \text{ s} = 9{,}454\,254\,96 \times 10^{12} \text{ km}.$$

Luego, el enunciado establece que $1 \text{ UA} = 1{,}496 \times 10^{11}$ m, lo que conduce a

$$1 \text{ al} = 9{,}454\,254\,96 \times 10^{12} \text{ km} \times \left(\frac{1 \text{ UA}}{1{,}496 \times 10^{11} \text{ m}}\right) = 63\,197 \text{ UA},$$

es decir, en un año luz hay *cerca* de $\boxed{63\,200 \text{ UA.}}$

c) Para obtener la cantidad de años luz en un pársec, basta hacer la conversión de unidades a partir de los resultados obtenidos en las preguntas anteriores

$$\boxed{1 \text{ pc} = 1 \text{ pc} \times \left(\frac{1 \text{ UA}}{4{,}848 \times 10^{-6} \text{ pc}}\right) \times \left(\frac{1 \text{ al}}{6{,}320 \times 10^{4} \text{ UA}}\right) = 3{,}264 \text{ al.}}$$

Comentario. En este problema hemos encontrado factores de conversión entre distintas unidades de medida de distancia en astronomía. Por esta razón hemos hecho uso de las cifras significativas.

Solución 1.8.

a) Sabemos que 6 320 tam son equivalentes a 8 848 m. La equivalencia SI de un 1,00 tam^3 es

$$\boxed{1{,}00 \text{ tam}^3 = 1{,}00 \text{ tam}^3 \times \left(\frac{8\,848 \text{ m}}{6\,320 \text{ tam}}\right)^3 = 2{,}744 \text{ m}^3 = 2{,}74 \text{ m}^3.}$$

Con 3 CS. porque el volumen antes de transformar tenía 3 CS. (1,00 tam^3).

b) Primero se debe obtener la equivalencia entre las unidades de tiempo

$$1 \text{ día} \equiv 24 \text{ horas} \times 60 \text{ min} \times 60 \text{ s} \equiv 86\,400 \text{ s},$$

de modo que 86 400 s son equivalentes a 12 000 tim. Luego

$$\boxed{340\ \frac{\text{m}}{\text{s}} = 340\ \frac{\text{m}}{\text{s}} \times \frac{6\,320\ \text{tam}}{8\,848\ \text{m}} \times \frac{86\,400\ \text{s}}{12\,000\ \text{tim}} = 1\,749\ \frac{\text{tam}}{\text{tim}} = 1{,}75 \times 10^3\ \frac{\text{tam}}{\text{tim}}.}$$

Este resultado cuenta con 3 CS. porque la rapidez del sonido antes de transformar tenía 3 CS. (340 m/s).

c) La densidad del agua medida por los *timtamtumenses*

$$3\,920\ \frac{\text{tum}}{\text{tam}^3} = 3\,920\ \frac{\text{tum}}{\text{tam}^3} \times \left(\frac{6\,320\ \text{tam}}{8\,848\ \text{m}}\right)^3 = 1\,428{,}57\ \frac{\text{tum}}{\text{m}^3}$$

que es igual a la densidad del agua en unidades SI

$$1\,428{,}57\ \frac{\text{tum}}{\text{m}^3} = 1\,000\ \frac{\text{kg}}{\text{m}^3} \qquad \Longleftrightarrow \qquad 1\,428{,}57\ \text{tum} = 1\,000\ \text{kg},$$

de modo que

$$\boxed{1{,}00\ \text{kg} = 1{,}00\ \text{kg} \times \frac{1\,428{,}57\ \text{tum}}{1\,000\ \text{kg}} = 1{,}429\ \text{tum} = 1{,}43\ \text{tum}.}$$

Con 3 CS. porque la masa antes de transformar tenía 3 CS. (1,00 kg).

7.2 Análisis dimensional

Solución 1.9. Dado que el número de Reynolds es *adimensional* $[\text{Re}] = L^0 T^0 M^0 = 1$, se tiene que

$$[\text{Re}] = \frac{[\rho]\,[v]\,[D]}{[\mu]} \qquad \Longrightarrow \qquad [\mu] = \frac{[\rho]\,[v]\,[D]}{[\text{Re}]} = \frac{ML^{-3}\,LT^{-1}\,L}{1} = ML^{-1}T^{-1},$$

donde se ha utilizado que $[v] = LT^{-1}$ (una velocidad) y $[D] = L$ (un diámetro). Así, la unidad SI de la viscosidad μ es $\boxed{\text{kg}/(\text{m}\cdot\text{s}).}$

Solución 1.10. Podemos tomar la ecuación dimensional de la relación

$$[g] = \left[4\pi^2\,\frac{l^2(l-R)}{aT^2}\cos\alpha\right] \qquad \Longrightarrow \qquad \frac{L}{T^2} = [4\pi^2]\,\frac{[l]^2[l-R]}{[a][T]^2}\,[\cos\alpha],$$

donde hemos introducido las dimensiones de la aceleración $[g] = L/T^2$. A continuación consideramos las dimensiones de las constantes numéricas $[4\pi^2] = 1$, las dimensiones de las funciones trigonométricas $[\cos\alpha] = 1$ y las dimensiones de la resta de dos longitudes que tiene que ser una longitud $[l - R] = L$

$$\frac{L}{T^2} = \frac{L^2\,L}{[a]T^2} \quad \Longrightarrow \quad \boxed{[a] = L^2.}$$

Por supuesto, hemos utilizado la dimensión de una longitud $[l] = L$ y la dimensión de un periodo de tiempo $[T] = T$.

Solución 1.11.

a) El *principio de homogeneidad dimensional* conduce a establecer que las dimensiones de mx tienen que ser las mismas que las de la fuerza f (que son dadas en la indicación del problema), lo que lleva a

$$[mx] = [f] \quad \Longrightarrow \quad \boxed{[x] = \frac{[f]}{[m]} = \frac{\frac{ML}{T^2}}{M} = \left[\frac{L}{T^2}\right],}$$

donde hemos introducido que m es una masa $[m] = M$. Concluimos que x tiene dimensiones de *longitud sobre tiempo al cuadrado.*

b) El *principio de homogeneidad dimensional* también implica que $\sqrt{y}\,s$ también tiene las mismas dimensiones que f y mx –*dimensiones de fuerza*–, es decir,

$$\left[\sqrt{y}\,s\right] = \frac{ML}{T^2} \quad \Longrightarrow \quad \sqrt{[y]} = \frac{1}{[s]}\frac{ML}{T^2} \quad \Longrightarrow \quad [y] = \frac{1}{[s]^2}\frac{M^2L^2}{T^4}.$$

Dado que s tiene dimensiones de longitud, se obtiene para $[y]$

$$\boxed{[y] = \frac{1}{L^2}\frac{M^2L^2}{T^4} = \frac{M^2}{T^4}.}$$

Las dimensiones de y son de *masa al cuadrado sobre tiempo a la cuarta.*

c) Con análogos argumentos que en las preguntas anteriores, se concluye que yz también tiene dimensiones de fuerza

$$[yz] = \frac{ML}{T^2} \quad \Longrightarrow \quad [z] = \frac{1}{[y]}\frac{ML}{T^2} = \frac{T^4}{M^2}\frac{ML}{T^2} \quad \Longrightarrow \quad \boxed{[z] = \frac{LT^2}{M}.}$$

Las dimensiones de z son de *longitud por tiempo al cuadrado dividido por masa.*

Solución 1.12.

a) Dado que la fuerza F se mide en kg m/s^2 y z se mide en 1/m^2, se tiene que

$$[F] = \frac{ML}{T^2} \quad , \quad [z] = \frac{1}{L^2}.$$

La ecuación dada tiene que satisfacer el *principio de homogeneidad dimensional*, es decir, cada uno de los términos de la expresión debe tener *la misma dimensión*. En particular se cumple que

$$\boxed{[p] = [F][z] = \frac{ML}{T^2} \times \frac{1}{L^2} = \frac{M}{LT^2} = ML^{-1}T^{-2}.}$$

b) Una segunda aplicación del *principio de homogeneidad dimensional* conduce a $[p] = [y][\rho]$. Por otro lado, la ecuación dimensional de la densidad es $[\rho] = ML^{-3}$. Ambas condiciones llevan a

$$[y] = \frac{p}{\rho} = \frac{ML^{-1}T^{-2}}{ML^{-3}} = \frac{L^2}{T^2}.$$

Luego, y se mide en $\boxed{\mathrm{m}^2/\mathrm{s}^2.}$

c) Una tercera aplicación del *principio de homogeneidad dimensional* lleva a

$$[p] = \cancel{[2]}^{\,1}\ [x]\ [t^2]\ \cancel{[\log\pi]}^{\,1} \implies \boxed{[x] = \frac{[p]}{[t^2]} = \frac{ML^{-1}T^{-2}}{T^2} = ML^{-1}T^{-4}.}$$

d) Como $[x] = ML^{-1}T^{-4}$, entonces x se mide en $\boxed{\dfrac{\mathrm{lb_m}}{\mathrm{ft}\cdot\mathrm{s}^4}.}$

Solución 1.13. Dadas las unidades de la presión, concluimos que su ecuación dimensional es

$$[p] = \frac{M}{LT^2} = ML^{-1}T^{-2}.$$

Por otro lado, el principio de homogeneidad dimensional conduce a concluir que cada término de la ecuación tiene dimensiones de presión p, es decir,

$$[am] = [bx] = [\sqrt{b}\,c] = [p] = \frac{M}{LT^2}. \tag{7.1}$$

a) La ecuación (7.1) permite despejar las dimensiones de la magnitud a

$$[am] = \frac{M}{LT^2} \implies \boxed{[a] = \frac{M}{LT^2[m]} = \frac{1}{LT^2},}$$

donde hemos utilizado que m es una masa.

b) En el caso de la magnitud b también podemos utilizar la ecuación (7.1)

$$[bx] = \frac{M}{LT^2} \quad \Longrightarrow \quad [b] = \frac{M}{LT^2[x]} = \frac{M}{L^2T^2},$$

donde hemos utilizado que x es una longitud. De la ecuación anterior se deduce que la magnitud b se mide en

$$\boxed{\mathrm{kg}/(\mathrm{m}^2\mathrm{s}^2).}$$

c) Finalmente, las dimensiones de la magnitud c a partir de la ecuación (7.1) son

$$[b^{1/2}c] = \frac{M}{LT^2} \quad \Longrightarrow \quad \boxed{[c] = \frac{M}{LT^2}\frac{1}{[b]^{1/2}} = \frac{M}{LT^2}\frac{LT}{M^{1/2}} = \frac{M^{1/2}}{T},}$$

donde hemos utilizado la ecuación dimensional de la magnitud b obtenida en la pregunta anterior.

Solución 1.14.

a) Para conocer los valores de m y n usaremos la ecuación dimensional de la aceleración radial. Las dimensiones de la aceleración se pueden determinar a partir de las dimensiones de la velocidad, y éstas a partir de las dimensiones de la posición

$$[\vec{a}] = \frac{[d\vec{v}]}{[dt]} = \frac{[\vec{v}]}{T} = \frac{\frac{[d\vec{r}]}{[dt]}}{T} = \frac{\frac{L}{T}}{T} = LT^{-2}.$$

Así, la ecuación dimensional de la *aceleración radial* conduce a

$$[a_r] = [v]^m\,[r]^n \quad \Longrightarrow \quad LT^{-2} = \left(\frac{L}{T}\right)^m L^n,$$

donde se ha utilizado que la dimensión de la rapidez v es $[v] = L/T$ y la dimensión del radio r es $[r] = L$. Simplificando el lado derecho se obtiene

$$L^1T^{-2} = L^{m+n}\,T^{-m}.$$

Dado que el lado izquierdo de la última ecuación tiene que ser igual que el lado derecho se deduce que

$$1 = m + n \quad , \quad -2 = -m,$$

de donde se obtiene

$$\boxed{m = 2} \quad \text{y} \quad \boxed{n = -1.}$$

b) Las dimensiones de la constante c se obtienen a partir de las dimensiones de la aceleración y del radio. La ecuación dimensional de la *aceleración tangencial* es dada por

$$[a_\theta] = [c][r] \quad \Longrightarrow \quad \boxed{[c] = \frac{[a_\theta]}{[r]} = \frac{LT^{-2}}{L} = T^{-2}.}$$

c) Para obtener las unidades de medida de ω, realizaremos análisis dimensional y entonces deduciremos las unidades SI de la rapidez angular ω[1]

$$[v] = [\omega][r] \quad \Longrightarrow \quad [\omega] = \frac{[v]}{[r]} = \frac{L/T}{L} = T^{-1}.$$

Se deduce que la unidad de medida de la rapidez angular ω en el Sistema Internacional es $1/\text{s}$.

Comentario. La rapidez angular ω, como su nombre lo indica, está relacionada con ángulos. Los ángulos son cantidades adimensionales, sin embargo, es común asignarles una «unidad de medida» como el *grado sexagesimal* (°) o el *radian* (rad) para dejar en claro que se trata de ángulos. Lo mismo pasa con la rapidez angular, su unidad es generalmente denotada como rad/s.

7.3 Vectores

Solución 1.15. En la Figura 7.1 *a*) hemos graficado el vector *momentum* lineal definiendo dos ángulos útiles para nuestros propósitos. En la Figura 7.1 *b*) hemos

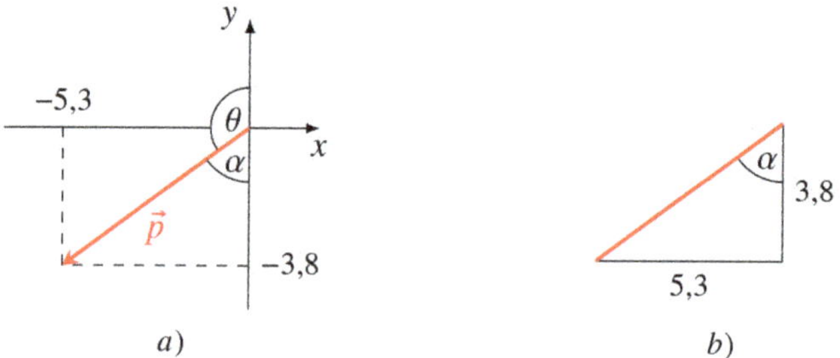

Figura 7.1. *Vector momentum lineal* $\vec{p}$.

construido un triángulo rectángulo que permite calcular de manera directa el ángulo

[1]La rapidez angular se denota con la letra griega ω (omega minúcula), no w (doble v minúscula).

α a partir de la función tangente

$$\tan\alpha = \frac{5{,}3}{3{,}8} \quad \Longrightarrow \quad \alpha = \arctan\left(\frac{5{,}3}{3{,}8}\right) = 54^\circ.$$

Luego, el ángulo θ entre el *momentum* lineal $\vec{p}$ y la *dirección positiva* del eje y, definido en la Figura 7.1 *a*), es

$$\boxed{\theta = 180^\circ - \alpha = 180^\circ - 54^\circ = 126^\circ.}$$

Solución 1.16. La Figura 7.2 muestra los triángulos rectángulos que utilizaremos para determinar las componentes de los vectores $\vec{a}, \vec{b}, \vec{c}$ graficados en la Figura 1.2 *a*).

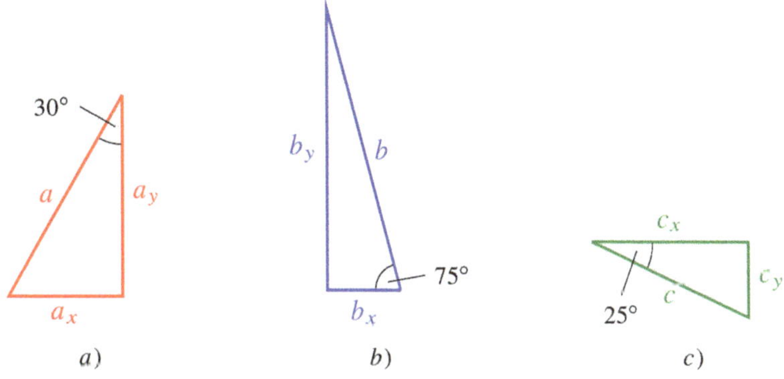

Figura 7.2. *Triángulos utilizados para determinar las componentes de los vectores $\vec{a}, \vec{b}, \vec{c}$.*

a) A partir del triángulo de la Figura 7.2 *a*) vemos que las componentes de $\vec{a}$ satisfacen

$$\cos 30^\circ = \frac{a_y}{a} \quad \Longrightarrow \quad a_y = 8{,}4 \times \cos 30^\circ = 7{,}27 = 7{,}3,$$
$$\operatorname{sen} 30^\circ = \frac{a_x}{a} \quad \Longrightarrow \quad a_x = 8{,}4 \times \operatorname{sen} 30^\circ = 4{,}20 = 4{,}2,$$

de donde se obtiene

$$\boxed{\vec{a} = (-4{,}2\,\hat{\imath} - 7{,}3\,\hat{\jmath})\ \text{m}.}$$

Para el vector $\vec{b}$ utilizamos el triángulo de la Figura 7.2 *b*)

$$\cos 75^\circ = \frac{b_x}{b} \quad \Longrightarrow \quad b_x = 11{,}2 \times \cos 75^\circ = 2{,}90 = 2{,}9,$$
$$\operatorname{sen} 75^\circ = \frac{b_y}{b} \quad \Longrightarrow \quad b_y = 11{,}2 \times \operatorname{sen} 75^\circ = 10{,}8 = 11.$$

Se obtiene

$$\boxed{\vec{b} = (-2{,}9\,\hat{\imath} + 11\,\hat{\jmath})\ \text{m}.}$$

Por último, utilizamos el triángulo de la Figura 7.2 *c*) para determinar las componentes de $\vec{c}$

$$\cos 25^\circ = \frac{c_x}{c} \quad \Longrightarrow \quad c_x = 5{,}64 \times \cos 25^\circ = 5{,}11 = 5{,}1,$$
$$\operatorname{sen} 25^\circ = \frac{c_y}{c} \quad \Longrightarrow \quad c_y = 5{,}64 \times \operatorname{sen} 25^\circ = 2{,}38 = 2{,}4$$

de modo que

$$\boxed{\vec{c} = (5{,}1\,\hat{\imath} - 2{,}4\,\hat{\jmath})\ \text{m}.}$$

b) A partir de las componentes cartesianas

$$\begin{aligned}\vec{a} + \vec{b} + \vec{c} &= (-4{,}20\,\hat{\imath} - 7{,}27\,\hat{\jmath}) + (-2{,}90\,\hat{\imath} + 10{,}8\,\hat{\jmath}) + (5{,}11\,\hat{\imath} - 2{,}38\,\hat{\jmath}) \\ &= (-4{,}20 - 2{,}90 + 5{,}11)\,\hat{\imath} + (-7{,}27 + 10{,}8 - 2{,}38)\,\hat{\jmath},\end{aligned}$$

donde se obtiene

$$\boxed{\vec{a} + \vec{b} + \vec{c} = (-2{,}0\,\hat{\imath} - 1\,\hat{\jmath})\ \text{m}.}$$

Solución 1.17. La Figura 7.3 muestra la geometría involucrada en la determinación de las componentes de los vectores $\vec{r}, \vec{s}, \vec{t}$ de la Figura 1.2 *b*).

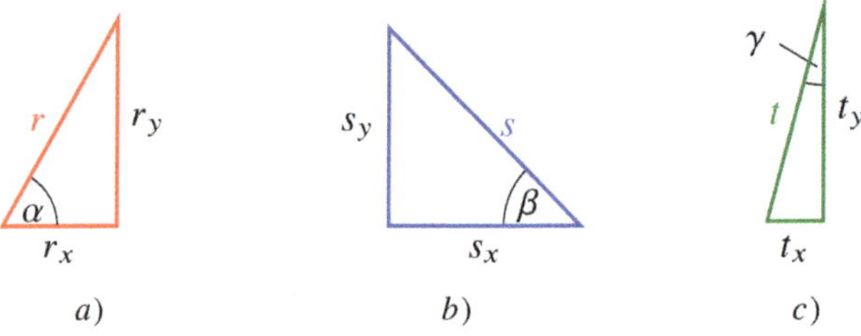

Figura 7.3. *Triángulos utilizados para el cálculo de las componentes de los vectores $\vec{r}, \vec{s}, \vec{t}$.*

a) Con el triángulo de la Figura 7.3 *a*) se obtiene las siguientes relaciones para las componentes de $\vec{r}$

$$r_x = r\cos\alpha = 10{,}5 \times \cos 60{,}0^\circ = 5{,}250 = 5{,}25\ \text{m},$$
$$r_y = r\operatorname{sen}\alpha = 10{,}5 \times \operatorname{sen} 60{,}0^\circ = 9{,}093 = 9{,}09\ \text{m}.$$

Dado que el vector apunta hacia el primer cuadrante, sus dos componentes llevan signo positivo. Se obtiene

$$\boxed{\vec{r} = (5{,}25\,\hat{\imath} + 9{,}09\,\hat{\jmath})\text{m}.}$$

Para obtener las componentes del vector $\vec{s}$ utilizamos el triángulo de la Figura 7.3 *b*)

$$s_x = s\cos\beta = 12{,}3 \times \cos 45{,}0^\circ = 8{,}697 = 8{,}70\,\text{m},$$
$$s_y = s\,\text{sen}\,\beta = 12{,}3 \times \text{sen}\,45{,}0^\circ = 8{,}697 = 8{,}70\,\text{m}.$$

Este vector apunta hacia el segundo cuadrante, de modo que la componente x lleva signo negativo, mientras que la componente y lleva signo positivo

$$\boxed{\vec{s} = (-8{,}70\,\hat{\imath} + 8{,}70\,\hat{\jmath})\text{m}.}$$

En el caso del vector $\vec{t}$ utilizamos el triángulo de la Figura 7.3 *c*)

$$t_x = t\,\text{sen}\,\gamma = 9{,}84 \times \text{sen}\,15{,}0^\circ = 2{,}547 = 2{,}55\,\text{m},$$
$$t_y = t\cos\gamma = 9{,}84 \times \cos 15{,}0^\circ = 9{,}505 = 9{,}50\,\text{m}.$$

En este caso, ambas componentes llevan signo negativo.

$$\boxed{\vec{t} = (-2{,}55\,\hat{\imath} - 9{,}50\,\hat{\jmath})\text{m}.}$$

b) Primero calculamos $2\vec{s}$

$$2\vec{s} = +2(-8{,}697\,\hat{\imath} + 8{,}697\,\hat{\jmath}) = 17{,}394\,\hat{\imath} + 17{,}394\,\hat{\jmath} = 17{,}4\,\hat{\imath} + 17{,}4\,\hat{\jmath},$$

con *solo tres cifras significativas* (CS) porque cada componente del vector $\vec{s}$ tenía 3 CS. Luego, calculamos $\vec{r} + 2\vec{s}$

$$\vec{r} + 2\vec{s} = 5{,}25\,\hat{\imath} + 9{,}093\,\hat{\jmath} - 17{,}394\,\hat{\imath} + 17{,}394\,\hat{\jmath} = -12{,}14\,\hat{\imath} + 26{,}49\,\hat{\jmath},$$

con *solo una cifra decimal* (3 CS. significativas) porque las componentes de $\vec{r}$ solo tienen una cifra decimal.

Finalmente, la operación requerida es

$$\begin{aligned}(\vec{r} + 2\vec{s}) \cdot \vec{t} &= (-12{,}14\,\hat{\imath} + 26{,}49\,\hat{\jmath}) \cdot (-2{,}547\,\hat{\imath} - 9{,}505\,\hat{\jmath})\\ &= 30{,}92 - 251{,}79 \quad \text{(la multiplicación con 3 CS, en cada término)}\\ &= -220{,}87 \quad \text{(sin cifras decimales, es decir, con 3 CS).}\end{aligned}$$

Obtenemos

$$\boxed{(\vec{r} + 2\vec{s}) \cdot \vec{t} = -221\,\text{m}^2}$$

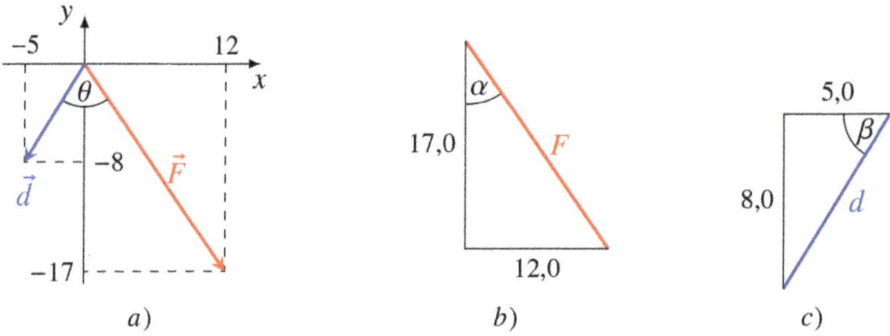

Figura 7.4. *Geometría del Problema 1.18.*

Solución 1.18.

a) En la Figura 7.4*a*) se muestra el gráfico de los vectores $\vec{F}$ y $\vec{d}$.

b) Para obtener la magnitud y el ángulo polar del vector $\vec{F}$, considere el triángulo de la Figura 7.4*b*). Se obtienen la siguiente magnitud y ángulo

$$F = \sqrt{12{,}0^2 + 17{,}0^2} = 20{,}81 = 20{,}8\,\mathrm{N}\,,$$
$$\arctan\alpha = \frac{12{,}0}{17{,}0} \quad\Longrightarrow\quad \alpha = 35{,}22° = 35{,}2°.$$

Con α podemos fácilmente determinar el ángulo polar. Concluimos que

$$\boxed{\vec{F} = \left(20{,}8\,\mathrm{N}\,,\ 270° + \alpha\right) = \left(20{,}8\,\mathrm{N}\,,\ 305°\right).}$$

c) En el caso del vector $\vec{d}$ es necesario considerar el triángulo de la Figura 7.4*c*). Esta vez la magnitud y el ángulo β son

$$d = \sqrt{5{,}0^2 + 8{,}0^2} = 9{,}43 = 9{,}4\,\mathrm{m}\,,$$
$$\arctan\beta = \frac{8{,}0}{5{,}0} \quad\Longrightarrow\quad \beta = 58{,}0° = 58°,$$

de modo que,

$$\boxed{\vec{d} = \left(9{,}4\,\mathrm{m}\,,\ 180° + \beta\right) = \left(9{,}4\,\mathrm{m}\,,\ 238°\right).}$$

d) El producto interno entre ambos vectores se puede calcular de *manera geométrica* o de *manera algebraica*.

De *manera geométrica*, se obtiene

$$\boxed{\vec{F} \cdot \vec{d} = Fd\cos\theta = 20{,}81\,\text{N} \times 9{,}43\,\text{m} \times \cos 67{,}2^\circ = 76{,}0 = 76\,\text{N m},}$$

donde $\theta = \alpha + (90 - \beta) = 67{,}2$ es el ángulo entre los vectores $\vec{F}$ y $\vec{d}$ dibujado en la Figura 7.4*a*).

También se puede calcular de *manera algebraica* utilizando las componentes vectoriales

$$\vec{F} \cdot \vec{d} = (12{,}0\,\hat{\imath} - 17{,}0\,\hat{\jmath}) \cdot (-5{,}0\,\hat{\imath} - 8{,}0\,\hat{\jmath}) = 12{,}0 \times (-5{,}0) - 17{,}0 \times (-8{,}0),$$

cuyo resultado es el mismo encontrado utilizando el método geométrico

$$\boxed{\vec{F} \cdot \vec{d} = 76\,\text{N m}.}$$

Capítulo 8
Soluciones de cinemática de la partícula

8.1 Definiciones cinemáticas

Solución 2.1. El automóvil realiza tres desplazamientos en línea recta que se muestran en la Figura 8.1.

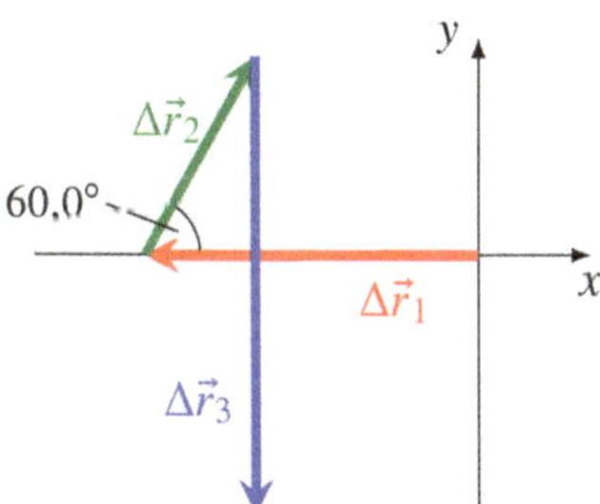

Figura 8.1. *Esquema de los desplazamientos del automóvil del Problema 2.1.*

a) El desplazamiento total del automóvil lo obtenemos sumando los tres desplazamientos descritos en el enunciado.

Primer desplazamiento $\Delta\vec{r}_1$: durante los 30,0 min = 0,500 h, el automóvil avanzó

$$|\Delta\vec{r}_1| = 90{,}0\,\frac{\text{km}}{\text{h}} \times 0{,}500\,\text{h} = 45{,}0\,\text{km}$$

hacia el oeste, es decir, $\Delta\vec{r}_1 = -45{,}0\,\hat{\imath}\,\text{km}$.

Segundo desplazamiento $\Delta\vec{r}_2$: durante los 20,0 min = 0,333 3 h, el automóvil avanzó

$$|\Delta\vec{r}_2| = 90{,}0\,\frac{\text{km}}{\text{h}} \times 0{,}333\,3\,\text{h} = 30{,}0\,\text{km}$$

hacia 60,0° al norte del este. En consecuencia, sus componentes son

$$\Delta\vec{r}_2 = \left(30{,}0 \times \cos 60{,}0^\circ\, \hat{\imath} + 30{,}0 \times \operatorname{sen} 60{,}0^\circ\, \hat{\jmath}\right) \text{km} = \left(15{,}0\, \hat{\imath} + 26{,}0\, \hat{\jmath}\right) \text{km}.$$

Tercer desplazamiento $\Delta\vec{r}_3$: durante los 40,0 min = 0,666 7 h, el automóvil avanzó

$$|\Delta\vec{r}_3| = 90{,}0\, \frac{\text{km}}{\text{h}} \times 0{,}666\,7\,\text{h} = 60{,}0\,\text{km}$$

hacia el sur, de modo que $\Delta\vec{r}_3 = -60{,}0\, \hat{\jmath}$ km.

Finalmente, **el desplazamiento total** $\Delta\vec{r}$ es

$$\Delta\vec{r} = \Delta\vec{r}_1 + \Delta\vec{r}_2 + \Delta\vec{r}_3 = -45{,}0\, \hat{\imath}\,\text{km} + \left(15{,}0\, \hat{\imath} + 26{,}0\, \hat{\jmath}\right) \text{km} - 60{,}0\, \hat{\jmath}\,\text{km},$$

cuyo resultado es

$$\boxed{\Delta\vec{r} = \left(-30{,}0\, \hat{\imath} - 34{,}0\, \hat{\jmath}\right) \text{km},}$$

o bien $\Delta\vec{r} = 45{,}3$ km en la dirección $\theta = 48{,}6^\circ$ al sur del oeste.

b) La distancia total recorrida por el automóvil es la suma de las distancias recorridas en cada desplazamiento *en línea recta*

$$\boxed{d = d_1 + d_2 + d_3 = \Delta r_1 + \Delta r_2 + \Delta r_3 = (45{,}0 + 30{,}0 + 60{,}0)\,\text{km} = 135{,}0\,\text{km}.}$$

c) La velocidad media del automóvil se obtiene a partir de la definición

$$\vec{v}_m := \frac{\Delta\vec{r}}{\Delta t} = \frac{\left(-30{,}0\, \hat{\imath} - 34{,}0\, \hat{\jmath}\right) \text{km}}{(0{,}500 + 0{,}333\,3 + 0{,}666\,7)\,\text{s}},$$

cuyo resultado es

$$\boxed{\vec{v}_m = \left(-20{,}0\, \hat{\imath} - 22{,}7\, \hat{\jmath}\right) \frac{\text{km}}{\text{h}} = \left(-5{,}56\, \hat{\imath} - 6{,}30\, \hat{\jmath}\right) \frac{\text{m}}{\text{s}},}$$

o de manera equivalente $\vec{v}_m = 30{,}2$ km/h = 8,40 m/s en la dirección $\theta = 48{,}6^\circ$ al sur del oeste.

Solución 2.2.

a) Por definición, la velocidad media se obtiene como

$$\vec{v}_m := \frac{\Delta\vec{r}}{\Delta t} = \frac{\vec{r}(t = 54{,}0\,\text{s}) - \vec{r}(t = 0{,}00\,\text{s})}{54{,}0\,\text{s} - 0{,}00\,\text{s}}.$$

Reemplazando las posiciones conduce a

$$\vec{v}_m = \frac{\Big((130 + 155 \times 54{,}0)\,\hat{\imath} + (268 \times 54{,}0 - 4{,}90 \times 54{,}0^2)\,\hat{\jmath}\Big) - 130\,\hat{\imath}}{54{,}0},$$

cuyo resultado es

$$\boxed{\vec{v}_m = (155\,\hat{\imath} + 3\,\hat{\jmath}) = (1{,}55\,\hat{\imath} + 0{,}03\,\hat{\jmath}) \times 10^2\ \frac{\text{m}}{\text{s}}.}$$

Aquí hemos utilizado notación científica.

b) La velocidad se obtiene como la derivada de la función posición

$$\vec{v}(t) = \frac{d\vec{r}}{dt} = \Big(\frac{d}{dt}(130 + 155\,t)\,\hat{\imath} + \frac{d}{dt}(268\,t - 4{,}90\,t^2)\,\hat{\jmath}\Big),$$

donde se obtiene

$$\vec{v}(t) = \Big(155\,\hat{\imath} + (268 - 9{,}80\,t)\,\hat{\jmath}\Big)\ \frac{\text{m}}{\text{s}}$$

Reemplazando $t = 0{,}00\,\text{s}$ (momento del disparo)

$$\boxed{\vec{v}_0 = \vec{v}(t = 0{,}00\ \text{s}) = (155\,\hat{\imath} + 268\,\hat{\jmath}) = (1{,}55\,\hat{\imath} + 2{,}68\,\hat{\jmath}) \times 10^2\ \frac{\text{m}}{\text{s}}.}$$

c) La aceleración es la derivada temporal de la velocidad

$$\boxed{\vec{a}(t) = \frac{d\vec{v}}{dt} = \frac{d}{dt}\Big(155\,\hat{\imath} + (268 - 9{,}80\,t)\,\hat{\jmath}\Big) = -9{,}80\,\hat{\jmath}\ \frac{\text{m}}{\text{s}^2}.}$$

8.2 Movimiento rectilíneo

Solución 2.3.

a) La partícula realiza movimiento rectilíneo uniforme, de modo que el gráfico de la posición en función del tiempo es una recta.

Para dibujar la recta basta con conocer dos puntos, que en nuestro caso corresponden a la posición en que se encuentra la partícula en algún tiempo. Se sabe que $x = -3{,}0\,\text{m}$ en $t = 1{,}0\,\text{s}$, y $x = -5{,}0\,\text{m}$ en $t = 6{,}0\,\text{s}$. La Figura 8.2 muestra el gráfico construido.

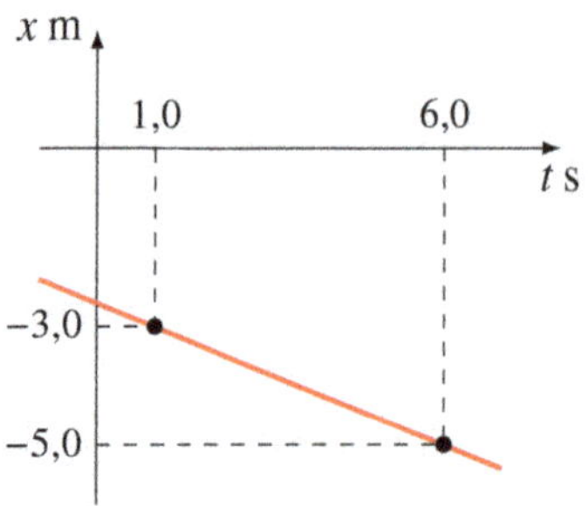

Figura 8.2. *Gráfico posición versus tiempo de una partícula que realiza movimiento rectilíneo uniforme. En* $t = 1{,}0\,\mathrm{s}$ *se encuentra en* $x = -3{,}0\,\mathrm{m}$ *y en* $t = 6{,}0\,\mathrm{s}$ *ha* retrocedido *hasta* $x = -5{,}0\,\mathrm{m}$.

b) La velocidad de la partícula corresponde a la pendiente de la recta tangente al gráfico posición versus tiempo de la Figura 8.2. Como el gráfico es una recta, basta con obtener la pendiente de ésta.

$$\boxed{v = \frac{\Delta x}{\Delta t} = \frac{-5{,}0-(-3{,}0)}{6{,}0-1{,}0} = -\frac{2{,}0}{5{,}0} = -0{,}40\,\frac{\mathrm{m}}{\mathrm{s}}.}$$

En forma vectorial la velocidad de la partícula es $\vec{v} = -0{,}40\,\hat{\imath}\,\mathrm{m/s}$.

c) La ecuación itinerario para le movimiento rectilíneo uniforme es de la forma general $x(t) = x_0 + v(t - t_0)$. Podemos utilizar $x_0 = -3{,}0\,\mathrm{m}$ y $t_0 = 1{,}0\,\mathrm{s}$. La velocidad ya la calculamos en la pregunta anterior ($v = -0{,}40\,\mathrm{m/s}$). La ecuación itinerario de la partícula es

$$\boxed{x(t) = -3{,}0 - 0{,}40(t - 1{,}0) = (-2{,}6 - 0{,}40\,t)\ \mathrm{m}.}$$

d) En $t = 10\,\mathrm{s}$ la partícula se encontrará en la posición que indique la ecuación itinerario ya encontrada, es decir,

$$\boxed{x(t = 10\,\mathrm{s}) = -2{,}6 - 0{,}40 \times 10 = -6{,}6\,\mathrm{m},}$$

que expresado en forma vectorial es $\vec{r}(t = 10\,\mathrm{s}) = -6{,}6\,\hat{\imath}\,\mathrm{m}$.

Por otro lado, en $t = 15$ s la partícula se encontrará en la posición

$$\boxed{x(t = 15\,\mathrm{s}) = -2{,}6 - 0{,}40 \times 15 = -8{,}6\,\mathrm{m},}$$

que en forma vectorial se expresa como $\vec{r}(t = 15\,\mathrm{s}) = -8{,}6\,\hat{\imath}\,\mathrm{m}$.

e) El desplazamiento entre $t = 10$ s y $t = 15$ s es el cambio de posición dado por

$$\boxed{\Delta x = x(t = 15\,\mathrm{s}) - x(t = 10\,\mathrm{s}) = -8{,}6 - (-6{,}6) = -2{,}0\ \mathrm{m}.}$$

Por supuesto, el resultado anterior se puede expresar como $\Delta\vec{r} = -2{,}0\,\hat{\imath}\,\mathrm{m}$.

Solución 2.4. Independiente de la ubicación del sistema de referencia, el movimiento de la partícula se puede descomponer en dos intervalos de tiempo bien definidos. Durante los primeros seis segundos la partícula realiza movimiento rectilíneo uniforme para luego realizar movimiento rectilíneo acelerado.

a) Si el origen de x está en O y se toma $t = 0{,}0$ s cuando la partícula pasa por P, se tiene que para los primeros seis segundos de movimiento ($-6{,}0\text{ s} \leq t \leq 0{,}0\text{ s}$) se trata de un movimiento rectilíneo uniforme. Consideremos $t_0 = 0{,}0$ s (cuando pasa por P)

$$x(t) = x_0 + 3{,}0\,t\,, \quad -6{,}0\text{ s} \leq t \leq 0{,}0\text{ s}. \tag{8.1}$$

La partícula pasa por el origen O ($x = 0{,}0$ m) en el tiempo $t = -6{,}0$ s (seis segundos antes de pasar por P). Reemplazando en la ecuación (8.1) se tiene

$$0{,}0 = x_0 + 3{,}0 \times (-6{,}0) \quad \Longrightarrow \quad x_0 = 18\text{ m}.$$

Con este dato tenemos la descripción de los primeros seis segundos de movimiento

$$x(t) = 18 + 3{,}0\,t\,, \quad -6{,}0\text{ s} \leq t \leq 0{,}0\text{ s}. \tag{8.2}$$

Luego, la segunda parte del movimiento es un movimiento rectilíneo acelerado. Tomando $t_0 = 0{,}0$ s en (8.1) se tiene $x_0 = 18$ m, mientras que $v_0 = 3{,}0$ m/s y $a = 4{,}0\text{ m/s}^2$. Así, obtenemos

$$x(t) = 18 + 3{,}0\,t + 2{,}0\,t^2\,, \quad t \geq 0{,}0\text{ s}.$$

Tras lo anterior, se concluye

$$\boxed{x(t) = \begin{cases} (18 + 3{,}0\,t)\text{ m}\,, & \text{para } -6{,}0\text{ s} \leq t \leq 0{,}0\text{ s}. \\ (18 + 3{,}0\,t + 2{,}0\,t^2)\text{ m}\,, & \text{para } t > 0{,}0\text{ s}. \end{cases}}$$

b) Si el origen de x está en P y se toma $t = 0{,}0$ s cuando la partícula pasa por ese punto, se tiene que en $t_0 = 0{,}0$ s, la posición de la partícula es $x_0 = 0{,}0$ m y $v = 3{,}0$ m/s.

Durante los primeros seis segundos ($-6{,}0\text{ s} \leq t \leq 0{,}0\text{ s}$) se trata de un movimiento rectilíneo uniforme

$$x(t) = 0{,}0 + 3{,}0\,t\,, \quad -6{,}0\text{ s} \leq t \leq 0{,}0\text{ s}.$$

Desde $t_0 = 0{,}0$ s en adelante, el movimiento es rectilíneo acelerado con $a = 4{,}0\text{ m/s}^2$

$$x(t) = 0{,}0 + 3{,}0\,t + 2{,}0\,t^2\,, \quad t \geq 0{,}0\text{ s},$$

de modo que

$$\boxed{x(t) = \begin{cases} 3{,}0\,t\text{ m}\,, & \text{para } -6{,}0\text{ s} \leq t \leq 0{,}0\text{ s}. \\ (3{,}0\,t + 2{,}0\,t^2)\text{ m}\,, & \text{para } t > 0{,}0\text{ s}. \end{cases}}$$

Solución 2.5. Consideraremos que el movimiento ocurre a lo largo del eje x e identificaremos con el superíndice a las variables relativas al ciclista y con el superíndice b las relativas al corredor.

a) Tomemos el tiempo inicial $t_0 = 0{,}0\,\mathrm{s}$ cuando los móviles están en el origen del sistema de coordenadas $\vec{r}_{0_a} = \vec{r}_{0_b} = 0{,}0\,\mathrm{m}$. Por un lado, el ciclista realiza movimiento rectilíneo acelerado con velocidad inicial nula (parte del reposo)

$$\vec{a}_a(t) = +4{,}0\,\hat{\imath}\,\mathrm{m/s^2} \quad \text{y} \quad \vec{v}_{0_a} = 0{,}0\,\mathrm{m/s}.$$

Por otro lado, el corredor realiza movimiento rectilíneo uniforme (velocidad constante) con $\vec{v}_b(t) = +6{,}0\,\hat{\imath}\,\mathrm{m/s}$.

La ecuación itinerario del **ciclista** es

$$\boxed{x_a(t) = +\frac{4{,}0}{2}\,t^2 = +2{,}0\,t^2\,\mathrm{m},} \tag{8.3}$$

o de manera vectorial $\vec{r}_a(t) = +2{,}0\,t^2\,\hat{\imath}\,\mathrm{m}$. Mientras que la ecuación itinerario del **corredor** es

$$\boxed{x_b(t) = +6{,}0\,t\,\mathrm{m},} \tag{8.4}$$

que vectorialmente se expresa como $\vec{r}_b(t) = +6{,}0\,t\,\hat{\imath}\,\mathrm{m}$.

b) Cuando el ciclista alcanza al corredor, justo en ese instante, ambas personas se encuentran en la misma posición

$$x_a(t) = x_b(t) \quad \Longrightarrow \quad 2{,}0\,t^2 = 6{,}0\,t \quad \Longrightarrow \quad t_1 = 0{,}0\,\mathrm{s} \quad \text{o} \quad t_2 = 3{,}0\,\mathrm{s}.$$

Se obtienen dos soluciones, $t_1 = 0{,}0\,\mathrm{s}$ que como sabemos, es el instante de tiempo en que ambos móviles están en el origen, y $t_2 = 3{,}0\,\mathrm{s}$ que es el tiempo de encuentro buscado

$$\boxed{t_{\text{encuentro}} = 3{,}0\,\mathrm{s}.}$$

Concluimos que el ciclista alcanza al corredor tres segundos después de que ambos estaban en el origen.

c) La posición de cada móvil a los 8,0 s la obtenemos reemplazando el tiempo en las ecuaciones de itinerario del ciclista (8.3) y el corredor (8.4). El **ciclista** estará en la posición

$$x_a(t = 8{,}0\,\mathrm{s}) = 2{,}0 \times 8{,}0^2 = 128\ \mathrm{m}.$$

Mientras que el **corredor** se encontrará en

$$x_b(t = 8{,}0\ \mathrm{s}) = 6{,}0 \times 8{,}0 = 48\ \mathrm{m}.$$

Luego, la distancia d que separa ambos móviles es

$$\boxed{d = |x_a - x_b| = |128 - 48| = 80\,\mathrm{m}.}$$

Solución 2.6. Determinemos las ecuaciones cinemáticas. Considere el sistema de referencia de la Figura 8.3. En este caso, el movimiento ocurre solo en el eje x

- $t_0 = 0{,}0$ s, cuando la moto comienza a frenar.
- $x_0 = 0{,}0$ m
- $v_0 = 90{,}0$ km/h $= 25{,}0$ m/s
- $a = -5{,}00\ \mathrm{m/s^2}$

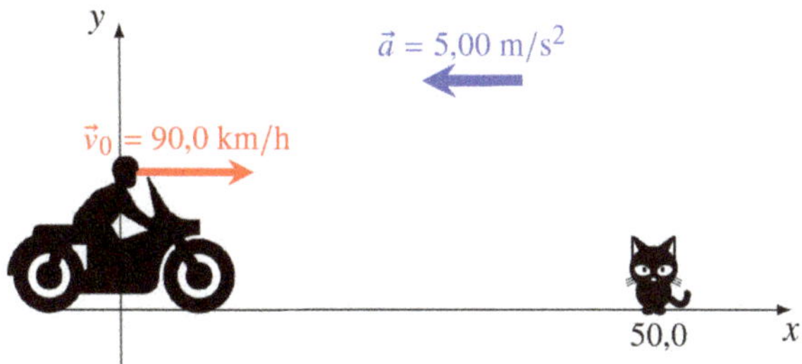

Figura 8.3. *Sistema de referencia para el motociclista y el gatito del Problema 2.6.*

Las ecuaciones cinemáticas del motociclista son

$$x(t) = 25{,}0\,t - \frac{5{,}00}{2}t^2 \qquad \text{(Ecuación itinerario)}, \tag{8.5a}$$

$$v(t) = 25{,}0 - 5{,}00\,t \qquad \text{(Ecuación de velocidad)}. \tag{8.5b}$$

a) La moto se detiene cuando su velocidad se anula. Reemplazamos esta condición en (8.5b) para obtener el tiempo de detención

$$0{,}0 = 25{,}0 - 5{,}00\,t \quad \Longrightarrow \quad \boxed{t = \frac{25{,}0}{5{,}00} = 5{,}00\ \mathrm{s}.}$$

b) Reemplazamos el tiempo de detención calculado en la pregunta anterior, en la ecuación itinerario (8.5a)

$$\boxed{x(t = 5{,}00\ \mathrm{s}) = 25{,}0 \times 5{,}00 - \frac{5{,}00}{2} \times 5{,}00^2 = 62{,}5\ \mathrm{m}.}$$

La moto recorre 62,5 m hasta detenerse. Lamentablemente **el gatito no se salva** del atropello.

c) En esta situación *distinta* volvemos a plantear las ecuaciones cinemáticas

- $t_0 = 0{,}0$ s, cuando la moto comienza a frenar.

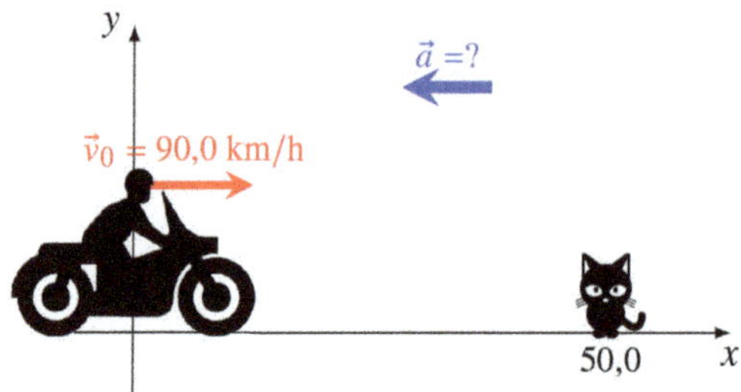

Figura 8.4. *Ahora la motocicleta se detiene justo antes de arrollar al gatito.*

- $x_0 = 0{,}0\ \mathrm{m}$
- $v_0 = 90{,}0\ \mathrm{km/h} = 25{,}0\ \mathrm{m/s}$
- $a = ?$

Esta vez las ecuaciones cinemáticas son dadas por

$$x(t) = 25{,}0\,t - \frac{a}{2}t^2 \qquad \text{(Ecuación itinerario)}, \tag{8.6a}$$

$$v(t) = 25{,}0 - a\,t \qquad \text{(Ecuación de velocidad)}. \tag{8.6b}$$

Dado que la moto se detiene justo antes de atropellar al gatito, tenemos que la posición es $x = 50{,}0\ \mathrm{m}$ cuando la velocidad es $v = 0{,}0\ \mathrm{m/s}$. Reemplazando en las ecuaciones cinemáticas, se obtiene

$$50{,}0 = 25{,}0\,t - \frac{a}{2}t^2, \tag{8.7a}$$

$$0{,}0 = 25{,}0 - a\,t. \tag{8.7b}$$

De la ecuación (8.7b) despejamos el tiempo t de detención

$$0{,}0 = 25{,}0 - a\,t \quad \Longrightarrow \quad t = \frac{25{,}0}{a}$$

y lo reemplazamos en la ecuación (8.7a)

$$50{,}0 = 25{,}0 \times \frac{25{,}0}{a} - \frac{a}{2} \times \left(\frac{25{,}0}{a}\right)^2 \quad \Longrightarrow \quad 50{,}0 = \frac{25{,}0^2}{2a}.$$

Finalmente, despajamos la aceleración a. Se obtiene

$$\boxed{a = \frac{25{,}0^2}{2 \times 50{,}0} = 6{,}25\ \frac{\mathrm{m}}{\mathrm{s}^2}.}$$

Concluimos que **la aceleración de frenado** fue $a = 6{,}25\ \mathrm{m/s^2}$.

Solución 2.7. Primero debemos obtener la ecuación itinerario y la ecuación de velocidad.

Se trata de un movimiento rectilíneo acelerado. Supongamos que el movimiento ocurre en la dirección positiva del eje x y que parte del reposo en el origen, en el tiempo $t_0 = 0{,}0\,\mathrm{s}$. Así

$$t_0 = 0{,}0\,\mathrm{s} \quad , \quad \vec{r}_0 = 0{,}0\,\mathrm{m} \quad , \quad \vec{v}_0 = 0{,}0\,\frac{\mathrm{m}}{\mathrm{s}} \quad , \quad \vec{a} = 2{,}0\,\hat{\imath}\,\frac{\mathrm{m}}{\mathrm{s}^2},$$

que conduce a las siguientes ecuaciones

$$\vec{r}(t) = +\frac{2{,}0}{2}\,t^2\,\hat{\imath} = 1{,}0\,t^2\,\hat{\imath}\,\mathrm{m}, \tag{8.8a}$$

$$\vec{v}(t) = 2{,}0\,t\,\hat{\imath}\,\mathrm{m/s}. \tag{8.8b}$$

a) Dado que la velocidad dada en la ecuación (8.8b) es siempre positiva para tiempos posteriores a $t = 0{,}0\,\mathrm{s}$, se concluye que la moto *siempre avanzó*. En consecuencia, la *distancia recorrida* la calculamos como la magnitud del desplazamiento.

La posición final la obtenemos reemplazando $t = 4{,}0\,\mathrm{s}$ en la ecuación itinerario (8.8a)

$$\vec{r}(t = 4{,}0\,\mathrm{s}) = 1{,}0 \times 4{,}0^2\,\hat{\imath} = 16\,\hat{\imath}\,\mathrm{m},$$

de modo que la *distancia recorrida* es

$$\boxed{d_{\text{recorrida}} = \|\Delta\vec{r}\| = \|\vec{r}(t = 4{,}0\,\mathrm{s}) - \vec{r}(t = 0{,}0\,\mathrm{s})\| = \|16\,\hat{\imath}\| = 16\,\mathrm{m}.}$$

Como la pared se encuentra en $\vec{r}_{\text{pared}} = 120\,\hat{\imath}\,\mathrm{m}$, se tiene que la *distancia de la pared a la que se encuentra el motorista* es

$$\boxed{d_{\text{a la pared}} = \|\vec{r}(t = 4{,}0\,\mathrm{s}) - \vec{r}_{\text{pared}}\| = \|16\,\hat{\imath} - 120\,\hat{\imath}\| = \| - 104\,\hat{\imath}\| = 104\,\mathrm{m}.}$$

b) Como la pared se encuentra a 120 m de distancia desde donde comenzó el movimiento la moto, se tiene que el choque ocurre cuando $\vec{r}(t_{\text{choque}}) = 120\,\hat{\imath}\,\mathrm{m}$. Reemplazando en la ecuación de itinerario (8.8a) se obtiene

$$1{,}0\,t_{\text{choque}}^2 = 120 \quad \Longrightarrow t_{\text{choque}} = \pm\sqrt{120} = \pm 10{,}954 = 11{,}0\,\mathrm{s}$$

donde debemos elegir $t_{\text{choque}} > 0$ porque el choque ocurre posterior a $t = 0{,}0\,\mathrm{s}$.

$$\boxed{t_{\text{choque}} = 11{,}0\,\mathrm{s}.}$$

Tras comenzar su movimiento, **el motorista tarda** 11,0 s **en chocar con la pared**.

Para resolver las últimas dos preguntas debemos modificar las ecuaciones de itinerario y de velocidad a partir de $t = 8{,}0\,\mathrm{s}$ para dar cuenta del proceso de frenado (movimiento rectilíneo desacelerado). En $t = 8{,}0\,\mathrm{s}$ la posición y la velocidad del motorista es (ver ecuaciones (8.8a) y (8.8b))

$$\vec{r}(t = 8{,}0\,\mathrm{s}) = 1{,}0 \times 8{,}0^2\,\hat{\imath} = 64\,\hat{\imath}\,\mathrm{m}\,, \quad \vec{v}(t = 8{,}0\,\mathrm{s}) = 2{,}0 \times 8{,}0\,\hat{\imath} = 16\,\hat{\imath}\,\frac{\mathrm{m}}{\mathrm{s}}.$$

A partir de $t = 8{,}0\,\mathrm{s}$ el movimiento del motorista es rectilíneo acelerado pero con aceleración en contra de la velocidad (va frenando), es decir, $\vec{a} = -3{,}0\,\hat{\imath}\,\mathrm{m/s^2}$. Luego, la ecuación itinerario y la ecuación de velocidad para $t \geq 8{,}0\,\mathrm{s}$ *–y hasta que se detiene o estrella con la pared–* son

$$\vec{r}(t) = \left(64 + 16(t - 8{,}0) - \frac{3{,}0}{2}(t - 8{,}0)^2\right)\hat{\imath}\ \mathrm{m}, \tag{8.9a}$$

$$\vec{v}(t) = \Big(16 - 3{,}0(t - 8{,}0)\Big)\hat{\imath}\ \mathrm{m/s}. \tag{8.9b}$$

c) Cuando logra detenerse la velocidad se anula, es decir, $\vec{v}(t_{\mathrm{det}}) = 0{,}0\,\mathrm{m/s}$ y se debe exigir que esto ocurra después de $t = 8{,}0\,\mathrm{s}$. Reemplazando en la ecuación (8.9b) se obtiene

$$16 - 3{,}0(t_{\mathrm{det}} - 8{,}0) = 0 \quad \Longrightarrow \quad \boxed{t_{\mathrm{det}} = \frac{16}{3{,}0} + 8{,}0 = 13{,}333\ \mathrm{s} = 13\,\mathrm{s}.}$$

d) Para saber si se logra detener a tiempo, basta con calcular la posición cuando se detiene, es decir, $\vec{r}(t_{\mathrm{det}})$, y luego comparar con la posición de la pared $\vec{r}_{\mathrm{pared}} = 120\,\hat{\imath}\,\mathrm{m}$. Reemplazamos t_{det} en la ecuación itinerario (8.9a)

$$\boxed{\vec{r}(t_{\mathrm{det}}) = \left(64 + 16(13{,}333 - 8{,}0) - \frac{3{,}0}{2}(13{,}333 - 8{,}0)^2\right)\hat{\imath} = 107\,\hat{\imath}\,\mathrm{m}.}$$

Como la posición en que se detiene ($\vec{r}_{\mathrm{det}} = 107\,\hat{\imath}\,\mathrm{m}$) es anterior a la posición de la pared ($\vec{r}_{\mathrm{pared}} = 120\,\hat{\imath}\,\mathrm{m}$), concluimos que el **motociclista salva ileso**.

Solución 2.8.

a) Considere $t_0 = 0{,}0\,\mathrm{s}$ cuando las bolas son lanzadas. Considere también un sistema coordenado con eje vertical y hacia arriba cuyo origen se encuentra a la altura del suelo. El movimiento de las bolas es caída libre unidimensional, dominada por la aceleración de gravedad vertical hacia abajo de magnitud $g = 9{,}8\,\mathrm{m/s^2}$.

Las ecuaciones de movimiento para la *bola 1*, la que se arroja desde la azotea son

$$\boxed{y^1(t) = 120 - 20\,t - \frac{g}{2}t^2}\ , \quad \boxed{v^1(t) = -20 - gt,} \tag{8.10}$$

mientras que las de la *bola 2*, la que se arroja desde el suelo son

$$\boxed{y^2(t) = 60t - \frac{g}{2}t^2}, \quad \boxed{v^2(t) = 60 - gt.} \tag{8.11}$$

b) Para que las bolas estén en la misma posición se debe cumplir que $y^1(t) = y^2(t)$. A partir de las ecuaciones itinerario (8.10) y (8.11) se obtiene el tiempo de encuentro

$$120 - 20t - \frac{g}{2}t^2 = 60t - \frac{g}{2}t^2 \quad \Longleftrightarrow \quad \boxed{t_{\text{enc}} = 1{,}5\,\text{s}.}$$

c) Dado el tiempo de encuentro calculado en la pregunta anterior, la altura h en que se produce el encuentro corresponde a la posición de cualquiera de las dos bolas

$$\boxed{h = y^2(t_{\text{enc}}) = 60 \times 1{,}5 - \frac{g}{2} \times 1{,}5^2 = 79\,\text{m}.}$$

d) Cuando la primera bola llega al suelo se tiene que $y^1(t) = 0{,}0\,\text{m}$. Usando (8.10) buscamos el tiempo en que toca el suelo

$$0 = 120 - 20t - \frac{g}{2}t^2 \quad \Longleftrightarrow \quad t_1 = -7{,}39\,\text{s} \quad \text{o} \quad t_2 = 3{,}31\,\text{s}.$$

Dado que $t_1 = -7{,}39\,\text{s}$ es anterior al momento en que se arrojan las bolas, debemos descartar este tiempo. Concluimos que el tiempo en que la primera bola llega al suelo es $t_{\text{suelo}} = 3{,}31\,\text{s}$.

Para obtener la velocidad con que llega al suelo, usamos la ecuación de velocidad (8.10)

$$v^1(t_{\text{suelo}}) = -20 - g \times 3{,}31 = -52\,\frac{\text{m}}{\text{s}} \quad \Longrightarrow \quad \boxed{\vec{v}^1(t_{\text{suelo}}) = -52\,\hat{\jmath}\,\frac{\text{m}}{\text{s}}.}$$

Solución 2.9. En este problema es importante notar que *para cada cuerpo se tienen tres incógnitas*: la aceleración a, la velocidad inicial v_0 y la posición inicial x_0. *Para las tres incógnitas de cada cuerpo se cuenta con tres condiciones* dadas en la Tabla 2.1. A continuación formularemos las ecuaciones de movimiento para cada cuerpo.

Consideremos el tiempo inicial en $t_0 = 0{,}0\,\text{s}$ como indica el enunciado de las preguntas 2.2.2 y 2.2.3. Luego, la ecuación de posición y la ecuación de velocidad del **cuerpo A** son

$$x_A(t) = x_{0A} + v_{0A}t + \frac{1}{2}a_A t^2, \tag{8.12a}$$

$$v_A(t) = v_{0A} + a_A t, \tag{8.12b}$$

mientras que las mismas ecuaciones pero esta vez para el **cuerpo B** son

$$x_B(t) = x_{0B} + v_{0B}t + \frac{1}{2}a_B t^2, \tag{8.13a}$$

$$v_B(t) = v_{0B} + a_B t. \tag{8.13b}$$

a), *b*) y *c*)

En el caso del **cuerpo A**, consideremos la ecuación (8.12a) evaluada en $t = 1{,}0$ s y en $t = 2{,}0$ s. Se obtienen las siguientes relaciones

$$2{,}0 = x_{0A} + 1{,}0\, v_{0A} + 0{,}50\, a_A, \tag{8.14a}$$

$$8{,}0 = x_{0A} + 2{,}0\, v_{0A} + 2{,}0\, a_A. \tag{8.14b}$$

Por otro lado, la ecuación (8.12b) evaluada en $t = 4{,}0$ s conduce a

$$16{,}0 = v_{0A} + 4{,}0\, a_A. \tag{8.15}$$

Aquí vemos que las ecuaciones (8.14a) y (8.15) forman un sistema de tres ecuaciones lineales con tres incógnitas cuyo resultado es

$$\boxed{a_A = 4{,}0\ \frac{\text{m}}{\text{s}^2}, \quad v_{0A} = 0{,}0\ \frac{\text{m}}{\text{s}}, \quad x_{0A} = 0{,}0\ \text{m}.}$$

De manera completamente análoga podemos encontrar las variables del movimiento del **cuerpo B**. Si consideramos la ecuación (8.13a) evaluada en $t = 3{,}0$ s se obtiene

$$182 = x_{0B} + 3{,}0\, v_{0B} + 4{,}5\, a_B. \tag{8.16}$$

Mientras que la ecuación (8.13b) evaluada en $t = 5{,}0$ s y en $t = 6{,}0$ s conduce a

$$0{,}0 = v_{0B} + 5{,}0\, a_B, \tag{8.17a}$$

$$2{,}0 = v_{0B} + 6{,}0\, a_B. \tag{8.17b}$$

El resultado del sistema de ecuaciones (8.16) y (8.17) es

$$\boxed{a_B = 2{,}0\ \frac{\text{m}}{\text{s}^2}, \quad v_{0B} = -10\ \frac{\text{m}}{\text{s}}, \quad x_{0B} = 203\ \text{m}.}$$

d) El instante de tiempo posterior, en que ambos cuerpos se encuentran, se obtiene igualando las posiciones de cada cuerpo

$$x_A(t) = x_B(t) \quad \Longrightarrow \quad 2{,}0t^2 = 203 - 10t + 1{,}0t^2.$$

Aquí hemos reemplazado las posiciones y velocidades iniciales, y las aceleraciones calculadas en las preguntas anteriores, en las ecuaciones de movimiento de cada cuerpo formuladas en (8.12a) y (8.13a). La ecuación anterior tiene como solución $t = -20{,}1$ s o $t = 10{,}1$ s. Por supuesto, buscamos un tiempo de encuentro *posterior* por lo que

$$\boxed{t = 10{,}1\,\text{s} = 10\,\text{s}.}$$

Solución 2.10.

a) Consideremos que el primer auto, el que avanza a 120 km/h, va en la dirección **positiva** del eje x mientras que el segundo va en sentido opuesto, es decir, se mueve hacia la dirección **negativa** del eje x. También consideremos que la posición del primer auto cuando comienza a frenar es el origen del sistema coordenado.

La posición inicial (cuando comienza a frenar) del segundo auto, es **desconocida** pero se sabe que debe estar en algún lugar del eje x positivo, $\vec{r}_{0_2} = +r_{0_2}\hat{\imath}$.

Ambos autos realizan movimiento rectilíneo acelerado con el módulo de la aceleración dada por $a = 5{,}0\,\text{m/s}^2$. En el caso del **auto 1**, éste se mueve hacia la dirección positiva del eje x con velocidad $v_{0_1} = 120\,\text{km/h} = 33{,}33\,\text{m/s}$ y frena (aceleración hacia la dirección negativa del eje x) por lo que sus ecuaciones de movimiento son

$$\vec{r}_1(t) = \left(33{,}33\,t - \frac{5{,}0}{2}\,t^2\right)\hat{\imath}\,\text{m}, \tag{8.18a}$$

$$\vec{v}_1(t) = (33{,}33 - 5{,}0\,t)\,\hat{\imath}\,\text{m/s}. \tag{8.18b}$$

El otro vehículo, el **auto 2**, sabemos que se mueve hacia la dirección negativa del eje x con velocidad $v_{0_2} = 100\,\text{km/h} = 27{,}78$ m/s y frena (aceleración en la dirección positiva del eje x) de modo que su movimiento es descrito por las siguientes ecuaciones

$$\vec{r}_2(t) = \left(r_{0_2} - 27{,}78\,t + \frac{5{,}0}{2}\,t^2\right)\hat{\imath}\,\text{m}, \tag{8.19a}$$

$$\vec{v}_2(t) = (-27{,}78 + 5{,}0\,t)\,\hat{\imath}\,\text{m/s}. \tag{8.19b}$$

b) Los autos se detienen cuando su velocidad es nula

I. **Auto 1**. Reemplazando $\vec{v}_1(t_{\text{det }1}) = 0{,}0\,\text{m/s}$ en la ecuación (8.18a) se obtiene

$$33{,}33 - 5{,}0\,t_{\text{det }1} = 0{,}0 \quad\Longrightarrow\quad \boxed{t_{\text{det }1} = \frac{33{,}33}{5{,}0} = 6{,}666 = 6{,}7\,\text{s}.}$$

II. **Auto 2**. La condición $\vec{v}_2(t_{\text{det}\,2}) = 0{,}0\,\text{m/s}$ en la ecuación (8.19b) conduce a

$$-27{,}78 + 5{,}0\,t_{\text{det}\,2} = 0 \quad \Longrightarrow \quad \boxed{t_{\text{det}\,2} = \frac{27{,}78}{5{,}0} = 5{,}556 = 5{,}6\,\text{s}.}$$

Tenemos que el auto 1 **tarda** 6,7 s en detenerse, mientras que el auto 2 **solo tarda** 5,6 s.

c) Calculemos la posición en que se detiene cada vehículo $\vec{r}_1(t_{\text{det}\,1})$ y $\vec{r}_2(t_{\text{det}\,2})$. Para esto utilizamos las ecuaciones de itinerario (8.18a) y (8.19a). Obtenemos que el **auto 1** se detiene en

$$\vec{r}_1(t_{\text{det}\,1}) = \left(33{,}33 \times 6{,}666 - \frac{5{,}0}{2} \times 6{,}666^2\right)\hat{\imath} = 111{,}1\,\hat{\imath}\,\text{m},$$

mientras que el **auto 2** se detiene en

$$\vec{r}_2(t_{\text{det}\,2}) = \left(r_{0_2} - 27{,}78 \times 5{,}556 + \frac{5{,}0}{2} \times 5{,}556^2\right)\hat{\imath} = \left(r_{0_2} - 77{,}17\right)\hat{\imath}\,\text{m}.$$

Se busca que la posición del auto 2 sea «*mayor*» que la posición del auto 1 para que no ocurra el choque[1], es decir,

$$\vec{r}_2(t_{\text{det}\,2}) - \vec{r}_1(t_{\text{det}\,1}) = \left(r_{0_2} - 77{,}17\right)\hat{\imath} - 111{,}1\hat{\imath} = \left(r_{0_2} - 188{,}3\right)\hat{\imath}\,\text{m},$$

de modo que

$$r_{0_2} - 188{,}3 > 0 \quad \Longrightarrow \quad r_{0_2} > 188\,\text{m}.$$

Concluimos que, si la posición inicial del auto 1 es el origen $\vec{r}_{0_1} = 0{,}0\,\text{m}$, la del auto 2 debe ser «*mayor*» que $\vec{r}_{0_2} = 188\,\hat{\imath}\,\text{m}$. Es decir, los autos deben estar **separados una distancia mínima** de 188 m cuando comienzan a frenar.

Comentario. Otra forma de razonar en la última pregunta consiste en calcular las distancias de frenado de cada vehículo. Luego, la suma de estas distancias tiene que ser la mínima separación inicial entre los vehículos para evitar el choque.

8.3 Interpretación de gráficos

Solución 2.11.

a) La ecuación itinerario del autito en los 11 s de recorrido tiene tres tramos diferentes según el gráfico de la Figura 2.1 *a*). Cada tramo corresponde a un movimiento rectilíneo uniforme pero cada uno con velocidad distinta.

[1]En rigor, el auto 2 debe frenar a la derecha del auto 1, es decir, $x_2 > x_1$.

- Para $0{,}0\,\text{s} \le t \le 3{,}0\,\text{s}$ la velocidad del autito es $v = 100\,\text{cm/s} = 1{,}00\,\text{m}$ y en $t_0 = 0{,}0\,\text{s}$ la posición inicial es $x_0 = 0{,}0\,\text{cm}$. Esto conduce a

$$x(t) = 0{,}0 + 1{,}00(t - 0{,}0) = (1{,}00\,t)\,\text{m}.$$

- Para $3{,}0\,\text{s} \le t \le 7{,}0\,\text{s}$ el movimiento del autito tiene velocidad $v = 60\,\text{cm/s} = 0{,}60\,\text{m}$. Esta vez podemos tomar $t_0 = 3{,}0\,\text{s}$ y encontrar x_0 a partir de la ecuación itinerario del el tramo anterior ($0{,}0\,\text{s} \le t \le 3{,}0\,\text{s}$)

$$x_0 = x(t = 3{,}0\,\text{s}) = 1{,}00 \times 3{,}0 = 3{,}0\,\text{m}.$$

  Así, la ecuación itinerario de este segundo tramo es

$$x(t) = \Big(3{,}0 + 0{,}60(t - 3{,}0)\Big)\,\text{m}.$$

- En $7{,}0\,\text{s} \le t \le 11{,}0\,\text{s}$ el movimiento tiene $v = 20\,\text{cm/s} = 0{,}20\,\text{m}$. Ahora podemos considerar $t_0 = 7{,}0\,\text{s}$ y encontrar x_0 a partir de la ecuación itinerario del tramo $3{,}0\,\text{s} \le t \le 7{,}0\,\text{s}$. El resultado es

$$x_0 = x(t = 7{,}0\,\text{s}) = 3{,}0 + 0{,}60 \times (7{,}0 - 3{,}0) = 5{,}4\,\text{m},$$

  de donde se obtiene la ecuación itinerario de este tramo

$$x(t) = \Big(5{,}4 + 0{,}20(t - 7{,}0)\Big)\,\text{m}.$$

En resumen, la ecuación itinerario del autito es

$$\boxed{x(t) = \begin{cases} (1{,}00\,t)\,\text{m} & ,\ \text{si } 0{,}0\,\text{s} \le t < 3{,}0\,\text{s}, \\ (3{,}0 + 0{,}60(t - 3{,}0))\,\text{m} & ,\ \text{si } 3{,}0\,\text{s} \le t < 7{,}0\,\text{s}, \\ (5{,}4 + 0{,}20(t - 7{,}0))\,\text{m} & ,\ \text{si } 7{,}0\,\text{s} \le t \le 11{,}0\,\text{s}. \end{cases}} \tag{8.20}$$

b) La posición del auto en $t = 5{,}0$ s se obtiene reemplazando este tiempo en la ecuación itinerario obtenida en la pregunta anterior

$$\boxed{x(t = 5{,}0\,\text{s}) = 3{,}0 + 0{,}60 \times (5{,}0 - 3{,}0) = 4{,}2\,\text{m}.}$$

El desplazamiento entre $t = 2{,}0$ s y $t = 5{,}0$ s se calcula a partir de la definición utilizando la ecuación itinerario. El resultado es

$$\boxed{\Delta x = x(t = 5{,}0\,\text{s}) - x(t = 2{,}0\,\text{s}) = 4{,}2 - 1{,}00 \times 2{,}0 = 2{,}2\,\text{m}.}$$

c) La aceleración media entre $t = 5{,}0$ s y $t = 9{,}0$ s se obtiene a partir de las velocidades en estos instantes de tiempo que se leen directamente del gráfico de la Figura 2.1 *a*)

$$\boxed{a_m = \frac{v(t = 9{,}0\,\text{s}) - v(t = 5{,}0\,\text{s})}{9{,}0\,\text{s} - 5{,}0\,\text{s}} = \frac{0{,}20\,\text{m/s} - 0{,}60\,\text{m/s}}{4{,}0\,\text{s}} = -0{,}10\,\frac{\text{m}}{\text{s}^2},}$$

que utilizando notación científica conduce a $a_m = -1{,}0 \times 10^{-1}\,\frac{\mathrm{m}}{\mathrm{s}^2}$. Por otro lado, la velocidad media entre $t = 5{,}0$ s y $t = 9{,}0$ s se obtiene a partir de las posiciones en estos instantes. Se tiene

$$v_m = \frac{x(9{,}0\,\mathrm{s}) - x(5{,}0\,\mathrm{s})}{9{,}0\,\mathrm{s} - 5{,}0\,\mathrm{s}},$$

que reemplazando en la ecuación itinerario (8.20) lleva a

$$\boxed{v_m = \frac{5{,}8 - 4{,}2}{4{,}0} = 0{,}40\,\frac{\mathrm{m}}{\mathrm{s}} = 4{,}0 \times 10^{-1}\,\frac{\mathrm{m}}{\mathrm{s}}.}$$

Solución 2.12.

a) La velocidad la obtenemos directo de la lectura del gráfico de la Figura 2.1 *b*)

$$\boxed{v(t) = \begin{cases} 6{,}0\,\mathrm{m/s} & ,\ \text{si } 0{,}0\,\mathrm{s} \le t < 3{,}0\,\mathrm{s}, \\ 0{,}0\,\mathrm{m/s} & ,\ \text{si } 3{,}0\,\mathrm{s} < t < 5{,}0\,\mathrm{s}, \\ -10\,\mathrm{m/s} & ,\ \text{si } 5{,}0\,\mathrm{s} < t \le 10\,\mathrm{s}. \end{cases}}$$

Note que no es posible definir la velocidad en los tiempos 3,0 s *ni* 5,0 s.

b) Para graficar la posición en función del tiempo, consideremos los siguientes eventos

- En $t_0 = 0{,}0$ s la partícula está en la posición $x_0 = -5{,}0$ m. Esto significa que el gráfico intersecta al eje vertical (eje x) en $x_0 = -5{,}0$ m, como muestra la Figura 8.5 *a*).
- Entre $t = 0{,}0$ s y $t = 3{,}0$ s el movimiento de la partícula es *rectilíneo uniforme* con velocidad 6,0 m/s, con lo cual el desplazamiento es

$$v = \frac{\Delta x}{\Delta t} \quad \Longrightarrow \quad \Delta x = v\Delta t = 6{,}0 \times (3{,}0 - 0{,}0) = 18\,\mathrm{m}.$$

Esto es *equivalente* a calcular el área entre la curva del gráfico de la velocidad y el eje del tiempo (horizontal). A partir de la definición del desplazamiento se obtiene que la posición final es $x_f = x_i + \Delta x$. Así, se deduce que la posición en $t = 3{,}0$ s es

$$x(3{,}0\,\mathrm{s}) = x(0{,}0\,\mathrm{s}) + \Delta x = -5{,}0 + 18 = +13\ \mathrm{m},$$

con lo cual el gráfico de la posición x entre $t = 0{,}0$ s y $t = 3{,}0$ s es la recta que se muestra en la Figura 8.5 *b*).

- Luego, entre $t = 3{,}0$ s y $t = 5{,}0$ s la velocidad es nula y entonces, la **posición no cambia**, es decir, el gráfica de la posición en este tramo es la línea recta horizontal de la Figura 8.5 *c*).
- Finalmente, entre $t = 5{,}0$ s y $t = 10$ s el movimiento es otra vez *rectilíneo uniforme* esta vez con velocidad $v = -10$ m/s. El desplazamiento durante este intervalo de tiempo es

  $$\Delta x = -10 \times (10 - 5) = -50 \text{ m},$$

  que corresponde al área «*negativa*» que hay entre la curva de la velocidad (que es negativa en este intervalo) y el eje horizontal. Obtenemos que la posición en $t = 10$ s es

  $$x(t = 10\,\text{s}) = x(t = 5{,}0\,\text{s}) + \Delta x = 13 - 50 = -37 \text{ m},$$

  de modo que el gráfico es una recta descendente (ver Figura 8.5 *d*)).

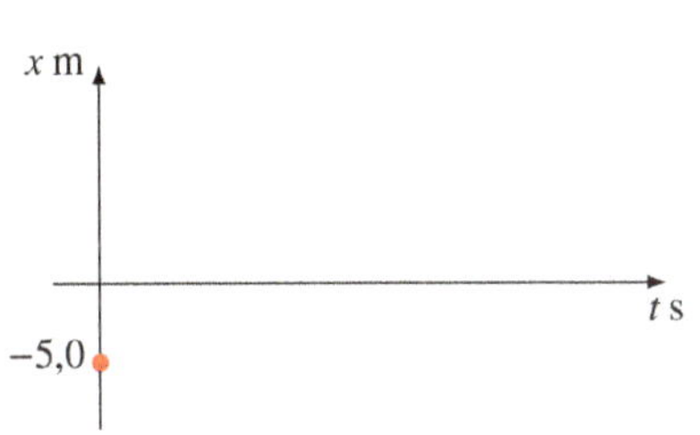

a) *Posición inicial en* $t = 0{,}0$ s.

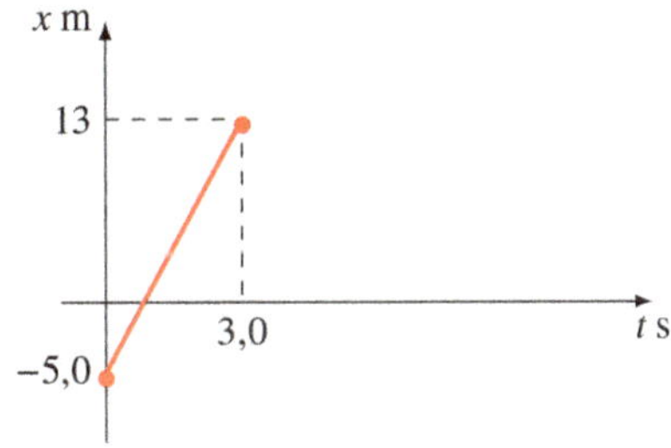

b) *Movimiento rectilíneo uniforme con* $v = 6{,}0$ s *entre* $t = 0{,}0$ s *y* $t = 3{,}0$ s.

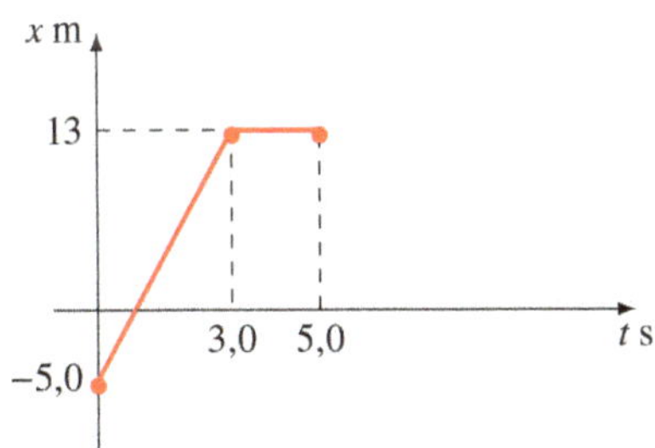

c) *Posición constante (*$v = 0{,}0$ s*) en el intervalo entre* $t = 3{,}0$ s *y* $t = 5{,}0$ s.

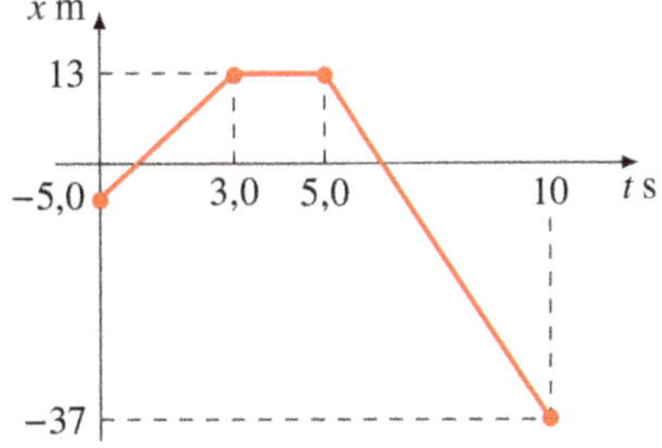

d) *Recta descendente en el intervalo entre* $t = 5{,}0$ s *y* $t = 10$ s *(velocidad negativa).*

Figura 8.5. *Construcción del gráfico de la posición en función del tiempo para el Problema 2.12.*

c) La ecuación itinerario de la partícula se debe obtener por tramo.

- Para $0{,}0\,\text{s} \le t < 3{,}0\,\text{s}$. Se trata de movimiento rectilíneo uniforme con $\vec{v} = 6{,}0\,\hat{\imath}\,\text{m/s}$ y posición inicial dada por

$$\vec{r}_0 = \vec{r}(t = t_0) = \vec{r}(t = 0{,}0\,\text{s}) = -5{,}0\,\hat{\imath}\,\text{m}.$$

Se concluye que

$$\vec{r}(t) = (-5{,}0 + 6{,}0\,t)\,\hat{\imath}\,\text{m} \quad \text{o} \quad x(t) = (-5{,}0 + 6{,}0\,t)\,\text{m}.$$

- Para $3{,}0\,\text{s} < t < 5{,}0\,\text{s}$. La velocidad es nula, entonces no hay movimiento. Esto significa que se mantiene en la posición que alcanzó en $t = 3{,}0\,\text{s}$. Para esto usamos la ecuación itinerario del tramo anterior

$$\vec{r}(t = 3{,}0\text{ s}) = (-5{,}0 + 6{,}0 \times 3{,}0)\,\hat{\imath} = 13\,\hat{\imath}\,\text{m}.$$

Luego, la ecuación itinerario en este tramo es

$$\vec{r}(t) = 13\,\hat{\imath}\,\text{m} \quad \text{o} \quad x(t) = 13\,\text{m}.$$

- Para $5{,}0\,\text{s} < t \le 10\,\text{s}$. Se trata de movimiento rectilíneo uniforme con $\vec{v} = -10\,\hat{\imath}\,\text{m/s}$ y posición inicial dada por (obtenida a partir de la posición en el tramo anterior)

$$\vec{r}_0 = \vec{r}(t = t_0) = \vec{r}(t = 5{,}0\,\text{s}) = 13\,\hat{\imath}\,\text{m},$$

de donde se obtiene

$$\vec{r}(t) = \Big(13 - 10(t - 5{,}0)\Big)\,\hat{\imath}\,\text{m} \quad \text{o} \quad x(t) = \Big(13 - 10(t - 5{,}0)\Big)\,\text{m}.$$

Concluimos que la ecuación itinerario es dada por

$$\boxed{\vec{r}(t) = \begin{cases} (-5{,}0 + 6{,}0\,t)\,\hat{\imath}\,\text{m} & ,\text{ si } 0{,}0\,\text{s} \le t < 3{,}0\,\text{s}, \\ 13\,\hat{\imath}\,\text{m} & ,\text{ si } 3{,}0\,\text{s} \le t < 5{,}0\,\text{s}, \\ \Big(13 - 10(t - 5{,}0)\Big)\,\hat{\imath}\,\text{m} & ,\text{ si } 5{,}0\,\text{s} \le t \le 10\,\text{s}. \end{cases}}$$

d) A partir de la definición y teniendo la ecuación itinerario calculada en la pregunta anterio, se tiene que el desplazamiento y la velocidad media son dados por

- Desplazamiento ($\Delta\vec{r} := \vec{r}_f - \vec{r}_i$)

$$\Delta\vec{r} = \vec{r}(10\text{ s}) - \vec{r}(0{,}0\,\text{s}) = \Big(13 - 10(10 - 5{,}0)\Big)\hat{\imath} - (-5{,}0 + 6{,}0 \times 0{,}0)\hat{\imath},$$

cuyo resultado es

$$\boxed{\Delta\vec{r} = -32\,\hat{\imath}\,\text{m}} \quad \text{o} \quad \boxed{\Delta x = -32\,\text{m}.}$$

- Velocidad media ($\vec{v}_m := \Delta\vec{r}/\Delta t$)

$$\boxed{\vec{v}_m := \frac{\Delta\vec{r}}{\Delta t} = \frac{-32\,\hat{\imath}\,\mathrm{m}}{(10-0{,}0)\,\mathrm{s}} = -3{,}2\,\hat{\imath}\,\frac{\mathrm{m}}{\mathrm{s}},}$$

o bien, la velocidad media es 3,2 $\frac{\mathrm{m}}{\mathrm{s}}$ **en la dirección negativa del eje** x.

e) Finalmente, la distancia y la rapidez media durante todo el recorrido.

- **Distancia**. Calculamos la distancia que avanzó (con velocidad positiva, entre $t = 0{,}0\,\mathrm{s}$ y $t = 3{,}0\,\mathrm{s}$) y luego calculamos la distancia que retrocedió (con velocidad negativa, entre $t = 5{,}0\,\mathrm{s}$ y $t = 10\,\mathrm{s}$, como la magnitud de los respectivos desplazamientos.

  Durante el *avance*, se tiene que la distancia recorrida es

$$d_1 = \|\Delta\vec{r}\| = \|\vec{r}(3{,}0\,\mathrm{s}) - \vec{r}(0{,}0\,\mathrm{s})\|,$$

  de donde se obtiene

$$d_1 = \|(-5{,}0+6{,}0\times 3{,}0)\hat{\imath} - (-5{,}0+6{,}0\times 0{,}0)\hat{\imath}\| = \|18\,\hat{\imath}\| = 18\,\mathrm{m}.$$

  En el *retroceso* la distancia recorrida es $d_2 = \|\vec{r}(10\,\mathrm{s}) - \vec{r}(5{,}0\,\mathrm{s})\|$

$$d_2 = \left\|\Big(13 - 10(10-5{,}0)\Big)\,\hat{\imath} - \Big(13 - 10(5{,}0-5{,}0)\Big)\,\hat{\imath}\right\| = \|-50\,\hat{\imath}\| = 50\,\mathrm{m}.$$

  Concluimos que la **distancia total recorrida** es

$$\boxed{d = d_1 + d_2 = 18 + 50 = 68\ \mathrm{m}.}$$

- **Rapidez media**. A partir de la definición

$$\boxed{v_m = \frac{d}{\Delta t} = \frac{68\,\mathrm{m}}{(10-0{,}0)\,\mathrm{s}} = 6{,}8\,\frac{\mathrm{m}}{\mathrm{s}}.}$$

Solución 2.13.

a) La aceleración media la obtenemos directo de la definición

$$\boxed{a_m := \frac{\Delta v}{\Delta t} = \frac{v(t=7{,}0) - v(t=2{,}0)}{7{,}0-2{,}0} = \frac{-3{,}0-3{,}0}{5{,}0} = -1{,}2\,\frac{\mathrm{m}}{\mathrm{s}^2},}$$

o bien, $\vec{a}_m = -1{,}2\,\hat{\imath}\,\mathrm{m/s^2}$. Aquí, $v(t = 2{,}0\,\mathrm{s}) = 3{,}0\,\mathrm{m/s}$ se obtiene de la observación directa del gráfico de la Figura 2.2 *a*), o bien, de la ecuación de velocidad que se mostrará en la siguiente pregunta.

b) Para obtener la ecuación itinerario, primero determinemos la ecuación de velocidad

- Para $0{,}0\,\text{s} < t < 4{,}0\,\text{s}$ el movimiento es rectilíneo acelerado con

$$a = \frac{v(4) - v(0)}{4{,}0 - 0} = \frac{0{,}0 - 6{,}0}{4{,}0} = -1{,}5\,\text{m/s}^2 \quad \Longrightarrow \quad v(t) = 6{,}0 - 1{,}5\,t.$$

- Para $4{,}0\,\text{s} < t < 10{,}0\,\text{s}$ el movimiento es rectilíneo uniforme con $v(t) = -3{,}0\,\text{m/s}$.

Concluimos que la velocidad de la partícula es

$$v(t) = \begin{cases} (6{,}0 - 1{,}5\,t)\,\frac{\text{m}}{\text{s}} & ;\ 0{,}0\,\text{s} < t < 4{,}0\,\text{s}, \\ -3{,}0\,\frac{\text{m}}{\text{s}} & ;\ 4{,}0\,\text{s} < t < 10{,}0\,\text{s}. \end{cases} \tag{8.21}$$

Ahora podemos obtener *la ecuación itinerario.*

- Para $0{,}0\,\text{s} < t < 4{,}0\,\text{s}$ el movimiento es *rectilíneo acelerado* con $a = -1{,}5\,\text{m/s}^2$. Utilizamos $t_0 = 1{,}0\,\text{s}$ porque solo en este tiempo tenemos información de la posición: $x_0 = 2{,}0\,\text{s}$ (ver enunciado). La velocidad *inicial* la obtenemos con la ecuación de velocidad (8.21)

$$v_0 = v(t = 1{,}0\,\text{s}) = 6{,}0 - 1{,}5 \times 1{,}0 = 4{,}5\,\text{m/s}.$$

En este intervalo de tiempo, la ecuación itinerario es

$$x(t) = 2{,}0 + 4{,}5(t - 1{,}0) - \frac{1{,}5}{2}(t - 1{,}0)^2. \tag{8.22}$$

- Para $4{,}0\,\text{s} < t < 10{,}0\,\text{s}$ el movimiento es *rectilíneo uniforme* con $v = -3,0\,\text{m/s}$. Utilizamos $t_0 = 4{,}0\,\text{s}$ puesto que en este tiempo podemos conocer la posición a partir de la ecuación itinerario del tramo anterior (8.22)

$$x_0 = x(t = 4{,}0\,\text{s}) = 2{,}0 + 4{,}5(4{,}0 - 1{,}0) - \frac{1{,}5}{2}(4{,}0 - 1{,}0)^2 = 8{,}75\,\text{m},$$

de modo que

$$x(t) = 8{,}75 - 3{,}0(t - 4{,}0).$$

Resumiendo, la ecuación itinerario de la partícula es

$$\boxed{x(t) = \begin{cases} \left(2{,}0 + 4{,}5(t - 1{,}0) - 0{,}75(t - 1{,}0)^2\right)\,\text{m}, & 0{,}0\,\text{s} < t < 4{,}0\,\text{s}, \\ \left(8{,}75 - 3{,}0(t - 4{,}0)\right)\,\text{m}, & 4{,}0\,\text{s} < t < 10{,}0\,\text{s}. \end{cases}} \tag{8.23}$$

c) La velocidad media durante los 10 s de movimiento sigue directo de la definición

$$
\begin{aligned}
v_m =& \frac{x(t=10\,\mathrm{s}) - x(t=0{,}0\,\mathrm{s})}{10-0} \\
=& \frac{8{,}75 - 3{,}0(10-4{,}0) - \left(2{,}0 + 4{,}5(0{,}0-1{,}0) - 0{,}75(0{,}0-1{,}0)^2\right)}{10},
\end{aligned}
$$

de donde se obtiene

$$\boxed{v_m = -0{,}60\,\frac{\mathrm{m}}{\mathrm{s}}} \quad \mathrm{o} \quad \boxed{\vec{v}_m = -0{,}60\,\hat{\imath}\,\frac{\mathrm{m}}{\mathrm{s}}.}$$

d) Busquemos el tiempo en que la partícula pasa por el origen *en cada tramo*.

- Para $0{,}0\,\mathrm{s} < t < 4{,}0\,\mathrm{s}$, $x = 0{,}0\,\mathrm{m}$ en (8.23) lleva a

$$2{,}0 + 4{,}5(t-1{,}0) - \frac{1{,}5}{2}(t-1{,}0)^2 = 0,$$

de donde se obtiene $t_1 = 0{,}58\,\mathrm{s}$ o $t_2 = 7{,}4\,\mathrm{s}$. Dado que $0{,}0\,\mathrm{s} < t < 4{,}0\,\mathrm{s}$, se concluye que *la partícula pasó por el origen en* $t = 0{,}58\,\mathrm{s}$.

- Para $4{,}0\,\mathrm{s} < t < 10{,}0\,\mathrm{s}$, $x(t) = 0{,}0\,\mathrm{m}$ lleva a

$$8{,}75 - 3{,}0(t-4{,}0) = 0 \quad \Longrightarrow \quad t = 6{,}9\,\mathrm{s},$$

que pertenece al intervalo $4{,}0\,\mathrm{s} < t < 10{,}0\,\mathrm{s}$, y por lo tanto *la partícula pasó por el origen.*

Concluimos que **la partícula pasa dos veces por el origen**, en

$$\boxed{t = 0{,}58\,\mathrm{s}} \quad \text{y en} \quad \boxed{t = 6{,}9\,\mathrm{s}.}$$

Solución 2.14. Ambos vehículos realizan *movimiento rectilíneo* (se mueven en una carretera recta).

a) Las **aceleraciones** de los vehículos.

- La camioneta se mueve con velocidad constante $v = -15\,\mathrm{m/s}$ según la gráfica de la Figura 2.2 *b*), entonces la aceleración es nula $\boxed{a_c = 0{,}0\,\mathrm{m/s^2}.}$
- El auto se mueve con aceleración constante porque la pendiente del gráfico de velocidad versus tiempo de la Figura 2.2 *b*) es constante. Podemos calcular la aceleración del auto como la aceleración media entre $t = 0{,}0\,\mathrm{s}$ y $t = 20\,\mathrm{s}$

$$\boxed{a_a = a_m = \frac{20-30}{20-0{,}0} = \frac{-10}{20} = -0{,}50\,\frac{\mathrm{m}}{\mathrm{s}^2}.}$$

b) Las **ecuaciones de itinerario**. Supongamos que el movimiento de ambos vehículos ocurre sobre el eje x, que el tiempo inicial es $t = 0{,}0$ s, que el auto inicialmente se ubica en $x_0^{\mathrm{a}} = 0{,}0\,\mathrm{m}$ y que la camioneta inicialmente está en $x_0^{\mathrm{c}} = 500\,\mathrm{m}$.

- La camioneta realiza movimiento rectilíneo uniforme con velocidad constante $v = -15\,\mathrm{m/s}$, la ecuación itinerario es

$$\boxed{x_{\mathrm{c}}(t) = (500 - 15\,t)\,\mathrm{m}.}$$

- El auto realiza movimiento rectilíneo acelerado con $a_{\mathrm{a}} = -0{,}50\,\mathrm{m/s^2}$ y $v_0^{\mathrm{a}} = 30\,\mathrm{m/s}$ como se observa en el gráfico de la Figura 2.2 *b*)

$$\boxed{x_{\mathrm{a}}(t) = 30\,t - \frac{0{,}50}{2}\,t^2 = \left(30\,t - 0{,}25\,t^2\right)\,\mathrm{m}.}$$

c) Para calcular la distancia de separación entre los vehículos a los 30 s primero debemos obtener la posición de cada vehículo. La posición del auto es

$$x_{\mathrm{a}}(t = 30\,\mathrm{s}) = 30 \times 30 - 0{,}25 \times 30^2 = 9{,}0 \times 10^2 - 2{,}2 \times 10^2 = 6{,}7 \times 10^2\,\mathrm{m},$$

mientras que la posición de la camioneta es

$$x_{\mathrm{c}}(t = 30\,\mathrm{s}) = 500 - 15 \times 30 = 5{,}00 \times 10^2 - 4{,}5 \times 10^2 = 0{,}5 \times 10^2\,\mathrm{m}.$$

Concluimos que la distancia que separará los vehículos es

$$\boxed{d = \|x_{\mathrm{a}}(t = 30\,\mathrm{s}) - x_{\mathrm{c}}(t = 30\,\mathrm{s})\| = \|6{,}7 \times 10^2 - 0{,}5 \times 10^2\| = 6{,}2 \times 10^2\,\mathrm{m}.}$$

Solución 2.15.

a) La velocidad en función del tiempo de cada vehículo se obtienen de la lectura directa del gráfico de la Figura 2.3. La pendiente de cada curva corresponde a la aceleración de cada vehículo.

- **Automóvil**: En el caso del automóvil, la aceleración es dada por (la pendiente del gráfico)

$$a_{\mathrm{a}} = \frac{\Delta v_{\mathrm{a}}}{\Delta t} = \frac{(10 - 30)\,\frac{\mathrm{m}}{\mathrm{s}}}{(5{,}0 - 0{,}0)\,\mathrm{s}} = -4{,}0\,\frac{\mathrm{m}}{\mathrm{s}^2},$$

tomando en cuenta que $v_{\mathrm{a}} = 30\,\mathrm{m/s}$ en $t = 0{,}0\,\mathrm{s}$, se tiene

$$\boxed{v_{\mathrm{a}}(t) = (30 - 4{,}0\,t)\,\frac{\mathrm{m}}{\mathrm{s}}.}$$

- **Motocicleta**: En este caso, la aceleración es dada por (la pendiente del gráfico)

$$a_m = \frac{\Delta v_m}{\Delta t} = \frac{(10 - 0{,}0)\,\frac{m}{s}}{(1{,}5 - 0{,}0)\,s} = 6{,}67\,\frac{m}{s^2},$$

tomando en cuenta que $v_m = 0{,}0\,m/s$ en $t = 0{,}0\,s$, se tiene

$$\boxed{v_m(t) = 6{,}67\,t\,\frac{m}{s}.}$$

b) La ecuación itinerario de cada vehículo. Dado que ambos vehículos se encuentran en la misma posición en $t = 0{,}0\,s$, supondremos que en ese instante $x_a = x_m = 0{,}0\,m$.

- **Automóvil**: En $t = 0{,}0\,s$, $x_a = 0{,}0\,m$, $v_a = 30\,m/s$ y $a_a = -4{,}0\,m/s^2$, de modo que la ecuación itinerario es

$$\boxed{x_a(t) = (30\,t - 2{,}0\,t^2)\,m.}$$

- **Motocicleta**: En $t = 0{,}0\,s$, $x_m = 0{,}0\,m$, $v_m = 0{,}0\,m/s$ y $a_m = 6{,}67\,m/s^2$, con lo cuál la ecuación itinerario es

$$\boxed{x_m(t) = 3{,}33\,t^2\,m.}$$

c) El instante de tiempo en el que se vuelven a encontrar ambos vehículos se obtiene igualando las posiciones de ambos vehículos

$$x_a(t) = x_m(t) \quad\Longrightarrow\quad 30\,t - 2{,}0\,t^2 = 3{,}33\,t^2 \quad\Longrightarrow\quad 5{,}33\,t^2 - 30\,t = 0,$$

de donde se obtiene

$$t_0 = 0{,}0\,s \quad \text{o} \quad \boxed{t = 5{,}625\,s = 5{,}6\,s.}$$

En $t_0 = 0{,}0\,s$ ambos vehículos estaban en la misma posición (como lo indica el enunciado), mientras que en $t = 5{,}6\,s$ se vuelven a encontrar.

d) La distancia recorrida desde $t = 0{,}0$ s hasta que ocurre el encuentro entre los vehículos se obtiene reemplazando el tiempo de encuentro $t = 5{,}6\,s$ en cualquiera de las ecuaciones itinerario. Esto se puede hacer porque siempre los vehículos se mantuvieron avanzando, en ningún momento cambió el sentido de sus movimientos, por lo que sus desplazamientos siempre fueron positivos

$$\boxed{d = x_m(t = 5{,}6\,s) = 3{,}33 \times 5{,}625^2 = 105\,m = 1{,}1 \times 10^2\,m.}$$

Comentario. El tiempo en que se vuelven a encontrar ($t = 5{,}6\,s$) *es distinto de* t_1, el tiempo en se intersectan las curvas de los gráficos de la velocidad del automóvil y la motocicleta de la Figura 2.3. En t_1 ambos vehículos se mueven con la misma velocidad pero no necesariamente están en el mismo lugar.

8.4 Movimiento parabólico

Solución 2.16. Considere el sistema de referencia de la Figura 8.6. La posición

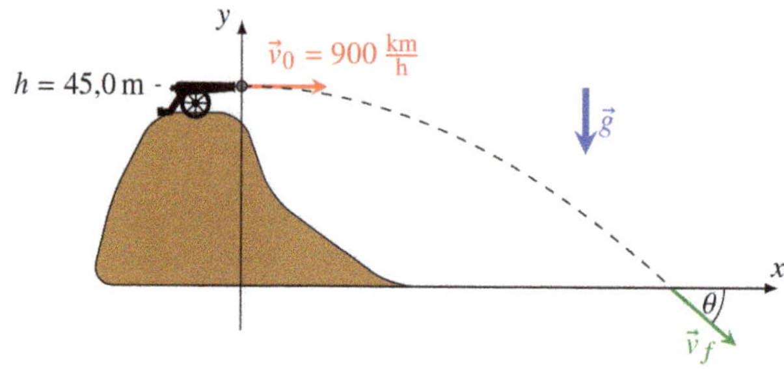

Figura 8.6. *Sistema de referencia para el movimiento del proyectil del Problema 2.16.*

inicial del proyectil es $\vec{r}_0 = 45{,}0\,\hat{\jmath}\,\text{m}$, mientras que la velocidad inicial dada en el enunciado es $\vec{v}_0 = 900\,\hat{\imath}\,\text{km/h} = 250\,\hat{\imath}\,\text{m/s}$. Por supuesto, la aceleración corresponde a la aceleración de gravedad $\vec{g} = -9{,}8\hat{\jmath}\ \text{m/s}^2$.

Se trata de *movimiento parabólico* de modo que las ecuaciones cinemáticas son dadas por

$$x(t) = 250t\ \text{m}, \qquad y(t) = \left(45{,}0 - \frac{g}{2}t^2\right)\text{m}, \tag{8.24a}$$

$$v_x(t) = 250\ \frac{\text{m}}{\text{s}}, \qquad v_y(t) = -gt\ \frac{\text{m}}{\text{s}}, \tag{8.24b}$$

donde se ha fijado el tiempo inicial $t_0 = 0{,}0\,\text{s}$, el instante en que se dispara el proyectil.

a) Para calcular el tiempo que permanece en el aire o *tiempo de vuelo* t_v debemos calcular el tiempo en que el proyectil toca el suelo, es decir, el tiempo en que $y(t_v) = 0{,}0\,\text{m}$. Reemplazando en (8.24a) se obtiene

$$45{,}0 - \frac{g}{2}t_v^2 = 0 \quad \Longrightarrow \quad t_v = \pm\sqrt{\frac{2\times 45{,}0}{g}} = \pm 3{,}030 = 3{,}03\,\text{s}.$$

Resulta obvio que el proyectil tocará suelo **después** del tiempo inicial $t_0 = 0{,}0\,\text{s}$, es decir, $t_v > 0$. De esto, se concluye que

$$\boxed{t_v = 3{,}03\,\text{s}.}$$

b) Conocido el tiempo de vuelo, basta con reemplazar en $x(t)$ en la ecuación (8.24a) para determinar la distancia horizontal d

$$\boxed{d = x(t_v) = 250\times 3{,}030 = 757{,}5 = 758\,\text{m}.}$$

c) Para obtener la velocidad $\vec{v}_f$ con que impacta el suelo, basta reemplazar el tiempo de vuelo en $v_x(t)$ y $v_y(t)$ de la ecuación (8.24b)

$$v_x(t_v) = 250\,\frac{\mathrm{m}}{\mathrm{s}}\,, \quad v_y(t_v) = -g \times 3{,}03 = -29{,}69 = -29{,}7\,\frac{\mathrm{m}}{\mathrm{s}}.$$

Finalmente, la velocidad del proyectil justo antes de tocar el suelo es

$$\boxed{\vec{v}_f = \left(250\,\hat{\imath} - 29{,}7\,\hat{\jmath}\right)\frac{\mathrm{m}}{\mathrm{s}},}$$

o bien, el módulo de la velocidad (rapidez) y el *ángulo de depresión* (respecto de la horizontal, hacia abajo) son

$$\boxed{v_f = \sqrt{250^2 + (-29{,}69)^2} = 252\,\frac{\mathrm{m}}{\mathrm{s}}}\quad , \quad \boxed{\theta = \arctan\left(\frac{29{,}69}{250}\right) = 6{,}77^\circ.}$$

Solución 2.17. Consideremos un sistema de referencia con eje x horizontal que coincida con el suelo y eje y vertical hacia arriba. Consideremos también que Robin Hood se ubica en $x = 0{,}0\,\mathrm{m}$ de modo que el *Major Oak* se ubica en $x = 65\,\mathrm{m}$.

Con este sistema de referencia, la flecha sale disparada en $t_0 = 0{,}0\,\mathrm{s}$ desde $x_0 = 0{,}0\,\mathrm{m}$ e $y_0 = 150\,\mathrm{cm} = 1{,}50\,\mathrm{m}$, con velocidad inicial

$$\vec{v}_0 = v_0 \cos 50^\circ\,\hat{\imath} + v_0 \operatorname{sen} 50^\circ\,\hat{\jmath} = \left(32\cos 50^\circ\,\hat{\imath} + 32\operatorname{sen} 50^\circ\,\hat{\jmath}\right)\frac{\mathrm{m}}{\mathrm{s}}.$$

Así, las ecuaciones cinemáticas de la flecha son

$$x(t) = 32\cos 50^\circ\, t\,, \quad y(t) = 1{,}50 + 32\operatorname{sen} 50^\circ\, t - \frac{g}{2}t^2. \tag{8.25a}$$

$$v_x(t) = 32\cos 50^\circ\,, \quad v_y(t) = 32\operatorname{sen} 50^\circ - gt. \tag{8.25b}$$

a) El tiempo de vuelo de la flecha se obtiene calculando el tiempo en que la flecha se clava en el árbol detrás del *Major Oak*. Según el enunciado esto ocurre en $y = 15\,\mathrm{m}$. Reemplazando en $y(t)$ de la ecuación (8.25a), se tiene

$$15 = 1{,}50 + 32\operatorname{sen} 50^\circ\, t - \frac{g}{2}t^2 \quad \Longrightarrow \quad \frac{g}{2}t^2 - 32\operatorname{sen} 50^\circ\, t + 13{,}5 = 0,$$

de donde se obtiene

$$t_1 = 0{,}630\,\mathrm{s}\,, \text{ o bien, } \quad t_2 = 4{,}373\,\mathrm{s}.$$

Obtenemos dos tiempos puesto que la flecha alcanza dos veces $y = 15\,\mathrm{m}$, primero cuando va subiendo y luego, cuando va bajando. Utilizaremos el segundo tiempo puesto que la flecha se clava en el árbol de atrás cuando va bajando.

El tiempo de vuelo de la flecha es $t = 4{,}373\,\mathrm{s} = 4{,}4\,\mathrm{s}$**.**

b) La magnitud y dirección de la velocidad de la flecha al incrustarse en el árbol se obtienen reemplazando el tiempo de vuelo en las ecuaciones de velocidad (8.25b)

$$v_x(4{,}373) = 32\cos 50^\circ = 20{,}57\,\frac{\mathrm{m}}{\mathrm{s}},$$
$$v_y(4{,}373) = 32\,\mathrm{sen}\,50^\circ - g\times 4{,}373 = -18{,}34\,\frac{\mathrm{m}}{\mathrm{s}},$$

donde el valor de v_y negativo indica que la flecha va bajando como habíamos anticipado en la pregunta anterior. Luego, la magnitud de la velocidad es

$$\boxed{v = \sqrt{v_x^2 + v_y^2} = \sqrt{20{,}57^2 + (-18{,}34)^2} = 28\,\frac{\mathrm{m}}{\mathrm{s}}.}$$

Para la dirección, podemos utilizar algún ángulo. En nuestro caso utilizaremos el **ángulo respecto de la dirección positiva del eje** x

$$\tan\theta = \frac{v_y}{v_x} \quad\Longrightarrow\quad \boxed{\theta = \arctan\left(\frac{v_y}{v_x}\right) = \arctan\left(\frac{-18{,}34}{20{,}57}\right) = -42^\circ.}$$

Aquí el signo negativo indica que la velocidad apunta desde la horizontal hacia abajo en 42° (la flecha va bajando). Este ángulo se denomina *ángulo de depresión*.

c) La distancia desde el *Major Oak* a la que se encuentra el árbol en que se incrustó la flecha la obtenemos calculando la posición del árbol donde se incrustó la flecha. Para esto reemplazamos el tiempo de vuelo de la flecha en $x(t)$ de la ecuación (8.25a)

$$x(t = 4{,}373) = 32\cos 50^\circ \times 4{,}373 = 89{,}95\,\mathrm{m},$$

y dado que el *Major Oak* está en $x = 65$ m, se tiene que la distancia entre ambos árboles es

$$\boxed{d = |89{,}95 - 65| = 25\,\mathrm{m}.}$$

d) Para calcular la altura del *Major Oak* si la flecha apenas lo sobrepasa, es necesario saber en qué tiempo la flecha pasa justo por sobre el *Major Oak* y luego calcular la altura a la que vuela la flecha.

El tiempo en que la flecha pasa por sobre el *Major Oak* ocurre cuando $x = 65$ m. Reemplazando en $x(t)$ de la ecuación (8.25a)

$$65 = 32\cos 50^\circ t \quad\Longrightarrow\quad t = \frac{65}{32\cos 50^\circ} = 3{,}160\,\mathrm{s}.$$

Este tiempo lo reemplazamos en $y(t)$ de la ecuación (8.25a) y obtenemos la altura a la que pasa la flecha que podemos considerar como la altura del *Major Oak*

$$\boxed{h = y(t = 3{,}160) = 1{,}50 + 32 \operatorname{sen} 50^\circ \times 3{,}160 - \frac{g}{2} \times 3{,}160^2 = 30\,\text{m}.}$$

Solución 2.18. Considere un sistema de referencia con eje x horizontal hacia la derecha y eje y vertical hacia arriba, como muestra Figura 8.7. El origen del sistema

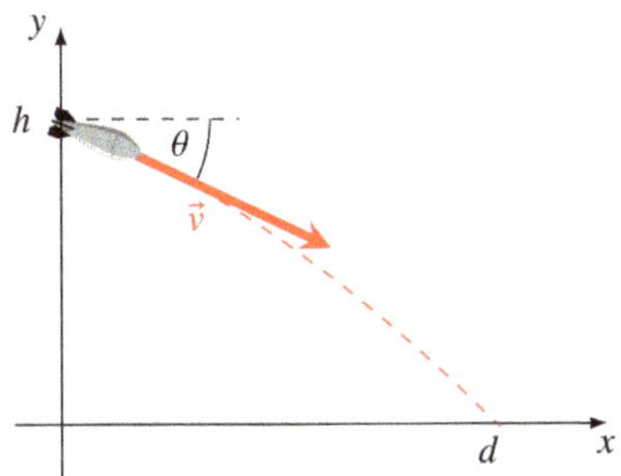

Figura 8.7. *Sistema de referencia para el proyectil del Problema 2.18.*

se ubica en el suelo justo bajo la posición del proyectil cuando fue liberado, instante que consideraremos como el tiempo inicial $t_0 = 0{,}0\,\text{s}$. Las ecuaciones de movimiento son

$$x(t) = v_{0x} t = 87{,}5 \cos 30{,}0^\circ\, t, \tag{8.26a}$$

$$v_x(t) = v_{0x} = 87{,}5 \cos 30{,}0^\circ, \tag{8.26b}$$

$$y(t) = h - v_{0y} t - \frac{g}{2} t^2 = h - 87{,}5 \operatorname{sen} 30{,}0^\circ\, t - \frac{g}{2} t^2, \tag{8.26c}$$

$$v_y(t) = -v_{0y} - gt = -87{,}5 \operatorname{sen} 30{,}0^\circ\, t - gt, \tag{8.26d}$$

donde h es una incógnita y $v_0 = 315\,\text{km/h} = 87{,}5\,\text{m/s}$.

a) ¿Cuánto tiempo tarda el proyectil en impactar a su objetivo? Dado que el proyectil impacta en $x(t) = d = 754\,\text{m}$, basta con despejar el tiempo de la ecuación (8.26a)

$$87{,}5 \cos 30{,}0^\circ\, t = 754 \quad \Longrightarrow \quad \boxed{t = \frac{754}{87{,}5 \cos 30{,}0^\circ} = 9{,}95\,\text{s}.}$$

b) ¿Cuál fue la altura del lanzamiento? Ahora buscamos la altura h a la que ocurrió el lanzamiento, para esto notamos que el proyectil llega al suelo $y = 0{,}0\,\text{m}$ en

$t = 9{,}95$ s. Reemplazando en la ecuación (8.26c), se tiene

$$0{,}0 = h - 87{,}5 \operatorname{sen} 30{,}0^\circ \times 9{,}95 - \frac{g}{2} \times 9{,}95^2,$$

que despejando h lleva a

$$\boxed{h = 87{,}5 \operatorname{sen} 30{,}0^\circ \times 9{,}95 + \frac{g}{2} \times 9{,}95^2 = 920\,\mathrm{m} = 9{,}20 \times 10^2\,\mathrm{m}.}$$

c) ¿Cuál fue la velocidad y dirección del proyectil al impactar con el suelo? Ahora reemplazamos $t = 9{,}95$ s en las ecuaciones de velocidad (8.26b) y (8.26d)

$$v_x(t = 9{,}95\,\mathrm{s}) = 87{,}5 \cos 30{,}0^\circ = 75{,}777\,\frac{\mathrm{m}}{\mathrm{s}} = 75{,}8\,\frac{\mathrm{m}}{\mathrm{s}}$$

y

$$v_y(t = 9{,}95\,\mathrm{s}) = -87{,}5 \operatorname{sen} 30{,}0^\circ - g \times 9{,}95 = -141{,}26\,\frac{\mathrm{m}}{\mathrm{s}} = -141\,\frac{\mathrm{m}}{\mathrm{s}},$$

de donde se obtiene la **magnitud de la velocidad**

$$\boxed{v(t = 9{,}95\,\mathrm{s}) = \sqrt{75{,}8^2 + (-141)^2} = 160\,\frac{\mathrm{m}}{\mathrm{s}} = 1{,}60 \times 10^2\,\frac{\mathrm{m}}{\mathrm{s}}}$$

y el **ángulo bajo la horizontal** (ángulo de depresión)

$$\boxed{\phi = \arctan\left(\frac{141}{75{,}8}\right) = 61{,}7^\circ = (6{,}17 \times 10)^\circ.}$$

Solución 2.19. Considere el sistema de referencia de la Figura 8.8.

Figura 8.8. *Sistema de referencia para el Problema 2.19.*

a) La posición inicial del proyectil es $\vec{r}_0 = d\,\hat{\imath}$, donde d es la distancia desde la base de la torre a la catapulta, **la incógnita**. En este punto hemos despreciado la altura desde la cuál se dispara el proyectil. La velocidad inicial del proyectil se indica en el enunciado de modo que sus componentes son

$$\vec{v}_0 = -v_0\cos(30{,}0)\,\hat{\imath} + v_0\,\mathrm{sen}(30{,}0)\,\hat{\jmath} = (-60{,}2\,\hat{\imath} + 35{,}0\,\hat{\jmath})\ \mathrm{m/s}.$$

El proyectil realiza *movimiento parabólico* de modo que sus ecuaciones cinemáticas son

$$x(t) = d - v_0\cos(30{,}0)\,t\ , \quad y(t) = v_0\,\mathrm{sen}(30{,}0)\,t - \frac{g}{2}\,t^2, \tag{8.27a}$$

$$v_x(t) = -v_0\cos(30{,}0)\ , \quad v_y(t) = v_0\,\mathrm{sen}(30{,}0) - gt. \tag{8.27b}$$

La catapulta hace blanco en la base de la torre ($y = 0{,}0\,\mathrm{m}$), así que determinaremos el tiempo que tarda la piedra en impactar. Para esto, reemplazamos $y = 0{,}0\,\mathrm{m}$ en (8.27a) y despejamos t. Se tiene

$$0 = v_0\,\mathrm{sen}(30{,}0)\,t - \frac{g}{2}\,t^2 \quad \Longrightarrow \quad t = 0{,}00\ \mathrm{s} \quad \mathrm{o} \quad v_0\,\mathrm{sen}(30{,}0) - \frac{g}{2}\,t = 0.$$

La primera solución $t = 0{,}00\,\mathrm{s}$ la descartamos puesto que corresponde al tiempo en que la piedra sale disparada desde la catapulta. En el segundo caso el tiempo es

$$t = \frac{2v_0\,\mathrm{sen}(30{,}0)}{g} = \frac{2\times 70{,}0\times \mathrm{sen}(30{,}0)}{9{,}8} = 7{,}14\ \mathrm{s}.$$

Por supuesto, $t = 7{,}14$ s es el tiempo que tarda el proyectil en llegar al suelo *tras ser disparado* (tiempo de vuelo). En este tiempo la piedra impacta en la base de la torre ($x = 0{,}0$ m). Reemplazando el tiempo de vuelo y la condición anterior en la ecuación pa x en (8.27a),

$$0 = d - v_0\cos(30{,}0)\,t,$$

de donde despejamos la distancia d buscada

$$\boxed{d = v_0\cos(30{,}0)\,t = 70\times\cos(30{,}0)\times 7{,}14 = 433\ \mathrm{m}.}$$

b) Ahora revisaremos cual es la velocidad con las que deben salir disparadas las flechas de Legolas para derribar al operador de la catapulta. Utilizaremos el mismo sistema de referencia de la pregunta anterior, solo que esta vez debemos describir el **movimiento de las flechas** de Legolas. Las condiciones iniciales son

$$\vec{r}_0 = h\,\hat{\jmath} = 20{,}0\,\hat{\jmath}\ \mathrm{m} \quad , \quad \vec{v}_0 = v_0\,\hat{\imath},$$

lo que lleva a las siguientes ecuaciones de movimiento

$$x(t) = v_0 t\ , \quad y(t) = h - \frac{g}{2}\,t^2, \tag{8.28a}$$

$$v_x(t) = v_0\ , \quad v_y(t) = -gt. \tag{8.28b}$$

Buscamos la **velocidad** v_0 de las flechas de Legolas de modo que impacten al operador de la catapulta ubicada en $\vec{r} = 200\,\hat{\imath}$ m. Despreciando la altura del operador, suponemos que la flecha debe impactar en $y = 0{,}0$ m. Reemplazando en la ecuación para y en (8.28a)

$$0 = h - \frac{g}{2}t^2 \quad \Longrightarrow \quad t = \sqrt{\frac{2h}{g}} = \sqrt{\frac{2 \times 20{,}0}{9{,}8}} = 2{,}02 \text{ s},$$

que corresponde al tiempo de vuelo de las flechas. Luego, reemplazando en $x(t)$ de la ec. (8.28a) nos permitirá despejar v_0. Obtenemos

$$200 = v_0\,t \quad \Longrightarrow \quad \boxed{v_0 = \frac{200}{t} = \frac{200}{2{,}02} = 99{,}0\ \frac{\text{m}}{\text{s}}.}$$

Como Legolas dispara flechas hasta una velocidad máxima de 60,0 m/s, concluimos que **no es capaz de hacer blanco en el operador de la catapulta**. Los orcos *derribarán la torre*.

Solución 2.20. Considere el sistema de referencia mostrado en la Figura 8.9, con tiempo inicial $t_0 = 0{,}0$ s, instante en que la pelota abandona el tejado. Una vez en el

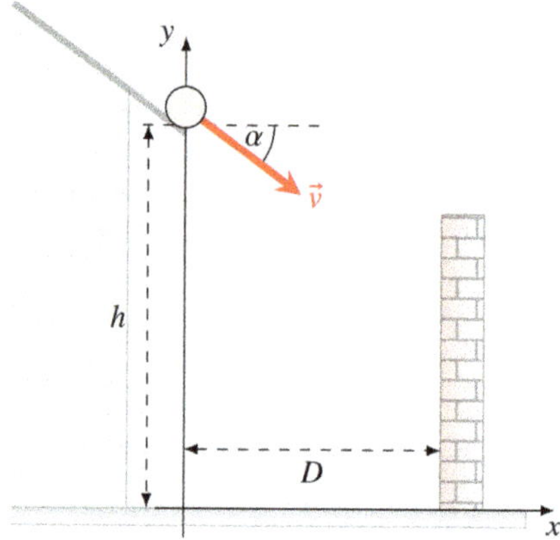

Figura 8.9. *Sistema de referencia utilizado en la solución del Problema 2.20.*

aire, la pelota realiza movimiento parabólico. Sus ecuaciones cinemáticas son dadas por

$$x(t) = v\cos\alpha\, t, \tag{8.29a}$$

$$y(t) = h - v\,\text{sen}\,\alpha\, t - \frac{g}{2}t^2, \tag{8.29b}$$

$$v_x(t) = v\cos\alpha, \tag{8.29c}$$

$$v_y(t) = -v\,\text{sen}\,\alpha - gt. \tag{8.29d}$$

En este sistema de referencia el suelo se ubica en $y_{\text{suelo}} = 0{,}0\,\text{m}$ y la pared en $x_{\text{pared}} = D = 4{,}0\,\text{m}$.

a) Para saber si la pelota llega directamente al piso o choca primero con la pared se tienen *dos alternativas*: podemos calcular a qué altura se encontraría la pelota cuando impacta con la pared ($x = D$) o bien, calculamos la posición horizontal en que se encontraría la pelota cuando impacta con el suelo ($y = 0$). Sigamos el primer camino.

Si es que la pelota impacta en la pared, se tiene que en ese instante $x = D$. Reemplazamos en la ecuación (8.29a) y despejamos el tiempo de vuelo

$$D = v\cos\alpha\, t \quad \Longrightarrow \quad t = \frac{D}{v\cos\alpha}. \tag{8.30}$$

El tiempo de vuelo lo reemplazamos ahora en la ecuación (8.29b) para saber a que altura se encuentra la pelota

$$y = h - v\,\text{sen}\,\alpha\,\frac{D}{v\cos\alpha} - \frac{g}{2}\left(\frac{D}{v\cos\alpha}\right)^2 = h - D\tan\alpha - \frac{gD^2}{2v^2\cos^2\alpha},$$

de donde se obtiene

$$y = 6{,}5 - 4{,}0 \times \tan 36^\circ - \frac{9{,}8 \times 4{,}0^2}{2 \times 10^2 \times \cos^2 36^\circ} = 2{,}4\,\text{m}.$$

Concluimos que **la pelota choca con la pared primero** en $y = 2{,}4\,\text{m}$.

En caso que el resultado hubiese sido $y < 0{,}0\,\text{m}$ significaría que la pelota en algún instante anterior pasó por $y = 0{,}0\,\text{m}$ *–el suelo–*, de lo cuál habríamos concluido que la pelota impacta primero con el suelo.

b) Las coordenadas donde choca la pelota ya las obtuvimos en la pregunta anterior

$$\boxed{x_{\text{impacto}} = D = 4{,}0\,\text{m}\,, \quad y_{\text{impacto}} = 2{,}4\,\text{m}.}$$

c) Para obtener el *vector* velocidad de la pelota en el punto de impacto basta considerar el tiempo de vuelo de la pelota despejado en la ecuación (8.30) y reemplazarlo en las componentes de la velocidad, ecuaciones (8.29c) y (8.29d)

$$v_x = v\cos\alpha = 10 \times \cos 36^\circ = 8{,}1\,\frac{\text{m}}{\text{s}},$$

y

$$v_y = -v\,\text{sen}\,\alpha - \frac{gD}{v\cos\alpha} = -10 \times \text{sen}\,36^\circ - \frac{9{,}8 \times 4{,}0}{10 \times \cos 36^\circ} = -10{,}7\,\frac{\text{m}}{\text{s}}.$$

Concluimos que el vector velocidad al impactar la pelota contra la pared es

$$\boxed{\vec{v} = (8{,}1\,\hat{\imath} - 10{,}7\,\hat{\jmath})\,\frac{\text{m}}{\text{s}}.}$$

8.5 Movimiento relativo

Solución 2.21.

a) Supongamos el automóvil viaja en la dirección positiva del eje x. Su velocidad respecto de tierra es $\vec{v}_{\text{auto}} = 55\,\hat{\imath}$ km/h $= 15{,}28\,\hat{\imath}$ m/s, mientras que la velocidad de los copos de nieve respecto de tierra, suponiendo que el eje y apunta vertical hacia arriba, es $\vec{v}_{\text{nieve}} = -7{,}8\,\hat{\jmath}$ m/s.

Utilizando la relación entre las velocidades de los copos de nieve respecto de tierra y respecto del auto, se tiene

$$\vec{v}_{\text{nieve}} = \vec{v}_{\text{nieve c/r auto}} + \vec{v}_{\text{auto}} \quad \Longrightarrow \quad \vec{v}_{\text{nieve c/r auto}} = \vec{v}_{\text{nieve}} - \vec{v}_{\text{auto}},$$

que reemplazando conduce a

$$\vec{v}_{\text{nieve c/r auto}} = (-7{,}8\,\hat{\jmath} - 15{,}28\,\hat{\imath})\ \text{m/s}.$$

Calculando el módulo de esta velocidad, la rapidez, se tiene

$$\boxed{v_{\text{nieve c/r auto}} = \sqrt{(-7{,}8)^2 + (-15{,}28)^2} = 17{,}16 = 17\ \text{m/s}.}$$

b) La Figura 8.10 muestra el diagrama de la velocidad de caída de los copos de nieves vistos por el conductor. El conductor observa que los copos de nieve caen

Figura 8.10. *Diagrama de velocidades relativas de los copos de nieve.*

formando un ángulo θ *respecto de la vertical*, como muestra la Figura 8.10. De aquí obtenemos que

$$\tan\theta = \frac{v_{\text{auto}}}{v_{\text{nieve}}} = \frac{15{,}28}{7{,}8} \quad \Longrightarrow \quad \boxed{\theta = 62{,}96^\circ = 63^\circ.}$$

Solución 2.22.

a) Considere que la trayectoria del vuelo es una línea recta que la avioneta recorre con rapidez constante. La rapidez de la avioneta respecto de tierra durante el trayecto se obtiene directo de su definición

$$\boxed{v_{\text{AT}} = \frac{d}{\Delta t} = \frac{87{,}5\ \text{km}}{0{,}600\ \text{h}} = 146\ \frac{\text{km}}{\text{h}}.}$$

b) Utilizamos el sistema de referencia propuesto en la indicación y que ha sido bosquejado en la Figura 8.11. Dada la rapidez de la avioneta respecto de tierra,

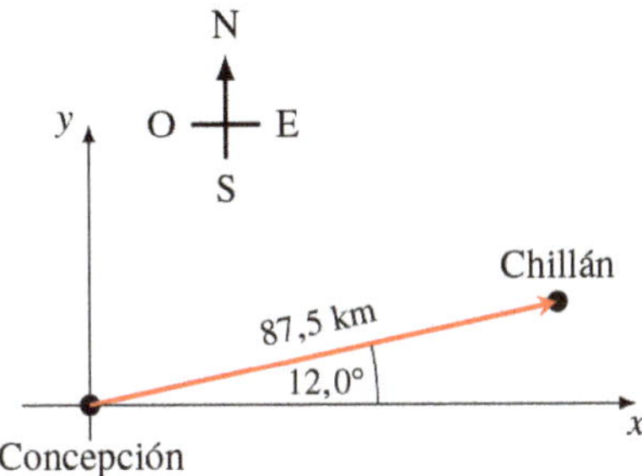

Figura 8.11. *Sistema de referencia sugerido para el Problema 2.22.*

y sabiendo que la velocidad es tangente a la trayectoria *-una recta que une Concepción con Chillán-* se tiene que la velocidad respecto de tierra es[2]

$$\boxed{\vec{v}_{\text{AT}} = 146\cos 12{,}0°\,\hat{\imath} + 146\,\text{sen}\,12{,}0°\,\hat{\jmath} = \left(143\,\hat{\imath} + 30{,}4\,\hat{\jmath}\right)\,\text{km/h}.}$$

c) Para obtener el *vector* velocidad de la avioneta respecto del aire, aplicamos la relación entre las velocidades relativas: la velocidad de la avioneta respecto de tierra ($\vec{v}_{\text{AT}}$) es igual a la velocidad de la avioneta respecto del viento ($\vec{v}_{\text{AV}}$) más la velocidad del viento respecto de tierra ($\vec{V}_{\text{VT}}$)

$$\vec{v}_{\text{AT}} = \vec{v}_{\text{AV}} + \vec{V}_{\text{VT}}.$$

La velocidad del viento es $\vec{V}_{\text{VT}} = 50{,}0\,\hat{\jmath}\,\text{km/h}$ (desde el sur hacia el norte). Despejando $\vec{v}_{\text{AV}}$ se obtiene

$$\boxed{\vec{v}_{\text{AV}} = \vec{v}_{\text{AT}} - \vec{V}_{\text{VT}} = 143\,\hat{\imath} + 30{,}4\,\hat{\jmath} - 50{,}0\,\hat{\jmath} = \left(143\,\hat{\imath} - 19{,}6\,\hat{\jmath}\right)\,\text{km/h}.}$$

d) La rapidez de la avioneta respecto del aire es la magnitud de la velocidad respecto del aire

$$\boxed{v_{\text{AV}} = |\vec{v}_{\text{AV}}| = \sqrt{143^2 + (-19{,}6)^2} = 144\,\text{km/h}.}$$

[2]Otra forma de obtener la velocidad de un movimiento rectilíneo uniforme es calcular la velocidad media, es decir, calcular el desplazamiento y dividirlo entre el tiempo que tarda

$$\vec{v}_{\text{AT}} = \frac{\Delta\vec{r}}{\Delta t} = \frac{(87{,}5\cos 12{,}0°\,\hat{\imath} + 87{,}5\,\text{sen}\,12{,}0°\,\hat{\jmath}) - 0}{0{,}600} = \left(143\,\hat{\imath} + 30{,}3\,\hat{\jmath}\right)\,\text{km/h}.$$

e) Utilizaremos la velocidad de la avioneta respecto del aire $\vec{v}_{AV}$ para determinar el ángulo respecto del norte al que el piloto debe orientar la nave.

Conocida la velocidad $\vec{v}_{AV}$, podemos calcular el ángulo auxiliar α de la Figura 8.12 *a*)

$$\tan\alpha = \frac{19{,}6}{143} \implies \alpha = \arctan\left(\frac{19{,}6}{143}\right) = 7{,}80°.$$

Luego, el ángulo buscado corresponde a θ en la Figura 8.12 *b*). Consideraciones

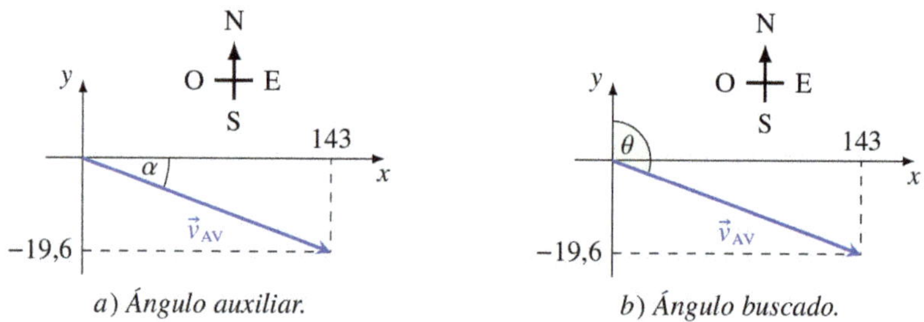

a) *Ángulo auxiliar.*

b) *Ángulo buscado.*

Figura 8.12. *Ángulos utilizados para determinar la orientación del avión del Problema 2.22.*

de geometría elemental permiten establecer que[3]

$$\boxed{\theta = \alpha + 90° = 97{,}8°.}$$

El piloto debe orientar la avioneta a 97,8° al este del norte.

[3]El ángulo recto entre el norte y el este es exacto (90°), tiene infinitas cifras significativas.

Capítulo 9
Soluciones de dinámica de la partícula

9.1 Leyes del movimiento de Newton

Solución 3.1. Considere los diagramas de cuerpo libre de cada bloque de la Figura 9.1. En éstos hemos indicado de manera explícita que todos los bloques se mueven

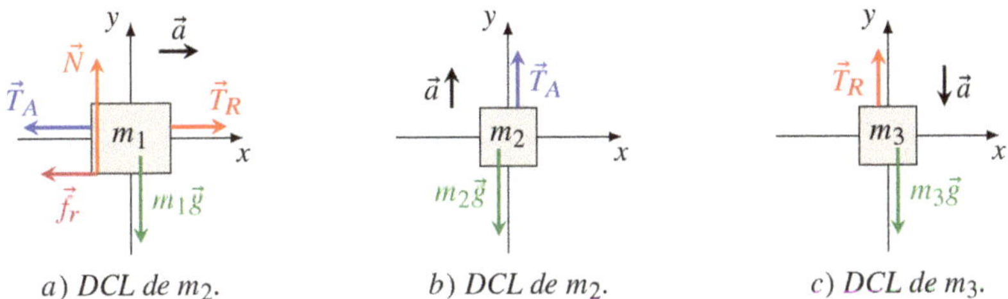

a) DCL de m_2. *b) DCL de m_2.* *c) DCL de m_3.*

Figura 9.1. *Diagramas de cuerpo libre del Problema 3.1.*

con aceleración de la misma magnitud ($a = g/8$), según indica el enunciado. La segunda ley de Newton sobre cada bloque establece que

$$\text{sobre } m_1 : \quad \sum F_x : T_R - T_A - f_r = m_1 a\,, \quad \sum F_y : N - m_1 g = 0, \tag{9.1a}$$

$$\text{sobre } m_2 : \quad \sum F_y : T_A - m_2 g = m_2 a, \tag{9.1b}$$

$$\text{sobre } m_3 : \quad \sum F_y : T_R - m_3 g = m_3(-a). \tag{9.1c}$$

Además, se debe considerar que la fuerza de roce cinético sobre m_1 es dada en términos de la fuerza normal sobre m_1 según

$$f_r = \mu_c N. \tag{9.2}$$

a) La tensión de la cuerda del lado izquierdo T_A se obtiene fácilmente a partir de la ecuación (9.1b),

$$\boxed{T_A = m_2(g + a) = 0{,}50\,\text{kg} \times (9{,}8 + 9{,}8/8)\,\text{m/s}^2 = 5{,}51\text{ N} = 5{,}5\text{N}.}$$

La tensión de la cuerda del lado derecho T_R se obtiene a partir de la ecuación (9.1c),

$$\boxed{T_R = m_3(g - a) = 1{,}0\,\text{kg} \times (9{,}8 - 9{,}8/8)\,\text{m/s}^2 = 8{,}57\,\text{N} = 8{,}6\,\text{N}.}$$

b) La fuerza normal sobre m_1 la obtenemos a partir de la segunda ley de Newton en el eje y de la ecuación (9.1a)

$$\boxed{N = m_1 g = 1{,}0\,\text{kg} \times 9{,}8\,\text{m/s}^2 = 9{,}8\,\text{N}.}$$

c) Para obtener el coeficiente de roce cinético que actúa entre la mesa y m_1 debemos reemplazar la fuerza normal de la respuesta a la pregunta anterior ($N = m_1 g$), en la segunda ley de Newton sobre el eje x dada en la ecuación (9.1a), se obtiene

$$T_R - T_A - \mu_c m_1 g = m_1 a \quad \Longrightarrow \quad \mu_c = \frac{m_3(g-a) - m_2(g+a) - m_1 a}{m_1 g},$$

que reemplazando los datos conduce a

$$\mu_c = \frac{(m_3 - m_2)g - (m_1 + m_2 + m_3)a}{m_1 g},$$

cuyo resultado es

$$\boxed{\mu_c = \frac{(1{,}0 - 0{,}50)\times\, 9{,}8 - (1{,}0 + 0{,}50 + 1{,}0)\times\, \frac{9{,}8}{8}}{1{,}0 \times 9{,}8} = 0{,}187\,5 = 0{,}19.}$$

Solución 3.2.

a) Las fuerzas que actúan sobre la caja son:

- El peso, vertical hacia abajo.
- La normal de la cinta perpendicular a ésta, hacia arriba.
- La **fuerza de roce estático** que se opone a que la caja deslice hacia abajo.

La Figura 9.2 muestra el diagrama de cuerpo libre de la caja.

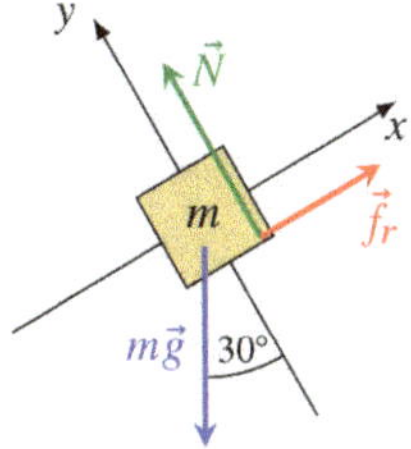

Figura 9.2. *DCL de la caja del Problema 3.2.*

b) El coeficiente de roce mínimo para que la cinta pueda transportar las cajas lo obtenemos a partir de la aplicación de la segunda ley de Newton sobre una caja

$$\sum F_x : f_r - mg \operatorname{sen} 30^\circ = m\cancel{a_x}^{0}, \quad \sum F_y : N - mg\cos 30^\circ = m\cancel{a_y}^{0},$$

donde la aceleración en el eje x es nula porque la caja se mueve con velocidad constante, mientras que en el eje y la caja está estática.

Además, cuando la cinta tiene el mínimo coeficiente de roce, aplica la máxima fuerza de roce estático, es decir,

$$f_r^{\max} = \mu_e N.$$

Reemplazando en la segunda ley de Newton se tiene

$$\mu_e N - mg \operatorname{sen} 30^\circ = 0, \quad N - mg\cos 30^\circ = 0.$$

De la ecuación de la derecha despejamos la normal N y la reemplazamos en la ecuación de la izquierda

$$\mu_e mg\cos 30^\circ - mg \operatorname{sen} 30^\circ = 0 \implies \boxed{\mu_e^{\min} = \tan 30^\circ = 0{,}58.}$$

c) Dado que es necesario un **coeficiente de roce estático** $\mu_e \geq 0{,}58$, vemos que **la lona y la goma son los materiales adecuados**.

Solución 3.3. Calcularemos el coeficiente de roce considerando que el bloque desciende con aceleración a, cuando se ha cortado la cuerda. Para esto, formularemos la segunda ley de Newton sobre el bloque, considerando el diagrama de cuerpo libre la Figura 9.3

$$\sum F_x : mg \operatorname{sen}\theta - \cancel{T}^{0} - f_r = ma, \tag{9.3a}$$

$$\sum F_y : N - mg\cos\theta = m\cancel{a_y}^{0}, \tag{9.3b}$$

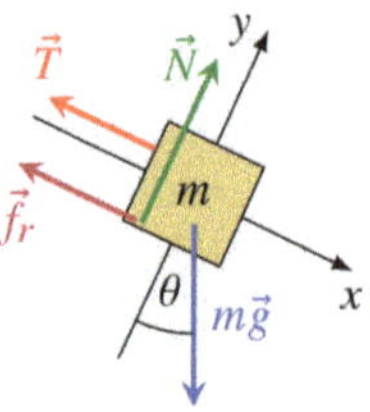

Figura 9.3. *DCL del bloque del Problema 3.3.*

donde hemos considerado que el bloque desciende con aceleración a y hemos anulado la tensión porque una vez que se corta la cuerda, desaparece esta fuerza.

En este caso, el bloque desliza por lo que se trata de **fuerza de roce cinético** $f_r = \mu_c N$. Reemplazamos en la segunda ley de Newton en el eje x (9.3a) y obtenemos

$$mg\,\mathrm{sen}\,\theta - \mu_c N = ma.$$

La fuerza normal N la obtenemos de la ecuación (9.3b) y luego la reemplazamos en la ecuación anterior

$$mg\,\mathrm{sen}\,\theta - \mu_c mg\cos\theta = ma \quad \Longrightarrow \quad \boxed{\mu_c = \tan\theta - \frac{a}{g\cos\theta}.}$$

Solución 3.4.

a) Los diagramas de cuerpo libre del bloque M (con la polea móvil incluida) y del bloque m se muestran en la Figura 9.4. La segunda ley de Newton sobre

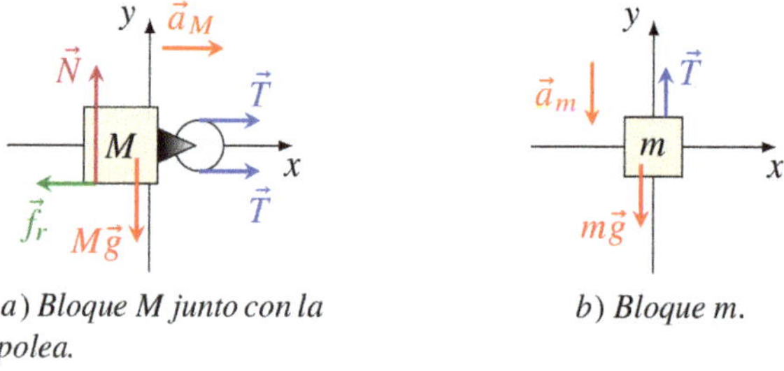

a) *Bloque M junto con la polea.*

b) *Bloque m.*

Figura 9.4. *DCL de los bloques del Problema 3.4.*

cada bloque conduce a:

- Sobre M

$$\sum F_x : 2T - f_r = Ma_M, \tag{9.4a}$$
$$\sum F_y : N - Mg = 0. \tag{9.4b}$$

- Sobre m

$$\sum F_y : T - mg = m(-a_m). \tag{9.5}$$

b) Para obtener la aceleración de cada bloque, es necesario introducir la condición de ligadura entre las aceleraciones de los bloques y la fuerza de roce cinético

$$a_m = 2a_M, \quad f_r = \mu_c N. \tag{9.6}$$

Despejamos la fuerza normal sobre M de la ecuación (9.4b) y reemplazamos en la definición de la fuerza de roce ec. (9.6)

$$f_r = \mu_c Mg. \tag{9.7}$$

Luego, reemplazamos la condición de ligadura ec. (9.4b) y la fuerza de roce cinético sobre M en las ecuaciones (9.4a) y (9.5)

$$2T - \mu_c Mg = Ma_M, \quad T - mg = -2ma_M.$$

Eliminando la tensión de las ecuaciones anteriores se obtiene

$$2m(g - 2a_M) - \mu_c Mg = Ma_M,$$

que conduce a

$$a_M = \frac{2m - \mu_c M}{M + 4m} g = \frac{2 \times 5{,}0 - 0{,}15 \times 20}{20 + 4 \times 5{,}0} \times 9{,}8,$$

cuyo resultado es

$$\boxed{a_M = 1{,}71 = 1{,}7\,\frac{\mathrm{m}}{\mathrm{s}^2}}, \quad \boxed{a_m = 2a_M = 3{,}43 = 3{,}4\,\frac{\mathrm{m}}{\mathrm{s}^2}.}$$

c) Para obtener la tensión en la cuerda, basta con reemplazar a_m en la ecuación (9.5)

$$\boxed{T = m(g - a_m) = 5{,}0 \times (9{,}8 - 3{,}43) = 31{,}8 = 32\,\mathrm{N}.}$$

Solución 3.5.

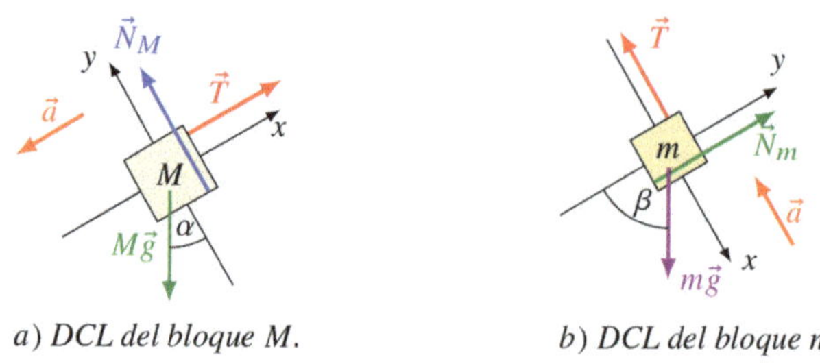

a) *DCL del bloque M.* *b*) *DCL del bloque m.*

Figura 9.5. *Diagramas de cuerpo libre del Problema 3.5 sin roce.*

a) Considere los diagramas de cuerpo libre para cada bloque que se muestran en la Figura 9.5. Por supuesto, ambos bloques aceleran con la misma magnitud. **Supongamos** que el bloque M desciende. Aplicando la segunda ley de Newton sobre M

$$\sum F_x : T - Mg \operatorname{sen}\alpha = M(-a), \tag{9.8a}$$

$$\sum F_y : N_M - Mg\cos\alpha = 0 \tag{9.8b}$$

y luego sobre m

$$\sum F_x : -T + mg\operatorname{sen}\beta = m(-a), \tag{9.9a}$$

$$\sum F_y : N_m - mg\cos\beta = 0. \tag{9.9b}$$

Para obtener la magnitud de la aceleración basta con sumar las ecs. (9.8a) y (9.9a)

$$mg\operatorname{sen}\beta - Mg\operatorname{sen}\alpha = -Ma - ma \quad\Longrightarrow\quad a = \frac{M\operatorname{sen}\alpha - m\operatorname{sen}\beta}{M+m}g.$$

Reemplazando los valores

$$\boxed{a = \frac{8{,}0\times\operatorname{sen}30^\circ - 6{,}0\times\operatorname{sen}60^\circ}{8{,}0+6{,}0}\times 9{,}8 = -0{,}84\,\mathrm{m/s^2}.}$$

Vemos que la aceleración **apunta en sentido contrario** (signo negativo) al supuesto inicialmente. Concluimos que el bloque M **asciende**.

b) Para obtener la tensión basta reemplazar la aceleración obtenida en la pregunta anterior, en cualquiera de las ecs. (9.8a) y (9.9a). Otra forma consiste en multiplicar la ec. (9.8a) por m y la ec. (9.9a) por M, y luego restarlas

$$mT + MT - mMg\operatorname{sen}\alpha - mMg\operatorname{sen}\beta = 0 \quad\Longrightarrow\quad T = \frac{\operatorname{sen}\alpha + \operatorname{sen}\beta}{m+M}mMg,$$

que reemplazando los datos lleva a

$$\boxed{T = \frac{\operatorname{sen} 30^\circ + \operatorname{sen} 60^\circ}{8{,}0 + 6{,}0} \times 6{,}0 \times 8{,}0 \times 9{,}8 = 46\,\mathrm{N}.}$$

c) Ahora consideramos la situación en qué los bloques tienen roce y permanecen estáticos. Como ya sabemos que el bloque M asciende cuando no hay roce, entonces deducimos que **el roce actuará en la dirección contraria**, hacia abajo sobre M y hacia arriba sobre m (ver Figura 9.6). Aplicando la segunda

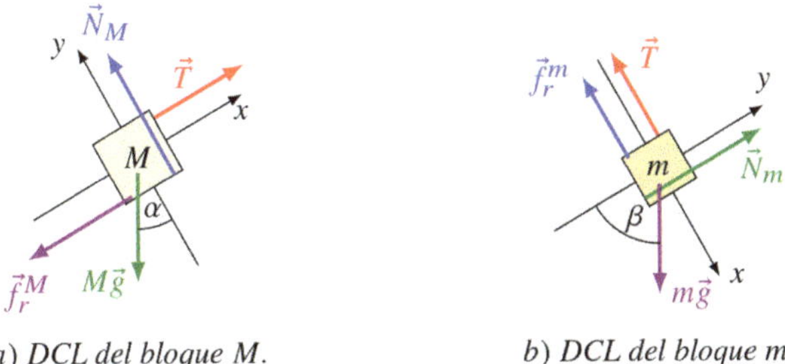

a) *DCL del bloque M.* *b*) *DCL del bloque m.*

Figura 9.6. *Diagramas de cuerpo libre del Problema 3.5, ahora en equilibrio y con roce.*

ley de Newton sobre M

$$\sum F_x : T - Mg \operatorname{sen} \alpha - f_r^M = 0, \tag{9.10a}$$

$$\sum F_y : N_M - Mg \cos \alpha = 0, \tag{9.10b}$$

y sobre m

$$\sum F_x : -T - f_r^m + mg \operatorname{sen} \beta = 0, \tag{9.11a}$$

$$\sum F_y : N_m - mg \cos \beta = 0. \tag{9.11b}$$

Para que el sistema permanezca en equilibrio con el mínimo coeficiente de roce, la fuerza de roce estático debe ser máxima

$$f_r^M = \mu_e N_M \quad , \quad f_r^m = \mu_e N_m.$$

De las ecs. (9.10b) y (9.11b) obtenemos las normales y las reemplazamos en las fuerzas de roce de las ecs. anteriores

$$f_r^M = \mu_e Mg \cos \alpha \quad , \quad f_r^m = \mu_e mg \cos \beta.$$

Luego, reemplazamos las fuerzas de roce en las ecs. (9.10a) y (9.11a)

$$T - Mg \operatorname{sen} \alpha - \mu_e Mg \cos \alpha = 0 \quad , \quad -T - \mu_e mg \cos \beta + mg \operatorname{sen} \beta = 0. \tag{9.12}$$

Sumando las ecuaciones anteriores

$$mg \operatorname{sen}\beta - Mg \operatorname{sen}\alpha - \mu_e Mg \cos\alpha - \mu_e mg \cos\beta = 0,$$

de donde se obtiene

$$\boxed{\mu_e = \frac{m \operatorname{sen}\beta - M \operatorname{sen}\alpha}{m\cos\beta + M\cos\alpha} = \frac{6{,}0 \times \operatorname{sen} 60^\circ - 8{,}0 \times \operatorname{sen} 30^\circ}{6{,}0 \times \cos 60^\circ + 8{,}0 \times \cos 30^\circ} = 0{,}12.}$$

d) Para obtener la tensión debemos reemplazar el coeficiente de roce estático en cualquiera de las ecuaciones obtenidas en (9.12)

$$T = Mg \operatorname{sen}\alpha + \mu_e Mg \cos\alpha = Mg \operatorname{sen}\alpha + \frac{m \operatorname{sen}\beta - M \operatorname{sen}\alpha}{m\cos\beta + M\cos\alpha} Mg\cos\alpha,$$

donde se obtiene

$$T = mMg \, \frac{\operatorname{sen}(\alpha + \beta)}{m\cos\beta + M\cos\alpha},$$

que reemplazando los datos conduce a

$$\boxed{T = 6{,}0 \times 8{,}0 \times 9{,}8 \times \frac{\operatorname{sen}(30^\circ + 60^\circ)}{6{,}0 \times \cos 60^\circ + 8{,}0 \times \cos 30^\circ} = 47\,\mathrm{N}.}$$

Solución 3.6.

a) Considere los diagramas de cuerpo libre de cada bloque mostrados en la Figura 9.7. Los pares acción y reacción entre los bloques, corresponden a las

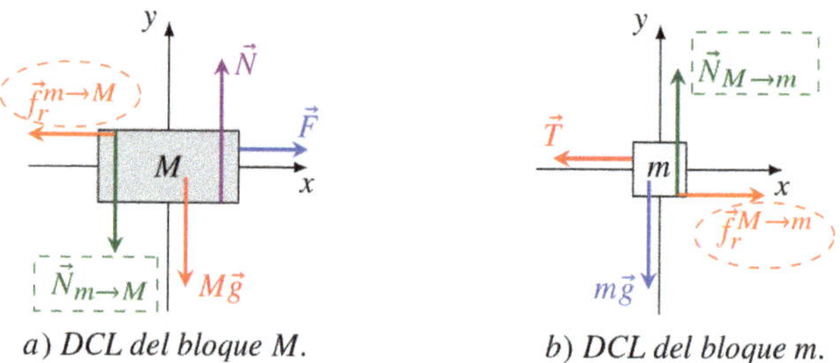

a) *DCL del bloque M.* *b*) *DCL del bloque m.*

Figura 9.7. Problema 3.6.

siguientes fuerzas

- **La normal entre los bloques**

$$\vec{N}_{M\to m} = -\vec{N}_{m\to M}.$$

- **El roce entre los bloques**

$$\vec{f}_r^{M\to m} = -\vec{f}_r^{m\to M}.$$

b) Aplicamos la segunda ley de Newton sobre el bloque m, se obtiene

$$\sum F_x : f_r^{M\to m} - T = m\cancelto{0}{a}, \text{ el bloque } m \text{ se encuentra en reposo,} \tag{9.13a}$$

$$\sum F_y : N_{M\to m} - mg = 0. \tag{9.13b}$$

De la ecuación (9.13b) obtenemos la normal que permite encontrar la fuerza de roce cinético

$$N_{M\to m} = mg \implies f_r^{M\to m} = \mu_e N_{M\to m} = \mu_e mg.$$

Reemplazando en la ecuación (9.13a)

$$f_r^{M\to m} - T = 0 \implies \boxed{T = f_r^{M\to m} = \mu_e mg = 0{,}20\times 5{,}0\times 9{,}8 = 9{,}8\,\text{N}.}$$

c) Para obtener la aceleración del bloque M, aplicamos la segunda ley de Newton sobre este bloque

$$\sum F_x : F - f_r^{m\to M} = Ma, \tag{9.14a}$$

$$\sum F_y : N - N_{m\to M} - Mg = 0. \tag{9.14b}$$

Además, sabemos de la pregunta anterior que la tensión es igual a la fuerza de roce que hace el bloque M sobre el bloque m ($f_r^{M\to m} = T = \mu_e mg$). También identificamos el par acción-reacción

$$\vec{f}_r^{M\to m} = -\vec{f}_r^{m\to M} \implies f_r^{M\to m} = f_r^{m\to M},$$

que luego reemplazamos en la ec. (9.14a), lo que lleva a $F - \mu_e mg = Ma$. Resolviendo para a se tiene

$$\boxed{a = \frac{F - \mu_e mg}{M} = \frac{45 - 0{,}20\times 5{,}0\times 9{,}8}{10{,}0} = 3{,}5\,\text{m/s}^2.}$$

Solución 3.7. Considere los diagramas de cuerpo libre de los bloques *con roce* mostrados en la Figura 9.8. La segunda ley de Newton sobre el bloque de masa M establece que

$$\sum F_x : T - f_r^M = Ma, \tag{9.15a}$$

$$\sum F_y : N_M - Mg = M\cancelto{0}{a_y}, \tag{9.15b}$$

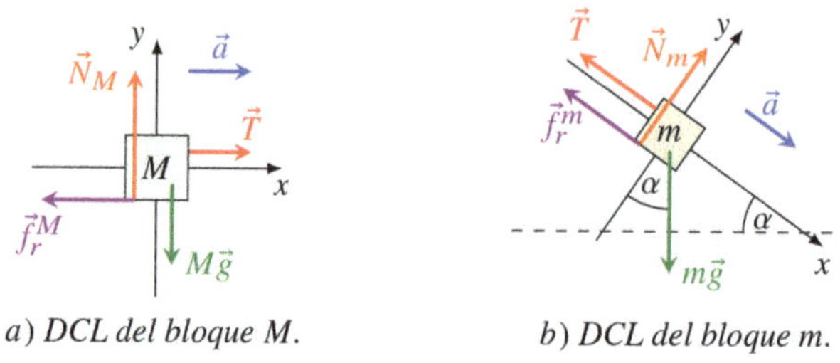

a) *DCL del bloque M.* *b*) *DCL del bloque m.*

Figura 9.8. *Diagramas de cuerpo libre del Problema 3.7.*

mientras que sobre el bloque de masa m establece que

$$\sum F_x : -T - f_r^m + mg \operatorname{sen} \alpha = ma, \tag{9.16a}$$

$$\sum F_y : N_m - mg \cos \alpha = m\cancel{a_y}^{0}. \tag{9.16b}$$

Aquí hemos utilizado que es evidente que los bloques **se moverían hacia la derecha** y que ambos bloques tienen que **tener la misma aceleración** (condición de ligadura).

a) Si el roce es despreciable $\vec{f}_r^M = \vec{f}_r^m = 0$. Para obtener la aceleración de los bloques, sumemos las ecs. (9.15a) y (9.16a) para obtener $mg \operatorname{sen} \alpha = Ma + ma$. Resolviendo para a, se obtiene

$$\boxed{a = \frac{mg \operatorname{sen} \alpha}{M + m} = \frac{2{,}0 \times 9{,}8 \times \operatorname{sen} 37^\circ}{3{,}0 + 2{,}0} = 2{,}359 = 2{,}4 \ \frac{\mathrm{m}}{\mathrm{s}^2}.}$$

b) Para obtener el coeficiente de roce estático μ_e que permite que los bloques permanezcan estáticos, debemos considerar el *caso crítico*, cuando sobre cada bloque actúa la *mayor fuerza de roce estática posible*, es decir

$$f_r^M = \mu_e N_M, \quad f_r^m = \mu_e N_m.$$

Despejando las fuerzas normales desde las ecuaciones (9.15b) y (9.16b), se obtiene

$$f_r^M = \mu_e Mg, \quad f_r^m = \mu_e mg \cos \alpha.$$

Reemplazando en las ecs. (9.15a) y (9.16a) con aceleración nula $\vec{a} = 0$ (bloques estáticos)

$$T - \mu_e Mg = 0, \quad -T - \mu_e mg \cos \alpha + mg \operatorname{sen} \alpha = 0,$$

y luego, sumando las ecuaciones anteriores de modo que se elimine la tensión

$$-\mu_e Mg - \mu_e mg \cos \alpha + mg \operatorname{sen} \alpha = 0 \quad \Longrightarrow \quad \mu_e = \frac{m \operatorname{sen} \alpha}{M + m \cos \alpha}.$$

Concluimos que el **mínimo coeficiente de roce estático** para que los bloques no deslicen es

$$\boxed{\mu_e = \frac{2{,}0 \times \operatorname{sen} 37^\circ}{3{,}0 + 2{,}0 \times \cos 37^\circ} = 0{,}262 = 0{,}26.}$$

Cualquier coeficiente de roce mayor hará que los bloques permanezcan estáticos.

c) La aceleración de los bloques si deslizan con coeficiente de *roce cinético* se obtiene considerando que las fuerzas de roce cinético son dadas por

$$f_r^M = \mu_c N_M = \mu_c M g\,, \quad f_r^m = \mu_c N_m = \mu_c m g \cos\alpha,$$

donde hemos obtenido las normales a partir de las ecs. (9.15b) y (9.16b). Reemplazando en las ecs. (9.15a) y (9.16a), con aceleración no nula $\vec{a} \neq 0$ (bloques deslizando)

$$T - \mu_c M g = M a\,, \quad -T - \mu_c m g \cos\alpha + m g \operatorname{sen}\alpha = m a.$$

Ahora, eliminamos la tensión sumando las ecuaciones anteriores

$$-\mu_c M g - \mu_c m g \cos\alpha + m g \operatorname{sen}\alpha = M a + m a$$

y despejamos la aceleración buscada

$$a = \frac{m \operatorname{sen}\alpha - \mu_c M - \mu_c m \cos\alpha}{M + m}\, g,$$

cuyo valor es

$$\boxed{a = \frac{2{,}0 \times \operatorname{sen} 37^\circ - 0{,}20 \times 3{,}0 - 0{,}2 \times 2{,}0 \times \cos 37^\circ}{3{,}0 + 2{,}0} \times 9{,}8 = 0{,}56\,\frac{\mathrm{m}}{\mathrm{s}^2}.}$$

Solución 3.8.

a) Los diagramas de cuerpo libre de los tres bloques se muestran en la Figura 9.9. Dado que **no sabemos** si el bloque M desliza (o intenta deslizar) **hacia abajo o hacia arriba**, no podemos saber en qué dirección apunta la **fuerza de roce**. Esto lo averiguaremos en la siguiente pregunta.

b) Si *no* hubiese roce las ecuaciones de movimiento serían

I. **Para el bloque** m_1

$$\sum F_y = T_1 - m_1 g = m_1 a_1, \tag{9.17}$$

donde hemos supuesto que una aceleración a_1 positiva indica que el bloque m_1 sube.

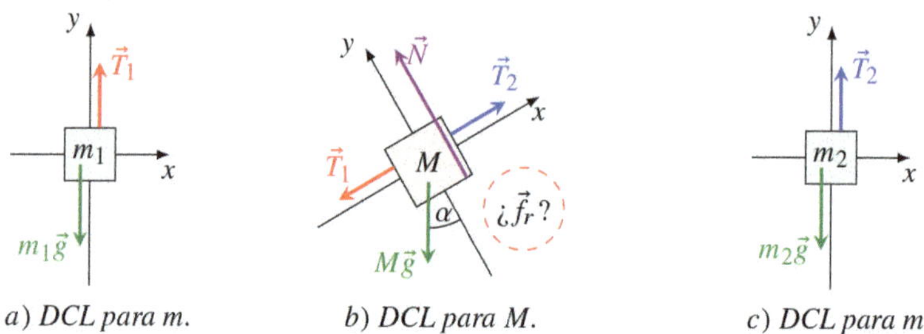

a) DCL para m. *b) DCL para M.* *c) DCL para m.*

Figura 9.9. *Diagramas de cuerpo libre. Problema 3.8.*

II. **Para el bloque m_2**

$$\sum F_y = T_2 - m_2 g = m_2 a_2. \tag{9.18}$$

También hemos supuesto que una aceleración a_2 positiva indica que el bloque m_2 sube.

III. **Para el bloque M**

$$\sum F_x = T_2 - T_1 - Mg \operatorname{sen} \alpha = Ma, \tag{9.19a}$$

$$\sum F_y = N - Mg \cos \alpha = M\cancel{a_y}^{0}, \tag{9.19b}$$

donde hemos supuesto que una aceleración a positiva indica que el bloque M sube por el plano inclinado.

IV. **Ecuaciones de ligadura**. Como los bloques están unidos, todos se mueven con la misma magnitud de la aceleración. Solo se debe ajustar el sentido. Si el bloque m_1 sube ($a_1 > 0$), entonces el bloque M sube por el plano inclinado ($a > 0$) y el bloque m_2 baja ($a_2 < 0$).

$$a_1 = a \quad , \quad a_2 = -a. \tag{9.20}$$

Reemplazamos las ecs. (9.20) en las ecs. (9.17) y (9.18). Al despejar las tensiones se obtiene

$$T_1 = m_1(g + a), \quad T_2 = m_2(g - a).$$

Estos resultados los reemplazamos en la ec. (9.19a)

$$m_2(g - a) - m_1(g + a) - Mg \operatorname{sen} \alpha = Ma \quad \Longrightarrow \quad a = \frac{m_2 - m_1 - M \operatorname{sen} \alpha}{M + m_1 + m_2} g,$$

de modo que

$$\boxed{a = \frac{20 - 10 - 15 \times \operatorname{sen} 30^\circ}{15 + 10 + 20} \times 9{,}8 = 0{,}544 = 0{,}54 \ \frac{\mathrm{m}}{\mathrm{s}^2}.}$$

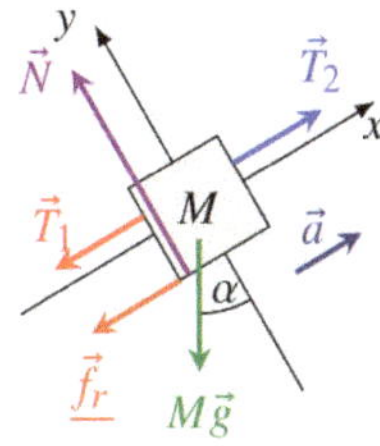

Figura 9.10. *DCL del bloque M del Problema 3.9 con roce.*

Como la aceleración obtenida es positiva, concluimos que el **bloque M sube**.

Comentario. Como el bloque M sube, entonces cuando hay roce, éste se opone al deslizamiento, es decir, el roce apunta hacia abajo en el plano inclinado (ver Figura 9.10).

c) Dado que sabemos que el bloque M sube, entonces conocemos la dirección en que actúa la fuerza de roce (ver Figura 9.10). Ya que buscamos que los bloques permanezcan estáticos tenemos que la aceleración debe ser nula. Las ecuaciones de movimiento son las siguientes:

i. **Para el bloque m_1**

$$\sum F_y = T_1 - m_1 g = 0. \tag{9.21}$$

ii. **Para el bloque m_2**

$$\sum F_y = T_2 - m_2 g = 0. \tag{9.22}$$

iii. **Para el bloque M**

$$\sum F_x = T_2 - T_1 - Mg \operatorname{sen}\alpha - f_r = 0, \tag{9.23a}$$

$$\sum F_y = N - Mg\cos\alpha = 0. \tag{9.23b}$$

iv. **Relación entre la fuerza de roce estática y la fuerza normal**

$$f_r \leq \mu_e N.$$

Dado que buscamos el **mínimo** coeficiente de roce estático, debemos considerar la máxima fuerza de roce

$$f_r = \mu_e N. \tag{9.24}$$

Despejamos la fuerza normal de la ecuación (9.23b) y la reemplazamos en la ecuación (9.24), se obtiene

$$N = Mg\cos\alpha \quad \Longrightarrow \quad f_r = \mu_e Mg\cos\alpha.$$

Este resultado lo reemplazamos en la ecuación (9.23a) junto a los despejes de las tensiones de las ecuaciones (9.21) y (9.22)

$$m_2 g - m_1 g - M g \operatorname{sen}\alpha - \mu_e M g \cos\alpha = 0 \quad \Longrightarrow \quad \mu_e = \frac{m_2 - m_1 - M \operatorname{sen}\alpha}{M \cos\alpha},$$

con lo cual

$$\boxed{\mu_e = \frac{20 - 10 - 15 \times \operatorname{sen} 30^\circ}{15 \cos 30^\circ} = 0{,}192 = 0{,}19.}$$

Cualquier μ_e *mayor que* 0,19 hará que la fuerza de roce sea la necesaria para evitar que los bloques se muevan.

d) El valor de las tensiones en esta situación con roce se obtiene directo de las ecuaciones (9.21) y (9.22)

$$\boxed{T_1 = m_1 g = 10 \times 9{,}8 = 98\,\text{N}}, \qquad \boxed{T_2 = m_2 g = 20 \times 9{,}8 = 196\,\text{N} = 0{,}20\,\text{kN}.}$$

Solución 3.9.

a) Si el bloque m_2 desciende un metro, la polea P_1 debe moverse un metro hacia la derecha. Para que esto ocurra es necesario que la cuerda que enrolla a P_1 se suelte un metro tanto en la parte de arriba como en la parte de abajo. Esto hace que el bloque m_1 deba moverse dos metros hacia la derecha. Concluimos que las condiciones de ligadura entre los movimientos de los bloques son

$$d_1 = 2d_2 \quad \Longrightarrow \quad v_1 = 2v_2 \quad \Longrightarrow \quad \boxed{a_1 = 2a_2.}$$

b) Los diagramas de cuerpo libre de los bloques m_1 y m_2, y de la polea 1 se muestran en la Figura 9.11.

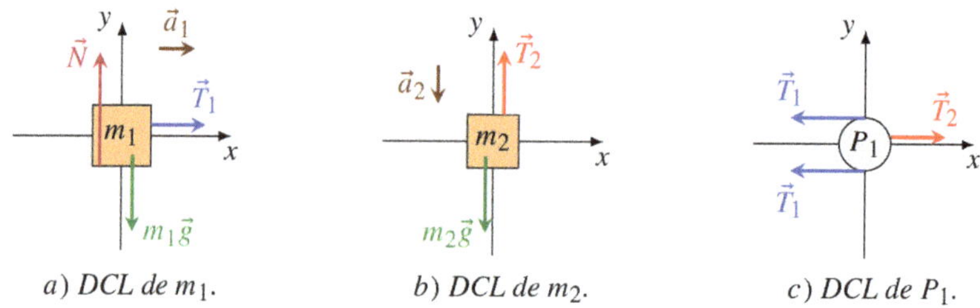

a) *DCL de* m_1. *b*) *DCL de* m_2. *c*) *DCL de* P_1.

Figura 9.11. *Diagramas de cuerpo libre de los bloques* m_1 *y* m_2, *y de la polea* P_1. *Problema 3.9.*

La segunda ley de Newton sobre cada cuerpo establece que:

I. Sobre m_1

$$\sum F_x : T_1 = m_1(2a)\,, \tag{9.25a}$$

$$\sum F_y : N - m_1 g = 0. \tag{9.25b}$$

II. Sobre m_2

$$\sum F_y\, :\, T_2 - m_2 g = -m_2 a. \tag{9.26}$$

III. Sobre P_1

$$\sum F_x\, :\, T_2 - 2T_1 = \cancelto{0}{m_{P_1}} a. \tag{9.27}$$

Aquí hemos considerado que $a_1 = 2a_2 = 2a$ y que la masa de la polea es despreciable.

Tomamos T_1 de la ec. (9.25a), despejamos T_2 de la ec. (9.26) y reemplazamos ambas tensiones en la ecuación (9.27)

$$m_2(g-a) - 4m_1 a = 0 \quad \Longrightarrow \quad a = \frac{m_2}{m_2 + 4m_1}\, g. \tag{9.28}$$

A continuación, reemplazamos en la ecuación (9.25a) para obtener T_1 y luego en la ecuación (9.27) para obtener T_2, se obtiene

$$\boxed{T_1 = \frac{2m_1 m_2}{m_2 + 4m_1}\, g}\,, \quad \boxed{T_2 = 2T_1 = \frac{4m_1 m_2}{m_2 + 4m_1}\, g.}$$

c) Finalmente, las aceleraciones las obtenemos a partir de la ec. (9.28)

$$\boxed{a_1 = 2a = \frac{2m_2}{m_2 + 4m_1}\, g}\,, \quad \boxed{a_2 = a = \frac{m_2}{m_2 + 4m_1}\, g.}$$

Solución 3.10.

a) Los diagramas de cuerpo libre de las poleas y el objeto se muestran en la Figura 9.12

b) La segunda ley de Newton aplicada a cada cuerpo lleva a:

I. Sobre la polea grande

$$\sum F_y\, :\, T_4 - T_1 - T_2 - T_3 = 0. \tag{9.29}$$

II. Sobre la polea chica

$$\sum F_y\, :\, T_2 + T_3 - T_5 = 0. \tag{9.30}$$

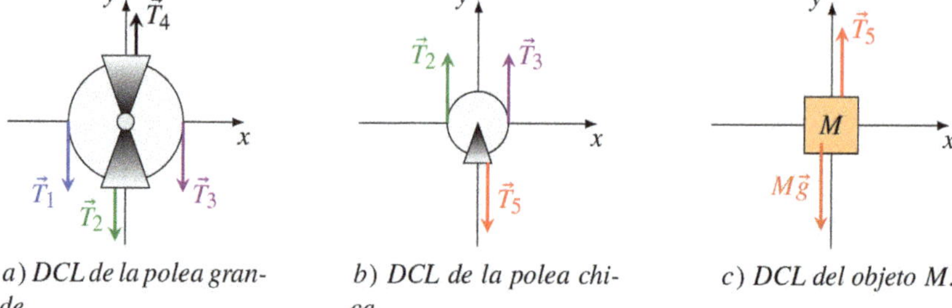

a) DCL de la polea grande. *b) DCL de la polea chica.* *c) DCL del objeto M.*

Figura 9.12. *Diagramas de cuerpo libre del Problema 3.10.*

iii. Sobre el objeto M

$$\sum F_y : T_5 - Mg = 0. \tag{9.31}$$

Aquí, hemos considerado que todo el sistema permanece estático $\vec{a} = 0{,}0\,\mathrm{m/s^2}$. La cuerda que está siendo jalada por la fuerza $\vec{F}$ tiene tensión T_1 y es la misma cuerda con tensión T_3 y luego con tensión T_2. Como las poleas no tienen masa ni fricción se concluye que las tres tensiones tienen el mismo valor T

$$T_1 = T_2 = T_3 = T.$$

A partir de la ecuación (9.31) se obtiene la tensión T_5 de manera directa

$$\boxed{T_5 = Mg.}$$

Luego, reemplazando en la ecuación (9.30) obtenemos T

$$T + T - Mg = 0 \implies T = \frac{1}{2}Mg \implies \boxed{T_1 = T_2 = T_3 = T = \frac{1}{2}Mg.}$$

Ahora, obtenemos T_4 de la ecuación (9.29)

$$T_4 - T - T - T = 0 \implies \boxed{T_4 = 3T = \frac{3}{2}Mg.}$$

c) Para obtener la magnitud de $\vec{F}$ es buena idea realizar un diagrama de cuerpo libre del *trpzo de longitud infinitesimal* de la cuerda donde se ejerce la fuerza $\vec{F}$ (ver Figura 9.13). La segunda ley de Newton sobre este trozo de cuerda establece que

$$\sum F_y : T_1 - F = 0,$$

de donde se obtiene

$$\boxed{F = T_1 = \frac{1}{2}Mg.}$$

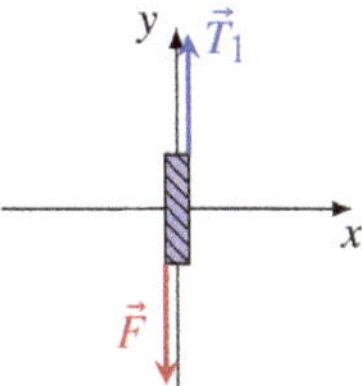

Figura 9.13. *DCL del trozo de longitud infinitesimal de cuerda sobre el qué actúa la fuerza $\vec{F}$. Problema 3.10.*

Solución 3.11. Dado que ambos bloques están unidos por una cuerda ideal que pasa por una polea ideal, se tiene que la magnitud de la aceleración de ambos bloques es la misma y la magnitud de la tensión es la misma en cada extremo de la cuerda. A

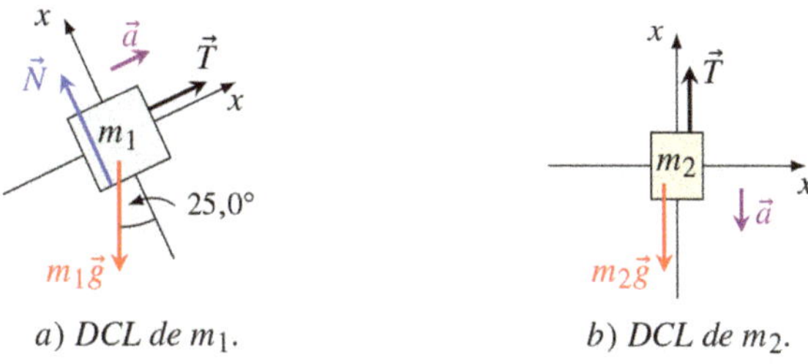

a) DCL de m_1. *b) DCL de m_2.*

Figura 9.14. *Diagramas del Problema 3.11.*

partir de los diagramas de cuerpo libre de la Figura 9.14 vemos que la segunda ley de Newton sobre el bloque m_1 conduce a

$$\sum F_x : T - m_1 g \operatorname{sen} 25{,}0° = m_1 a, \tag{9.32a}$$

$$\sum F_y : N - m_1 g \cos 25{,}0° = 0, \tag{9.32b}$$

mientras que sobre el bloque m_2 lleva a

$$\sum F_y : T - m_2 g = m_2(-a), \tag{9.33}$$

donde se ha supuesto que el bloque m_1 acelera hacia arriba, de modo que el bloque m_2 acelera hacia abajo.

a) Para obtener la aceleración de los bloques, despejamos la tensión de la ecuación (9.32a) y la reemplazamos en (9.33)

$$m_1 a + m_1 g \operatorname{sen} 25{,}0° - m_2 g = -m_2 a \quad \Longrightarrow \quad a = \frac{(m_2 - m_1 \operatorname{sen} 25{,}0°)}{m_1 + m_2} g,$$

que reemplazando los valores conduce a

$$a = \frac{(2,70 - 4,50 \times \operatorname{sen} 25,0°)}{4,50 + 2,70} \times 9,8 = 1,086 \frac{\text{m}}{\text{s}^2} = 1,1 \frac{\text{m}}{\text{s}^2}.$$

Como la aceleración obtenida es positiva concluimos que efectivamente el bloque m_1 sube por el plano inclinado, mientras que el bloque m_2 desciende.

b) Si la superficie tiene roce, debemos agregar la fuerza de roce oponiéndose al *deslizamiento*. El nuevo DCL de m_1 se muestra en la Figura 9.15 y sus ecuaciones de movimientos son ahora dadas por

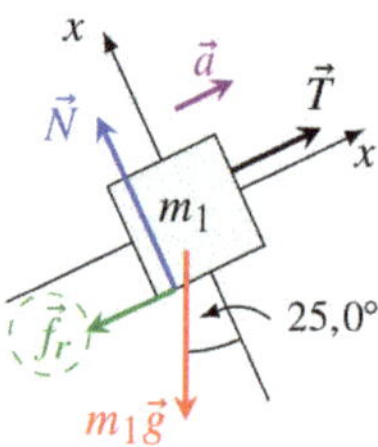

Figura 9.15. *DCL del bloque m_1 del Problema 3.11 ahora con roce.*

$$\sum F_x : T - m_1 g \operatorname{sen} 25,0° - f_r = m_1 a, \qquad (9.34a)$$

$$\sum F_y : N - m_1 g \cos 25,0° = 0, \qquad (9.34b)$$

es decir, solo hemos agregado la fuerza de roce a la ecuación (9.32a), apuntando paralela al plano inclinado y hacia abajo porque sabemos de la pregunta anterior que *el bloque intenta deslizar hacia arriba.*

Por el contrario, la segunda ley de Newton sobre el bloque m_2 de la ecuación (9.33) permanece sin cambio

$$\sum F_y : T - m_2 g = -m_2 a. \qquad (9.35)$$

La fuerza de roce cinético se relaciona con la fuerza normal según $f_r = \mu_c N$. Despejando la normal de la ecuación (9.34b) se tiene que la fuerza de roce es dada por

$$f_r = \mu_c N = \mu_c m_1 g \cos 25,0°.$$

Despejamos la tensión de la ecuación (9.35), y junto a la fuerza de roce de la ecuación anterior, las reemplazamos en la ecuación (9.34a)

$$m_2(g - a) - m_1 g \operatorname{sen} 25,0° - \mu_c m_1 g \cos 25,0° = m_1 a.$$

Aquí despejamos la aceleración de los bloques

$$\boxed{a = \frac{(m_2 - m_1 \operatorname{sen} 25{,}0° - \mu_c m_1 \cos 25{,}0°)}{m_1 + m_2} g = 0{,}531 \frac{\mathrm{m}}{\mathrm{s}^2} = 0{,}53 \frac{\mathrm{m}}{\mathrm{s}^2}.}$$

c) Reemplazando la aceleración obtenida en la pregunta anterior, en la ecuación (9.35), obtenemos la tensión

$$\boxed{T = m_2(g - a) = 2{,}70 \times (9{,}8 - 0{,}531) = 25\,\mathrm{N}.}$$

Solución 3.12. La Figura 9.16 muestra los diagramas de cuerpo libre de los dos bloques. Note que aquí ya hemos considerado que la aceleración de ambos bloques

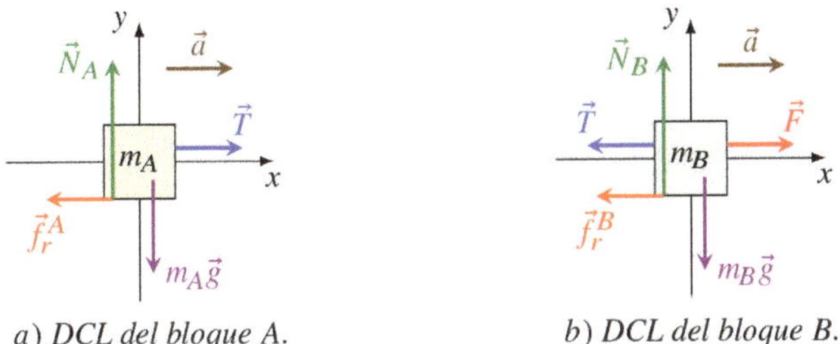

a) *DCL del bloque A.*

b) *DCL del bloque B.*

Figura 9.16. *Diagramas de cuerpo libre de los bloques del Problema 3.12.*

es igual (*condición de ligadura*)

$$a_A = a_B = a.$$

a) Para obtener la magnitud de la fuerza F y la tensión T de la cuerda, formulamos la segunda ley de Newton para cada bloque:

- Para el bloque A

$$\sum F_x : T - f_r^A = m_A\, a\,, \tag{9.36a}$$

$$\sum F_y : N_A - m_A g = m_A \cancel{a_y}^{\,0}\,. \tag{9.36b}$$

- Para el bloque B

$$\sum F_x : F - T - f_r^B = m_B\, a\,, \tag{9.37a}$$

$$\sum F_y : N_B - m_B g = m_B \cancel{a_y}^{\,0}\,. \tag{9.37b}$$

También necesitamos, las ecuaciones que relacionan las fuerzas de *roce cinético* con las respectivas normales

$$f_r^A = \mu_A N_A = \mu_A\, m_A\, g\,, \qquad f_r^B = \mu_B N_B = \mu_B\, m_B\, g\,,$$

donde hemos despejado las fuerzas normales de la segunda ley de Newton para el eje vertical de las ecuaciones (9.36b) y (9.37b). Reemplazando estos resultados en la segunda ley de Newton para el eje horizontal (9.36a) y (9.37a), se obtiene

$$T - \mu_A\, m_A\, g = m_A\, a\,, \qquad F - T - \mu_B\, m_B\, g = m_B\, a\,.$$

De la primera ecuación obtenemos la tensión

$$T = m_A(a + \mu_A\, g), \tag{9.38}$$

y de la segunda ecuación despejamos la fuerza F

$$F = (m_A + m_B)a + (\mu_A\, m_A + \mu_B\, m_B)g. \tag{9.39}$$

Si el sistema se mueve con *velocidad constante*, entonces la **aceleración es nula** ($a = 0{,}0\,\mathrm{m/s^2}$). Reemplazando en las ecuaciones (9.38) y (9.39), concluimos que la fuerza necesaria es $F = (\mu_A\, m_A + \mu_B\, m_B)g$, que al reemplazar los respectivos valores es

$$\boxed{F = (0{,}30 \times 80 + 0{,}50 \times 60) \times 9{,}8 = 529{,}2\,\mathrm{N} = 0{,}53\,\mathrm{kN},}$$

mientras que la tensión es

$$\boxed{T = m_A\, \mu_A\, g = 80 \times 0{,}30 \times 9{,}8 = 235{,}2\,\mathrm{N} = 0{,}24\,\mathrm{kN}.}$$

b) Si el conjunto se mueve con aceleración constante de $2{,}0\,\mathrm{m/s^2}$, solo es necesario reemplazar en las ecuaciones (9.38) y (9.39) para obtener la fuerza necesaria y la tensión

$$\boxed{F = (80 + 60) \times 2{,}0 + (0{,}30 \times 80 + 0{,}50 \times 60) \times 9{,}8 = 809\,\mathrm{N} = 0{,}81\,\mathrm{kN}.}$$

$$\boxed{T = 80 \times (2{,}0 + 0{,}30 \times 9{,}8) = 395{,}2\,\mathrm{N} = 0{,}40\,\mathrm{kN}.}$$

Capítulo 10
Soluciones de movimiento circunferencial

10.1 Cinemática del movimiento circunferencial

Solución 4.1.

a) La aceleración angular α de la rueda durante los 12 s suponiendo que es constante se calcula a partir de la definición

$$\alpha := \frac{d\omega}{dt} \underset{\alpha=\text{cte.}}{=} \frac{\omega_f - \omega_i}{\Delta t},$$

que utilizando la relación entre rapidez angular, radio de giro y rapidez (tangencial) $v = R\omega$, conduce a

$$\boxed{\alpha = \frac{v_f - v_i}{R\Delta t} = \frac{25\,\text{m/s} - 0{,}0\,\text{m/s}}{\frac{0{,}70\,\text{m}}{2}\times 12\,\text{s}} = 5{,}952\,\frac{\text{rad}}{\text{s}^2} = 6{,}0\,\frac{\text{rad}}{\text{s}^2}.}$$

b) Para obtener la cantidad de vueltas que realiza la rueda durante los 12 s, es necesario calcular cuanto cambia el ángulo θ de un punto del borde durante los 12 s.

Para esto es necesario escribir la ecuación cinemática para el ángulo con $\omega_0 = 0{,}0\,\text{rad/s}$ y aceleración angular $\alpha = 3{,}0\,\text{rad/s}^2$. Además, podemos considerar que el ángulo inicial es[1] $\theta_0 = 0{,}0\,\text{rad}$.

$$\theta(t) = 0{,}0 + 0{,}0\,t + \frac{5{,}952}{2}t^2 = 2{,}98\,t^2,$$

[1]Esto es equivalente a considerar para el estudio de la rueda, solo el punto del borde de la misma que en t_0 se encuentra en la posición $\theta_0 = 0{,}0\,\text{rad/s}$.

de modo que tras 12 s, el ángulo es

$$\theta(t = 12\,\text{s}) = 2{,}98 \times 12^2 = 429\,\text{rad}.$$

Dado que una vuelta corresponde a 2π rad, se tiene que la cantidad n de vueltas que realiza la rueda es

$$n = \frac{\theta}{2\pi} = \frac{429}{2\pi} = 68.$$

La rueda realiza 68 vueltas en los 12 s.

Solución 4.2.

a) Primero calculemos la velocidad angular inicial y la final

$$\omega_i = \frac{900\,\text{vueltas}}{60\,\text{s}}\times 2\pi = 30{,}00\,\pi\,\frac{\text{rad}}{\text{s}}, \quad \omega_f = \frac{500\,\text{vueltas}}{60\,\text{s}}\times 2\pi = 16{,}67\,\pi\,\frac{\text{rad}}{\text{s}}.$$

Si la aceleración angular del trompo es constante se tiene

$$\boxed{\alpha := \frac{d\omega}{dt} \underset{\alpha=\text{cte}}{=} \frac{\Delta\omega}{\Delta t} = \frac{16{,}67\,\pi - 30{,}00\,\pi}{18} = -0{,}740\,6\,\pi\,\frac{\text{rad}}{\text{s}} = -2{,}3\,\frac{\text{rad}}{\text{s}^2}.}$$

b) Suponiendo que el ángulo inicial de algún punto del trompo en $t_0 = 0{,}0\,\text{s}$ es cero se obtienen las siguientes ecuaciones cinemáticas

$$\theta(t) = 30{,}00\,\pi\,t - \frac{0{,}740\,6\,\pi}{2}\,t^2, \tag{10.1a}$$

$$\omega(t) = 30{,}00\,\pi - 0{,}740\,6\,\pi\,t. \tag{10.1b}$$

Cuando el trompo se detiene, $\omega = 0{,}0\,\text{rad/s}$. Reemplazando en la ecuación (10.1b) se obtiene el tiempo de detención

$$0{,}0 = 30{,}00\pi - 0{,}740\,6\,\pi\,t \quad\longrightarrow\quad \boxed{t = 40{,}51\,\text{s} = 41\,\text{s}.}$$

c) Reemplazamos el tiempo que tarda el trompo en detenerse en la ecuación (10.1a) con lo cuál obtenemos el ángulo que rota el trompo

$$\theta(t = 40{,}51\,\text{s}) = 30{,}00\,\pi \times 40{,}51 - \frac{0{,}740\,6\pi}{2} \times 40{,}51^2 = 607{,}6\,\pi\,\frac{\text{rad}}{\text{s}}.$$

Así, la cantidad de vueltas que realiza el trompo hasta detenerse es[2]

$$\frac{\theta}{2\pi} = \frac{607{,}6\pi}{2\pi} = 304.$$

El trompo realiza 304 vueltas hasta detenerse.

[2] Aquí hemos utilizado que una vuelta es equivalente a 2π rad.

d) Por definición, la aceleración centrípeta es dada por

$$a_c(t) = R\Big(\omega(t)\Big)^2,$$

que utilizando la ecuación (10.1b) con $t = 32$ s conduce a

$$\boxed{a_c(t = 32\,\text{s}) = 0{,}035 \times \Big(30{,}00\,\pi - 0{,}740\,6\,\pi \times 32\Big)^2 = 13{,}71\,\frac{\text{m}}{\text{s}^2} = 14\,\frac{\text{m}}{\text{s}^2}.}$$

Solución 4.3.

a) Para obtener la aceleración angular de la rueda, primero calcularemos su rapidez angular inicial que corresponde a la misma del punto del borde. Sabemos que la rapidez v de un punto que realiza movimiento circunferencial se relaciona con su rapidez angular ω y con el radio de giro R como $v = \omega R$, entonces

$$\omega_i = \frac{v_i}{R} = \frac{2{,}2\ \text{m/s}}{0{,}40\,\text{m}} = 5{,}5\,\frac{\text{rad}}{\text{s}}.$$

Así, la aceleración angular de la rueda es

$$\boxed{\alpha \underset{\alpha=\text{cte.}}{=} \frac{\Delta\omega}{\Delta t} = \frac{0{,}0 - 5{,}5}{19 - 0{,}0} = -0{,}289\,5 = -0{,}29\,\frac{\text{rad}}{\text{s}^2}}$$

donde hemos considerado $\omega_i = 5{,}5$ rad/s en $t_i = 0{,}0$ s y $\omega_f = 0{,}0$ rad/s (detención) en $t_f = 19$ s.

b) La cantidad de vueltas la obtenemos a partir del ángulo que barre el punto del borde durante el frenado. La ecuación cinemática para el ángulo es

$$\theta(t) = 5{,}5\,t - \frac{0{,}289\,5}{2}\,t^2.$$

Aquí hemos supuesto que el punto del borde se ubica inicialmente en $\theta_0 = 0{,}0$ rad. El ángulo en que se ubica el punto en el instante de la detención es

$$\theta(t = 19\,\text{s}) = 5{,}5 \times 19 - \frac{0{,}289\,5}{2} \times 19^2 = 52{,}25\,\text{rad},$$

de modo que

$$\boxed{\text{cantidad de vueltas} = \frac{52{,}25\ \text{rad}}{2\pi\ \text{rad}} = 8{,}3.} \tag{10.2}$$

La rueda da 8,3 **vueltas hasta detenerse**.

Solución 4.4.

a) La rapidez inicial del automóvil es

$$v_i = 108\,\mathrm{km/h} = 108\,\frac{\mathrm{km}}{\mathrm{h}} \times \frac{1\,000\,\mathrm{m}}{1\,\mathrm{km}} \times \frac{1\,\mathrm{h}}{60\,\mathrm{min}} = \frac{1\,\mathrm{min}}{60\,\mathrm{s}} = 30{,}0\,\mathrm{m/s},$$

mientras que la rapidez final es

$$v_f = 90\,\mathrm{km/h} = 25\,\mathrm{m/s}.$$

Luego, el cambio de la rapidez angular del automóvil es

$$\boxed{\Delta\omega = \omega_f - \omega_i = \frac{v_f}{r} - \frac{v_i}{r} = \frac{25 - 30{,}0}{150} = -0{,}033\,3\,\frac{\mathrm{rad}}{\mathrm{s}} = -0{,}033\,\frac{\mathrm{rad}}{\mathrm{s}},}$$

donde hemos utilizado que la rapidez angular ω se relaciona con la rapidez tangencial v como $v = \omega r$.

b) Podemos calcular la aceleración angular α suponiendo que ésta es constante durante los 15 s

$$\alpha = \frac{\Delta\omega}{\Delta t} = -\frac{0{,}033\,3}{15} = -0{,}002\,22\,\frac{\mathrm{rad}}{\mathrm{s}^2}.$$

Luego, calculamos la aceleración tangencial a_θ a partir de la aceleración angular α

$$\boxed{a_\theta = r\alpha = 15 \times (-0{,}002\,22) = -0{,}33\,\frac{\mathrm{m}}{\mathrm{s}^2}.}$$

c) El vehículo realiza movimiento circunferencial con aceleración angular constante (obtenida en la pregunta anterior $\alpha = 0{,}002\,22\,\mathrm{rad/s^2}$).

Suponiendo que en $t_0 = 0{,}0\,\mathrm{s}$ el automóvil entra en la curva, entonces la velocidad angular inicial se obtiene a partir de la velocidad (lineal) con que entra a la curva ($v_i = 108\,\mathrm{km/h} = 30{,}0\,\mathrm{m/s}$)

$$\omega_0 = \frac{v_i}{r} = \frac{30{,}0}{150} = 0{,}200\,\frac{\mathrm{rad}}{\mathrm{s}},$$

de modo que la ecuación cinemática para la velocidad angular es

$$\omega(t) = \omega_0 + \alpha(t - t_0) = \left(0{,}200 - 0{,}002\,22\,t\right)\frac{\mathrm{rad}}{\mathrm{s}}.$$

A los 10 s de haber ingresado a la curva, la rapidez angular del automóvil es

$$\boxed{\omega(t = 10\,\mathrm{s}) = 0{,}200 - 0{,}002\,22 \times 10 = 0{,}177\,8 = 0{,}18\,\frac{\mathrm{rad}}{\mathrm{s}},}$$

mientras que la aceleración centrípeta es

$$\boxed{a_c(t = 10\,\mathrm{s}) = r\omega^2 = 150 \times 0{,}177\,8^2 = 4{,}742 = 4{,}7\,\frac{\mathrm{m}}{\mathrm{s}^2}.}$$

d) Para calcular la distancia recorrida, podemos calcular cuanto avanzó el ángulo polar $\theta(t)$. Para esto consideremos $\theta_0 = 0{,}0\,\text{rad}$, el ángulo inicial que subtiende el automóvil al entrar a la curva. Luego, la ecuación cinemática para el ángulo polar es

$$\theta(t) = \theta_0 + \omega_0(t - t_0) + \frac{1}{2}\alpha(t - t_0)^2 = 0{,}200\,t - \frac{0{,}002\,22}{2}\,t^2$$

de modo que en $t = 15\,\text{s}$

$$\theta(t = 15\,\text{s}) = 0{,}200 \times 15 - 0{,}001\,11 \times 15^2 = 2{,}750\,\text{rad}.$$

Así, la distancia recorrida es

$$\boxed{d = r\theta(t = 15\,\text{s}) = 150 \times 2{,}750 = 412{,}5 = 4{,}1 \times 10^2\,\text{m} = 0{,}41\,\text{km}.}$$

Solución 4.5. Para resolver este problema, primero es necesario formular las ecuaciones cinemáticas del movimiento circunferencial del vinilo.

Se puede considerar que el vinilo comienza a moverse en $t_0 = 0{,}0\,\text{s}$ desde el ángulo inicial $\theta_0 = 0{,}0\,\text{rad}$, la velocidad angular inicial también es nula *–parte del reposo–* y la aceleración angular α es desconocida. Las ecuaciones cinemáticas son

$$\theta(t) = \frac{\alpha}{2}\,t^2, \quad \omega(t) = \alpha t.$$

a) Para obtener el tiempo que tarda el vinilo en completar la vuelta y media es necesario reemplazar en las ecuaciones cinemáticas el ángulo que ha girado el vinilo $\theta_f = 3\pi\,\text{rad}$ (1,5 vueltas) y la velocidad angular que lleva en ese instante

$$\omega_f = 45{,}0\,\text{rpm} = 45{,}0\,\frac{\text{vueltas}}{\text{min}} = 45{,}0 \times \frac{2\pi}{60}\,\text{rad/s} = 1{,}50\,\pi\,\text{rad/s},$$

de modo que

$$\theta_f = \frac{\alpha}{2}\,t^2, \quad \omega_f = \alpha t.$$

Este es un sistema de dos ecuaciones y dos incógnitas. Despejamos α de la segunda ecuación

$$\omega_f = \alpha t \quad \Longrightarrow \quad \alpha = \frac{\omega_f}{t}, \tag{10.3}$$

y reemplazamos en la primera ecuación

$$\theta_f = \frac{\omega_f}{2t}\,t^2 \quad \Longrightarrow \quad \boxed{t = \frac{2\theta_f}{\omega_f} = \frac{2 \times 3\pi\,\text{rad}}{1{,}50\pi\,\frac{\text{rad}}{\text{s}}} = 4{,}00\,\text{s}.}$$

b) La aceleración angular se calcula de manera directa a partir del sistema de ecuaciones de la pregunta anterior. Tomemos la ecuación (10.3) y reemplacemos el tiempo que le tarda al vinilo alcanzar la velocidad angular $\omega_f = 1{,}50\pi\,\text{rad/s}$

$$\boxed{\alpha = \frac{1{,}50\pi\,\text{rad/s}}{4{,}00\,\text{s}} = 1{,}178\,\frac{\text{rad}}{\text{s}^2} = 1{,}18\,\frac{\text{rad}}{\text{s}^2}.} \tag{10.4}$$

c) La aceleración tangencial se obtiene a partir de la relación $a_\theta = R\alpha$, donde R es el radio de giro que en nuestro caso corresponde a la mitad del diámetro del vinilo $R = 30{,}5/2\,\text{cm} = 0{,}305/2\,\text{m}$. La aceleración tangencial del borde del vinilo es

$$\boxed{a_\theta = \frac{0{,}305\,\text{m}}{2} \times 1{,}178\,\frac{\text{rad}}{\text{s}^2} = 0{,}180\,\frac{\text{m}}{\text{s}^2}.}$$

Solución 4.6.

a) La aceleración radial de la partícula corresponde a la componente de la aceleración que está en la dirección radial, que en el caso del movimiento circunferencial corresponde aceleración centrípeta. La Figura 10.1 muestra las componentes de la aceleración en coordenadas polares. Observamos que *la componente radial* es

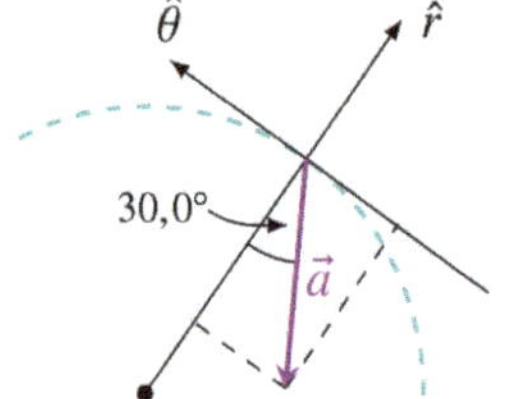

a) *Aceleración de la partícula en coordenadas polares.*

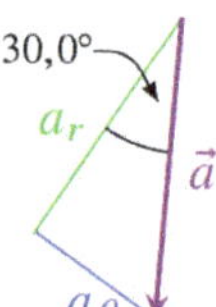

b) *Componentes de la aceleración. .*

Figura 10.1. *Aceleración de la partícula del Problema 4.6 que realiza movimiento circunferencial.*

$$\boxed{a_r = -a\cos 30{,}0° = -15{,}0 \times \cos 30{,}0° = -13{,}0\,\frac{\text{m}}{\text{s}^2},}$$

donde *el signo menos indica que va contra la dirección radial, hacia el centro*, es decir, su magnitud corresponde a la *aceleración centrípeta*.

b) Dado que la aceleración radial de la pregunta anterior corresponde a una aceleración centrípeta ($a_c = 13{,}0\,\text{m/s}^2$), se tiene que la rapidez de la partícula es

$$a_c = \frac{v^2}{R} \quad \Longrightarrow \quad \boxed{v = \sqrt{a_c R} = \sqrt{13{,}0 \times 2{,}50} = 5{,}70\,\frac{\text{m}}{\text{s}}.}$$

c) La rapidez angular ω de la partícula se relaciona con su rapidez v

$$v = \omega R \quad \Longrightarrow \quad \boxed{\omega = \frac{v}{r} = \frac{5{,}70}{2{,}50} = 2{,}28\,\frac{\text{rad}}{\text{s}}.}$$

d) La aceleración tangencial de la partícula corresponde a la componente de la aceleración que está en la dirección tangencial $\hat{\theta}$ (ver Figura 10.1),

$$\boxed{a_\theta = -a\,\text{sen}\,30{,}0^\circ = -15{,}0 \times \sin 30{,}0^\circ = -7{,}50\,\frac{\text{m}}{\text{s}},}$$

donde el signo menos se debe a que la aceleración apunta en el sentido contrario del vector $\hat{\theta}$, es decir, en *sentido horario*.

10.2 Dinámica del movimiento circunferencial

Solución 4.7.

a) Sobre la bola actúan tres fuerzas: su peso vertical hacia abajo, la tensión de la cuerda de arriba T_1 y la tensión de la cuerda de abajo T_2. La Figura 10.2 muestra

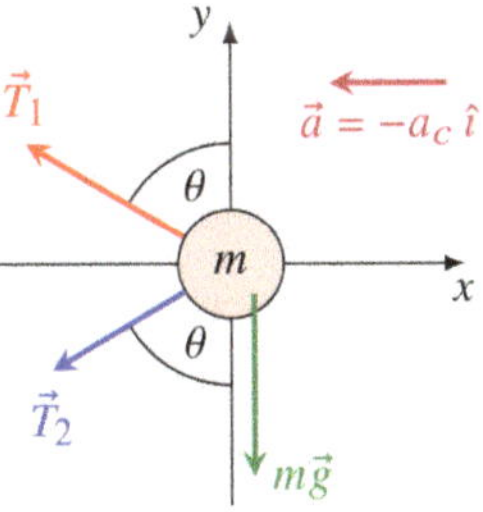

Figura 10.2. *Diagrama de cuerpo libre de la bola del Problema 4.7.*

el diagrama de cuerpo libre de la bola. También hemos indicado la aceleración $\vec{a}$ de la bola. Dado que la bola realiza movimiento circunferencial uniforme se trata de aceleración centrípeta a_c que apunta hacia el eje de giro.

b) Para obtener la tensión en la cuerda inferior basta con aplicar la segunda ley de Newton a la bola.

$$\sum F_x : -T_1 \operatorname{sen}\theta - T_2 \operatorname{sen}\theta = m(-a_c), \tag{10.5a}$$

$$\sum F_y : T_1 \cos\theta - T_2 \cos\theta - mg = m\cancel{a_y}^{0}. \tag{10.5b}$$

A partir de la ec. (10.5b) podemos despejar la tensión de la cuerda de abajo T_2 en términos de $T_1 = 45\,\text{N}$ que es una dato dado en el enunciado

$$\boxed{T_2 = T_1 - \frac{mg}{\cos\theta} = 45\,\text{N} - \frac{1{,}2\,\text{kg} \times 9{,}8\,\frac{\text{m}}{\text{s}^2}}{\cos 60^\circ} = 21{,}48\,\text{N} = 21\,\text{N}.}$$

c) Para hallar la aceleración centrípeta utilizamos la segunda ley de Newton en el eje x enunciada en la ecuación (10.5a)

$$\boxed{a_c = (T_1 + T_2)\frac{\operatorname{sen}\theta}{m} = (45\,\text{N} + 21{,}48\,\text{N}) \times \frac{\operatorname{sen} 60^\circ}{1{,}2\,\text{kg}} = 47{,}98\,\frac{\text{m}}{\text{s}^2} = 48\,\frac{\text{m}}{\text{s}^2}.}$$

La rapidez de la bola se obtiene siguiendo la definición de la aceleración centrípeta

$$a_c := \omega^2 R \underset{v=\omega R}{=} \frac{v^2}{R} \quad \Longrightarrow \quad v = \sqrt{a_c R} = \sqrt{a_c L \operatorname{sen}\theta},$$

donde hemos utilizado la geometría del sistema para determinar que el radio de giro es $R = L \operatorname{sen}\theta$. Reemplazando los valores se obtiene

$$\boxed{v = \sqrt{47{,}98\,\frac{\text{m}}{\text{s}^2} \times 1{,}8\,\text{m} \times \operatorname{sen} 60^\circ} = 8{,}648\,\frac{\text{m}}{\text{s}} = 8{,}6\,\frac{\text{m}}{\text{s}}.}$$

Solución 4.8.

a) El diagrama de cuerpo libre de la niña con el columpio se muestra en la Figura 10.3 *a*). Al aplicar la segunda ley de Newton sobre M (niña-columpio) se tiene

$$\sum F_{\hat{r}} : -T \operatorname{sen}\theta = M(-a_c), \tag{10.6a}$$

$$\sum F_y : T \cos\theta - Mg = 0. \tag{10.6b}$$

Aquí, a_c es la aceleración centrípeta del sistema.

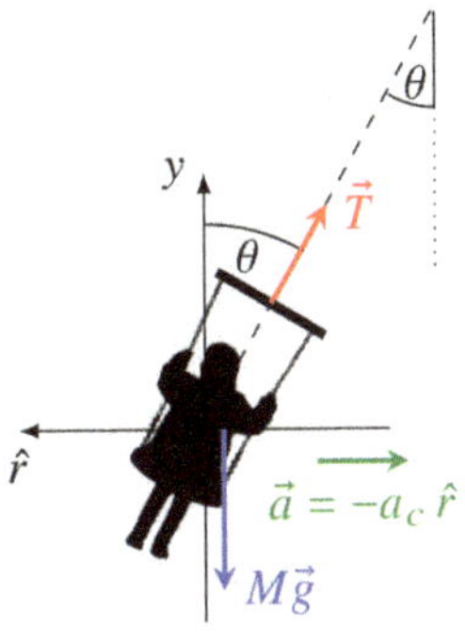

a) *DCL de la niña y su columpio.*

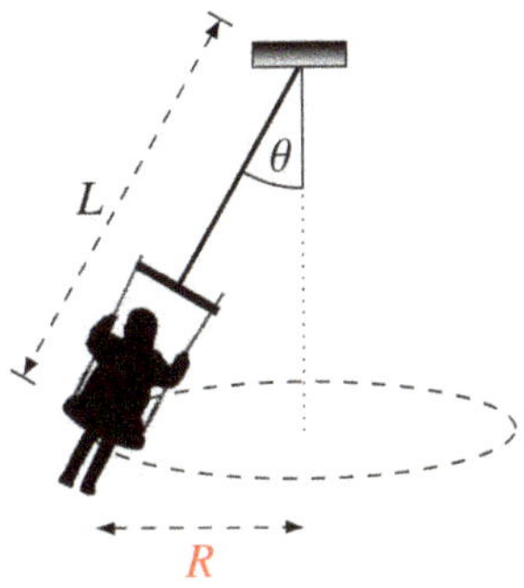

b) *Radio de giro de la trayectoria de la niña.*

Figura 10.3. *Diagramas del Problema 4.8.*

b) La tensión en la cuerda la obtenemos de la ecuación (10.6b)

$$T = \frac{Mg}{\cos\theta} = \frac{18 \times 9{,}8}{\cos 30^\circ} = 204\,\mathrm{N} = 2{,}0 \times 10^2\,\mathrm{N}.$$

c) La velocidad tangencial y la velocidad angular de la niña las obtenemos a partir de la aceleración centrípeta y del radio de giro del columpio.

Primero, el radio de giro R se obtiene aplicando trigonometría en el diagrama de la Figura 10.3 *b*)

$$\operatorname{sen}\theta = \frac{R}{L} \quad \Longrightarrow \quad R = L\operatorname{sen}\theta = 3{,}00\operatorname{sen}30^\circ = 1{,}5\,\mathrm{m}.$$

Luego, recordamos que la aceleración centrípeta se define en términos de la velocidad angular como $a_c = \omega^2 R$ y reemplazamos en la ecuación (10.6a). Se obtiene $-T\operatorname{sen}\theta = -M\omega^2 R$, que resolviendo para la velocidad angular lleva a

$$\omega = \sqrt{\frac{T\operatorname{sen}\theta}{MR}} = \sqrt{\frac{204 \times \operatorname{sen}30^\circ}{18 \times 1{,}5}} = 1{,}94 = 1{,}9\,\frac{\mathrm{rad}}{\mathrm{s}}.$$

Ahora, la velocidad tangencial se obtiene simplemente como

$$v = \omega R = \sqrt{\frac{TR\operatorname{sen}\theta}{M}} = \sqrt{\frac{204 \times 1{,}5 \times \operatorname{sen}30^\circ}{18}} = 2{,}92 = 2{,}9\,\frac{\mathrm{m}}{\mathrm{s}}.$$

d) El tiempo que tarda la niña en realizar una vuelta completa, lo obtenemos a partir de la rapidez angular. Ya que no hay información de que el giro del columpio esté acelerando o frenando, podemos suponer que la rapidez angular es constante, con lo cuál

$$\omega = \frac{2\pi}{T} \quad \Longrightarrow \quad \boxed{T = \frac{2\pi}{\omega} = \frac{2\pi}{1{,}94} = 3{,}24 = 3{,}2\,\mathrm{s}.}$$

Solución 4.9.

a) Observando el DCL de la Figura 10.4 es claro que el peso $m\vec{g}$ en el sistema de coordenadas polar es dado por

$$m\vec{g} = mg\cos\theta\,\hat{r} - mg\,\mathrm{sen}\,\theta\,\hat{\theta}.$$

La segunda ley de Newton sobre la motocicleta lleva a

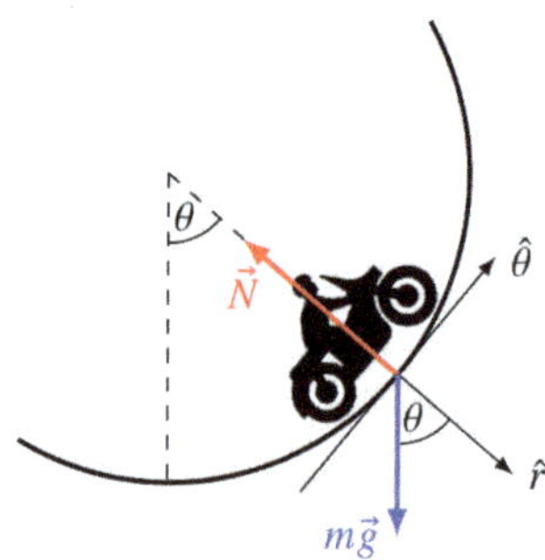

Figura 10.4. *Diagrama de cuerpo libre del Problema 4.9.*

$$\sum F_{\hat{r}} : mg\cos\theta - N = m(-a_c), \tag{10.7a}$$

$$\sum F_{\hat{\theta}} : -mg\,\mathrm{sen}\,\theta = ma_\theta. \tag{10.7b}$$

Aquí $a_c := r\omega^2 = v^2/r$ es la *aceleración centrípeta*, donde $\omega := \frac{d\theta}{dt}$ es la velocidad angular y v la velocidad. Por supuesto, a_θ es la componente tangencial de la aceleración de la motocicleta.

La fuerza normal se obtiene directo de la ecuación (10.7a)

$$\boxed{N = m\frac{v^2}{r} + mg\cos\theta,}$$

con v la magnitud de la velocidad de la motocicleta.

b) La aceleración angular α se obtiene a partir de la componente tangencial de la aceleración, ecuación (10.7b), considerando que $a_\theta = r\alpha$

$$-mg\,\text{sen}\,\theta = mr\alpha \quad \Longrightarrow \quad \boxed{\alpha = -\frac{g}{r}\,\text{sen}\,\theta.}$$

c) La velocidad mínima de la motocicleta para que alcance el punto más alto ($\theta = \pi$) *sin caer* se obtiene de considerar que en el momento que el contacto entre la motocicleta y la jaula se pierde, la normal se anula. Reemplazamos esta condición en la ecuación (10.7a)

$$mg\cos\pi - \cancelto{0}{N} = -m\frac{v^2}{r} \quad \Longleftrightarrow \quad \boxed{v_{\min} = \sqrt{-rg\cos\pi} = \sqrt{rg}.}$$

Cualquier velocidad mayor que $v_{\min}$ garantiza que la normal no se anule, y por lo tanto, la motocicleta no pierda el contacto con la jaula en el punto más alto.

Solución 4.10.

a) La condición de que el pasajero no se despegue del asiento significa que la *fuerza normal tiene que ser distinta cero* durante toda la trayectoria. Buscaremos el o los puntos de la trayectoria en que la fuerza normal podría hacerse nula. En estos puntos aplicaremos la segunda ley de Newton para determinar la aceleración centrípeta del pasajero que tiene la información de la velocidad de la rueda según $a_c = v^2/R$. La velocidad así encontrada será la máxima a la que puede girar el pasajero y por tanto la rueda.

Durante todo el trayecto actúan solo dos fuerzas sobre el pasajero: el peso, vertical hacia abajo y la fuerza normal del asiento que tiene una componente vertical hacia arriba y una componente horizontal que puede apuntar hacia adelante o hacia atrás como muestra la Figura 10.5. De aquí es claro que la fuerza normal es responsable de la componente horizontal de la aceleración centrípeta que experimenta el pasajero durante toda la trayectoria salvo en dos puntos: el punto más alto y el más bajo. Dado que el pasajero realiza movimiento circunferencial, es claro que la aceleración centrípeta no puede ser nula y por tanto la fuerza normal tiene que ser distinta de cero en todos los puntos de la trayectoria, salvo, (quizá) en el punto más alto y en el más bajo.

En el punto más bajo, la aceleración centrípeta apunta hacia arriba al igual que la fuerza normal mientras que el peso apunta hacia abajo (ver Figura 10.6 *a*)). De esto se concluye que en este punto la normal siempre es distinta de cero, puesto que tiene que contrarrestar al peso y además generar aceleración centrípeta hacia arriba.

En el punto más alto de la trayectoria, vemos que la aceleración centrípeta apunta hacia abajo al igual que el peso mientras que la fuerza normal apunta

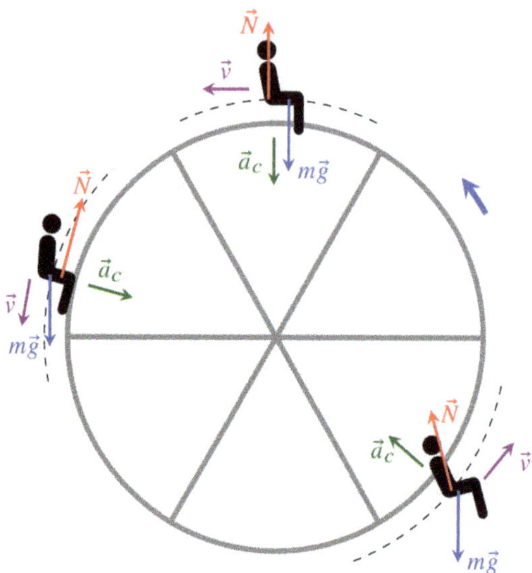

Figura 10.5. *DCL del pasajero de la Rueda de la Fortuna en varios puntos de la trayectoria. Problema 4.10.*

hacia arriba, como muestra la Figura 10.6*b*). Luego, en este punto la fuerza normal se puede hacer tan pequeña como se quiera y aún así el pasajero se mantiene realizando movimiento circunferencial ($a_c \neq 0$). Aquí, aplicamos la segunda ley de Newton sobre el pasajero, se tiene

$$\sum F_y \,:\, N - mg = m\left(-\frac{v^2}{R}\right).$$

El pasajero se mantendrá apoyado en su asiento mientras la normal no sea cero. En la medida que la rapidez es mayor, la aceleración centrípeta se hace más grande de modo que la rapidez máxima se alcanza justo antes que la normal se anule

$$\cancelto{0}{N} - mg = m\left(-\frac{v_{\max}^2}{R}\right) \quad \Longrightarrow \quad \boxed{v_{\max} = \sqrt{Rg} = \sqrt{20{,}0 \times 9{,}8} = 14{,}0\,\mathrm{m/s}.}$$

b) La Figura 10.7 muestra el diagrama de cuerpo libre del *asiento con el pasajero* en el punto más bajo de la trayectoria. El pasajero junto con el asiento siguen una trayectoria circunferencial, de modo que su movimiento tiene aceleración centrípeta que apunta hacia arriba. Aplicando la segunda ley de Newton sobre

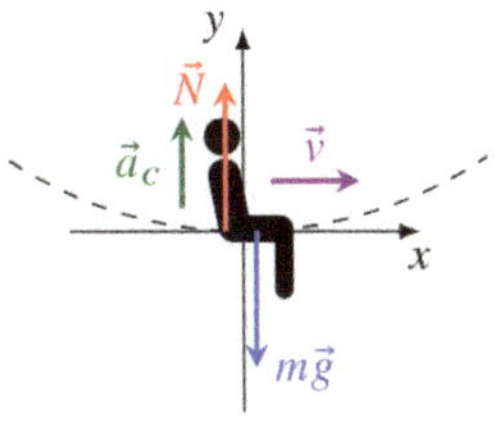

a) DCL del pasajero en el punto más bajo.

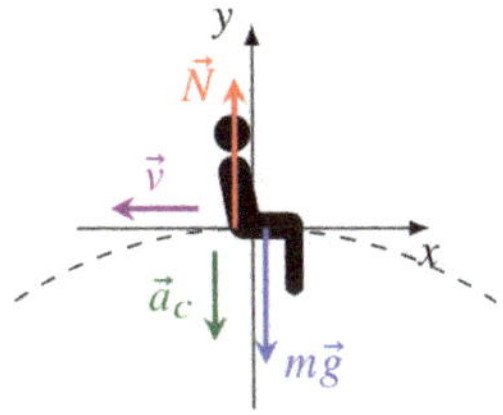

b) DCL del pasajero en el punto más alto.

Figura 10.6. *DCL del pasajero de la Rueda de la Fortuna en los puntos críticos de su trayectoria.* Problema 4.10.

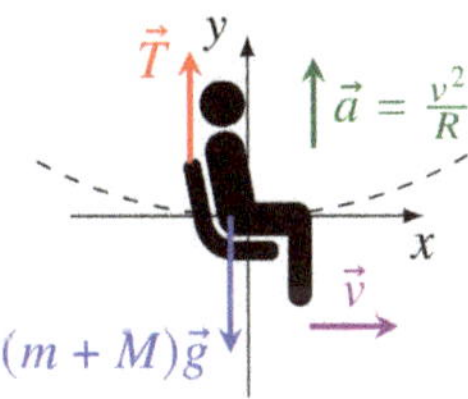

Figura 10.7. *DCL del pasajero y su asiento del* Problema 4.10.

el asiento con el pasajero se tiene

$$\sum F_y : T - (m + M)g = (m + M)\frac{v^2}{R}.$$

Dado que la rapidez máxima (calculada en la pregunta anterior) es $v_{\text{max}} = \sqrt{Rg}$, se tiene

$$T - (m + M)g = (m + M)\frac{Rg}{R} \quad \Longrightarrow \quad T = 2(m + M)g,$$

de modo que la tensión es

$$\boxed{T = 2 \times (80{,}0 + 100) \times 9{,}8 = 3{,}53\,\text{kN}.}$$

c) La magnitud de la aceleración centrípeta es directa de calcular

$$\boxed{a_c = \frac{v_{\text{max}}^2}{R} = \frac{Rg}{R} = g = 9{,}8\,\text{m/s}^2.}$$

Solución 4.11.

a) En la Figura 10.8*a*) se muestra un esquema del automóvil mientras recorre la curva. El automóvil realiza movimiento circunferencial por lo que debe expe-

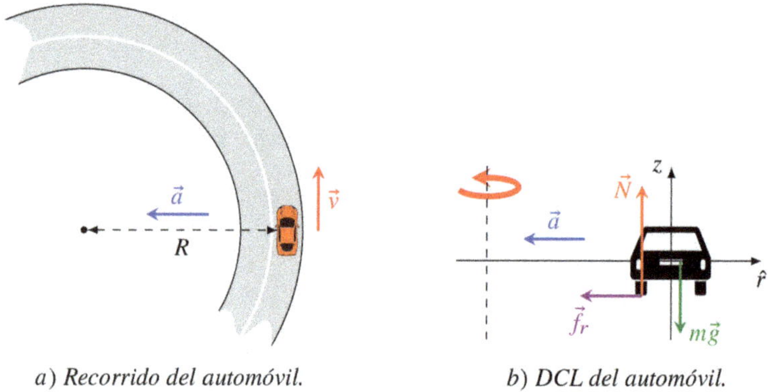

a) *Recorrido del automóvil.*

b) *DCL del automóvil.*

Figura 10.8. *Diagramas del movimiento del automóvil del Problema 4.11.*

rimentar aceleración centrípeta. El **diagrama de cuerpo libre** del automóvil se muestra en la Figura 10.8*b*).

Al aplicar las leyes de Newton al automóvil se obtienen las siguientes ecuaciones que describen su dinámica

$$\sum F_{\hat{r}}: \quad -f_r = -m\frac{v^2}{R}, \tag{10.8a}$$

$$\sum F_z: \quad N - mg = 0. \tag{10.8b}$$

Aquí, m es la masa del automóvil y v^2/R corresponde a su *aceleración centrípeta* a_c. Por otro lado, el automóvil *no desliza*, de modo que la fuerza de roce es de tipo estática

$$\boxed{f_r \leq \mu N.}$$

b) La velocidad máxima con que el vehículo puede recorrer la curva corresponde a aquella que se obtiene cuando la aceleración centrípeta es máxima. Por supuesto, esto ocurre justo antes de que el auto deslice, es decir, cuando la fuerza de roce alcanza su máximo valor

$$f_r^{\max} = \mu N = \mu m g.$$

Aquí hemos despejado la fuerza normal a partir de la ecuación (10.8b). Reemplazando la fuerza de roce máxima de la ecuación (10.8a), conduce a

$$\mu m g = m\frac{v^2}{R} \quad \Longrightarrow \quad \boxed{v = \sqrt{\mu g R} = \sqrt{0{,}50 \times 9{,}8 \times 80} = 19{,}8\,\frac{\text{m}}{\text{s}} = 20\,\frac{\text{m}}{\text{s}}.}$$

que es equivalente a 71 km/h.

c) Como ya se mencionó, la aceleración que experimenta el vehículo es aceleración centrípeta

$$\boxed{a_c = \frac{v^2}{R} = \frac{19{,}8^2}{80} = 4{,}9\,\frac{\text{m}}{\text{s}^2}.}$$

10.3 Fuerza de Gravitación Universal

Solución 4.12.

a) La rapidez con que Mimas orbita Saturno se relaciona con la velocidad angula según $v = R\omega$, donde R es el radio de la órbita. Luego, la velocidad angular se relaciona con el periodo de rotación según $\omega = 2\pi/T$. Así

$$\boxed{v = R\frac{2\pi}{T} = 1{,}86 \times 10^5 \times 10^3 \times \frac{2\pi}{22{,}5 \times 3\,600} = 1{,}442 \times 10^4\,\frac{\text{m}}{\text{s}} = 14{,}4\,\frac{\text{km}}{\text{s}}.}$$

b) Si Mimas realiza movimiento circunferencial uniforme entonces su aceleración es solo centrípeta $\vec{a} = -a_c\,\hat{r}$. Luego,

$$\boxed{\vec{a} = -R\omega^2\,\hat{r} = -\frac{v^2}{R}\,\hat{r} = -\frac{(1{,}442 \times 10^4)^2}{1{,}86 \times 10^5 \times 10^3}\,\hat{r} = -1{,}118\,\hat{r} = -1{,}12\,\hat{r}\,\frac{\text{m}}{\text{s}^2},}$$

donde se ha introducido un eje radial r.

c) Considere el diagrama de cuerpo libre de Mimas mostrado en la Figura 10.9 La segunda ley de Newton sobre Mimas en el eje r conduce a

$$\sum F_{\hat{r}} : \; -F_g = -m a_c$$

con m la masa de Mimas, a_c la aceleración centrípeta y $F_g = GMm/R^2$ es la fuerza de gravitación universal entre Saturno (M) y Mimas (m). Luego,

$$-\frac{GMm}{R^2} = -m a_c,$$

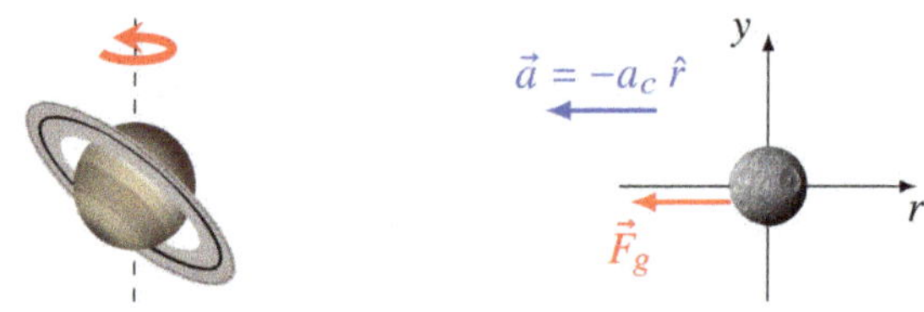

Figura 10.9. *DCL de mimas orbitando Saturno.* Problema 4.12.

con a_c la aceleración centrípeta (la magnitud) calculada en la pregunta anterior. Despejando la masa de Saturno M y reemplazando los datos, se tiene

$$\boxed{M = \frac{a_c R^2}{G} = \frac{1{,}118 \times \left(1{,}86 \times 10^8\right)^2}{6{,}67 \times 10^{-11}} = 5{,}80 \times 10^{26}\,\text{kg}.}$$

Hemos utilizado que $R = 1{,}86 \times 10^8$ m es el radio de la órbita de Mimas.

Solución 4.13.

a) La rapidez angular de un satélite *síncrono* puesto en órbita alrededor de Marte la calcularemos a partir del periodo de rotación.

Dado que se trata de un satélite síncrono es necesario que el periodo de rotación del satélite sea el mismo que el de Marte (dado en el enunciado), es decir, el periodo de rotación T del satélite es

$$T = 24{,}6\,\text{h} = 24{,}6 \times 3\,600\,\text{s} = 88\,560\,\text{s},$$

de modo que la rapidez angular del satélite es

$$\boxed{\omega = \frac{2\pi}{T} = \frac{2\pi}{88\,560\,\text{s}} = 7{,}095 \times 10^{-5}\,\frac{\text{rad}}{\text{s}} = 7{,}10 \times 10^{-5}\,\frac{\text{rad}}{\text{s}}.}$$

b) Para obtener la altura respecto de la superficie marciana a la cuál debe ser puesto el satélite síncrono, utilizaremos la segunda ley de Newton sobre el satélite. Para esto, considere el diagrama de cuerpo libre del satélite de la Figura 10.10.

Aplicando la segunda ley de Newton en el eje horizontal (radial), se obtiene

$$\sum F_{\hat{r}} : -F_g = -m a_c. \tag{10.9}$$

Aquí, la fuerza de gravitación universal y la aceleración centrípeta son dadas por

$$F_g = G\frac{Mm}{(r+h)^2}, \quad a_c = R\omega^2 = (r+h)\omega^2,$$

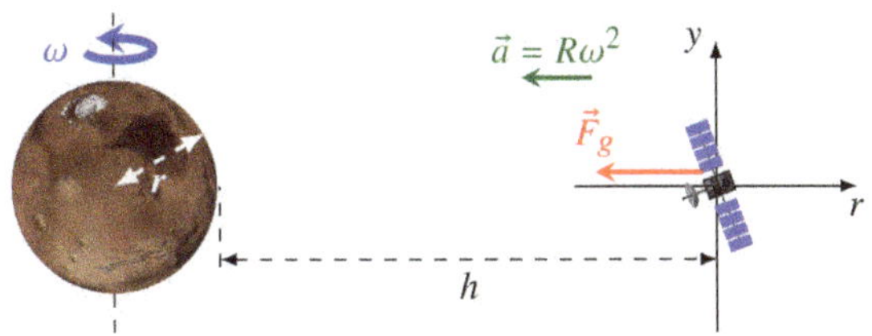

Figura 10.10. *Un satélite síncrono sobre Marte.* Problema 4.13.

donde M es la masa de Marte, m es la masa del satélite y $r + h$ es la distancia desde e centro de Marte al satélite. Con lo anterior, la segunda ley de Newton (10.9) lleva a

$$\sum F_{\hat{r}} : -G\frac{Mm}{(r+h)^2} = -m(r+h)\omega^2. \tag{10.10}$$

Despejando la altura h, se obtiene

$$(r+h)^3 = G\frac{M}{\omega^2} \quad \Longrightarrow \quad h = \sqrt[3]{G\frac{M}{\omega^2}} - r,$$

que reemplazando los datos conduce a

$$\boxed{h = \sqrt[3]{6{,}67\times 10^{-11}\frac{6{,}42\times 10^{23}}{\left(7{,}095\times 10^{-5}\right)^2}} - 3{,}37\times 10^6 = 1{,}70\times 10^7\ \text{m}.}$$

La altura a la que hay que colocar el satélite es de 17 000 km.

c) La rapidez lineal de un segundo satélite puesto en órbita a 1 000 km sobre la superficie marciana también la obtendremos a partir de la segunda ley de Newton. Esta vez la incógnita es la velocidad v que se relaciona con la velocidad angular ω como $v = R\omega$.

La segunda ley de Newton de la ecuación (10.10) conduce a

$$G\frac{Mm}{(r+h)^2} = m\frac{v^2}{r+h} \quad \Longrightarrow \quad v = \sqrt{G\frac{M}{(r+h)}},$$

donde $h = 1\,000$ km es la altura sobre la superficie marciana. Haciendo los reemplazos correspondientes se obtiene

$$\boxed{v = \sqrt{6{,}67\times 10^{-11}\times\frac{6{,}42\times 10^{23}}{\left(3{,}37\times 10^6 + 1{,}00\times 10^6\right)}} = 3\,130\,\frac{\text{m}}{\text{s}} = 3{,}13\,\frac{\text{km}}{\text{s}}.}$$

La velocidad del satélite es $3{,}13\ \frac{\text{km}}{\text{s}}$ en la dirección tangencial a su órbita.

d) El periodo del satélite en la situación anterior lo obtenemos a partir de la relación entre velocidad lineal y la velocidad angular y la relación entre ésta y el periodo $\omega = 2\pi/T$

$$v = (r + h)\omega \quad \Longrightarrow \quad v = \frac{2\pi(r + h)}{T},$$

de modo que el periodo T es

$$\boxed{T = \frac{2\pi(r + h)}{v} = \frac{2\pi \times (3{,}37 \times 10^6 + 1{,}00 \times 10^6)}{3\,130} = 8\,772\,\text{s} = 2{,}44\,\text{h}.}$$

Capítulo 11
Soluciones de energía y *momentum* lineal

11.1 Trabajo y Energía

Solución 5.1.

a) La altura h que alcanzó el bloque m al final de su recorrido la obtenemos a partir de la distancia recorrida en el plano inclinado, utilizando trigonometría (ver Figura 11.1)

$$\operatorname{sen}\alpha = \frac{h}{d} \quad \Longrightarrow \quad \boxed{h = d\operatorname{sen}\alpha = 2{,}00\,\mathrm{m} \times \operatorname{sen} 30^\circ = 1{,}0\,\mathrm{m}.}$$

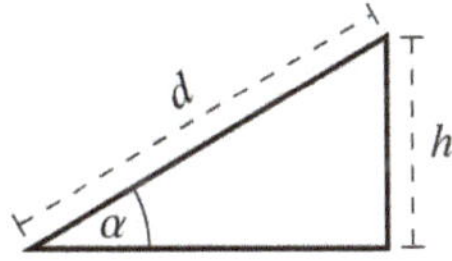

Figura 11.1. *Triángulo rectángulo utilizado en la solución del Problema 5.1.*

b) La velocidad $\vec{v}$ que llevaba el bloque cuando pasó por la zona más baja de su recorrido la calculamos utilizando el teorema del trabajo y la energía.

En la *situación inicial* el bloque se mueve con rapidez v en el punto más bajo de su recorrido ($h_i = 0{,}0\,\mathrm{m}$). En la *situación final* el bloque ha alcanzado el reposo $v_f = 0$ en la máxima altura h. La **variación de energía** es

$$\Delta E_M = E_f - E_i = \frac{1}{2}m\cancelto{0}{v_f^2} + mgh - \left(\frac{1}{2}mv^2 + mg\cancelto{0}{h_i}\right) = mgh - \frac{1}{2}mv^2.$$

La Figura 11.2 *a*) muestra el diagrama de cuerpo libre del bloque. Las fuerzas que actúan sobre el bloque entre la situación inicial y final son el peso, la fuerza normal y la fuerza de roce, estas dos últimas son *no conservativas*. Luego, el **trabajo de las fuerzas no conservativas** es

$$\sum W_{\text{FNC}} = \cancelto{0}{W_{\vec{N}}} + W_{\vec{f}_r} = \vec{f}_r \cdot \Delta\vec{r} = f_r d \cos 180^\circ = -f_r d,$$

donde hemos considerado que en cada punto del recorrido, el desplazamiento del bloque es perpendicular a la normal ($\vec{N} \perp d\vec{r}$) de modo que el trabajo de la fuerza normal es nulo. La fuerza de roce *cinético* la obtenemos a partir de la fuerza normal que a su vez la obtenemos de la segunda ley de Newton en el eje y que se obtiene del DCL de la Figura 11.2 *a*)

$$\sum F_y : N - mg\cos\alpha = 0 \quad \Longrightarrow \quad N = mg\cos\alpha,$$

de modo que $f_r = \mu_c N = \mu_c mg\cos\alpha$ y entonces

$$\sum W_{\text{FNC}} = -\mu_c mgd\cos\alpha.$$

Aplicando el **teorema del trabajo y la energía**, se obtiene

$$\Delta E_M = \sum W_{\text{FNC}} \quad \Longrightarrow \quad mgh - \frac{1}{2}mv^2 = -\mu_c mgd\cos\alpha,$$

de donde despejamos v

$$v = \sqrt{2g\,(h + \mu_c d\cos\alpha)} = \sqrt{2 \times 9{,}8\,\frac{\text{m}}{\text{s}^2} \times (1{,}0\,\text{m} + 0{,}35 \times 2{,}00\,\text{m} \times \cos 30^\circ)},$$

cuyo resultado es

$$\boxed{v = 5{,}61\,\frac{\text{m}}{\text{s}} = 5{,}6\,\frac{\text{m}}{\text{s}}.}$$

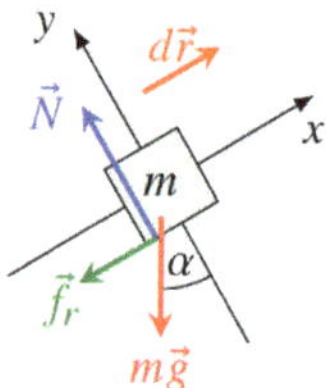

a) *DCL del bloque en la pendiente.*

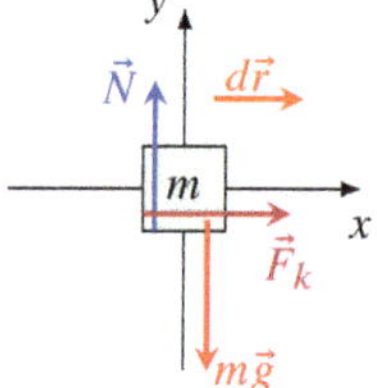

b) *DCL del bloque en la parte alta del recorrido.*

Figura 11.2. *Diagramas de cuerpo libre del bloque del Problema 5.1.*

c) La compresión del resorte al inicio del recorrido también la obtenemos aplicando el teorema del trabajo y la energía. Esta vez la *situación inicial* corresponde al resorte comprimido con el bloque en reposo a una altura H y la *situación final*[1] donde el bloque se mueve con rapidez v en el punto más bajo de su recorrido. La **variación de energía** es

$$\Delta E_M = \frac{1}{2}mv^2 - \left(\frac{1}{2}k(\Delta l)^2 + mgH\right).$$

Las fuerzas que actúan sobre el bloque son el peso, la fuerza elástica y la fuerza normal como muestra la Figura 11.2 *b*). Solo la normal es no conservativa. Así, el **trabajo de las fuerzas no conservativas** durante el trayecto es

$$\sum W_{\text{FNC}} = \cancelto{0}{W_{\vec{N}}} = 0, \quad (\vec{N} \perp d\vec{r}).$$

Aplicando el **teorema del trabajo y la energía** se obtiene

$$\frac{1}{2}mv^2 - \left(\frac{1}{2}k(\Delta l)^2 + mgH\right) = 0 \quad \Longrightarrow \quad \Delta l = \sqrt{\frac{m}{k}\left(v^2 - 2gH\right)},$$

cuyo resultado es

$$\boxed{\Delta l = \sqrt{\frac{3{,}50\,\text{kg}}{150\,\frac{\text{N}}{\text{m}}} \times \left(\left(5{,}61\,\frac{\text{m}}{\text{s}}\right)^2 - 2 \times 9{,}80\frac{\text{m}}{\text{s}^2} \times 1{,}50\,\text{m}\right)} = 0{,}22\,\text{m}.}$$

El resorte estaba comprimido en $\Delta l = 0{,}22$ m al inicio del recorrido.

Solución 5.2.

a) El coeficiente de roce, μ_c entre el tramo rugoso y la superficie del bloque lo calcularemos utilizando el teorema del trabajo y la energía sobre el bloque.

Consideremos como *situación inicial* cuando el bloque inicia desde el reposo su recorrido a una altura $18\,d$. La *situación final* ocurre cuando el bloque alcanza instantáneamente el reposo comprimiendo al resorte una distancia $2d$. Note que en ambas situaciones se conoce toda la información del bloque. La **variación de energía mecánica** del bloque es dada por

$$\Delta E = \frac{1}{2}m\cancelto{0}{v_f^2} + mg\cancelto{0}{h_f} + \frac{1}{2}k(2d)^2 - \left(\frac{1}{2}m\cancelto{0}{v_i^2} + mg(18d) + \frac{1}{2}k\cancelto{0}{\Delta l^2}\right),$$

[1] Podría elegirse como situación final cuando el bloque llega al final de su recorrido en la altura h. El resultado es el mismo solo que se debe considerar el trabajo de la fuerza de roce.

que utilizando la constante elástica dada en el enunciado ($k = mg/d$) conduce a $\Delta E = -16mgd$.

Las fuerzas que actúan sobre el bloque durante su recorrido son el peso, la fuerza elástica, la fuerza normal y la fuerza de roce en el tramo $\overline{AB}$ (ver Figura 11.3). De estas fuerzas solo la fuerza normal y la fuerza de roce son no conservativas

$$\sum W_{\text{FNC}} = \cancelto{0}{W_{\vec{N}}} + W_{\vec{f}_r} = \vec{f}_r \cdot \Delta\vec{r}.$$

El trabajo de la normal es nulo puesto que es perpendicular a los desplazamien-

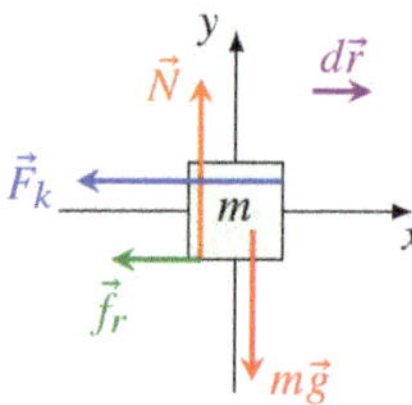

Figura 11.3. *DCL del bloque del Problema 5.2 en la zona rugosa $\overline{AB}$.*

tos infinitesimales durante toda la trayectoria. La fuerza de roce se determina a partir de la fuerza normal como $f_r = \mu_c N$, y la normal se obtiene aplicando la segunda ley de Newton sobre el bloque en el eje horizontal ($\sum F_y : N - mg = 0$), de modo que el trabajo de las **fuerzas no conservativas** es dado por

$$\sum W_{\text{FNC}} = -f_r(24d) = -24\mu_c Nd = -24\mu_c\, mgd.$$

La aplicación del **teorema del trabajo y la energía** conduce a

$$-16mgd = -24\mu_c\, mgd \quad \Longrightarrow \quad \boxed{\mu_c = \frac{16}{24} = \frac{2}{3} = 0{,}67.}$$

b) Para calcular la rapidez del bloque la *última vez* que pasa por el punto O averiguaremos cuántas veces el bloque se desliza por la zona rugosa $\overline{AB}$. Esto debido a que la única zona del trayecto donde el bloque pierde energía es la zona rugosa, y por supuesto, mientras tenga energía recorrerá la pista de ida y vuelta.

Consideremos como *situación final*, el momento en que el bloque ha perdido toda su energía, es decir, cuando alcanza el reposo, sin comprimir al resorte y con altura nula. La *situación inicial* se puede considerar como el instante de tiempo en que el bloque comienza su recorrido desde la altura $18d$. El **cambio de energía mecánica** es

$$\Delta E = 0 - mg(18d) = -18mgd.$$

Como ya discutimos, el **trabajo de las fuerzas no conservativas** corresponde solo al trabajo de la fuerza de roce

$$\sum W_{\text{FNC}} = -\mu_c\, mgx = -\frac{2}{3}mgx,$$

donde x es la distancia total que debe recorrer el bloque sobre la superficie rugosa para detenerse. Por supuesto, sabemos que la longitud de la superficie rugosa $\overline{AB}$ es $24d$, de modo que si x es mayor que $24d$ y menor o igual que $48d$ el bloque no alcanza a recorrer dos veces la zona rugosa[2]. De la misma forma, si $48d < x \leq 3 \times 24d = 72d$, entonces pasa dos veces por la zona rugosa pero no alcanza a pasar una tercera. Y así sucesivamente.

Aplicamos el **teorema del trabajo y la energía** para obtener x

$$-18mgd = -\frac{2}{3}mgx \quad \Longrightarrow \quad x = \frac{3}{2} \times 18d = 27d.$$

Como $24d < x = 27d \leq 48d$, concluimos que el bloque solo atraviesa la zona rugosa una vez. Esto implica que el bloque pasa por la zona rugosa la primera vez que va de bajada, pasa por O una vez, comprime al resorte, el resorte se estira, pasa una segunda vez por O y se detiene en algún punto de $\overline{AB}$. En resumen, **pasa dos veces por** O.

Obtener la rapidez del bloque la segunda vez que pasa por O se realiza aplicando el teorema del trabajo y la energía. La *situación inicial* la consideramos cuando el bloque parte del reposo desde la altura $18d$, y la *situación final* cuando el bloque pasa la segunda vez por O, donde solo tiene energía cinética. La **variación de energía** del bloque es

$$\Delta E = \frac{1}{2}mv^2 - 18mgd,$$

donde v es la rapidez buscada. El **trabajo de las fuerzas no conservativas** corresponde solo al trabajo de la fuerza de roce al *atravesar una vez la región rugosa*

$$\sum W_{\text{FNC}} = -\mu_c mg(24d) = -16mgd.$$

El **teorema del trabajo y la energía** conduce a

$$\frac{1}{2}mv^2 - 18mgd = -16mgd \quad \Longrightarrow \quad \boxed{v = \sqrt{4gd} = 2\sqrt{gd}.}$$

Solución 5.3.

a) El diagrama de cuerpo libre del bloque de masa $m = 5{,}0\,\text{kg}$ se muestra en la Figura 11.4. Sobre el bloque actúan el peso y la tensión de la cuerda.

[2]De la pregunta anterior sabemos que el bloque es capaz de atravesar la zona rugosa *al menos una vez*.

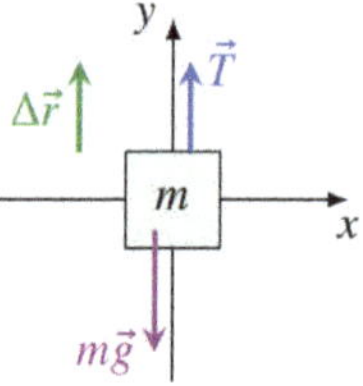

Figura 11.4. *DCL del cuerpo del Problema 5.3.*

b) Para calcular el trabajo que realiza cada fuerza es necesario conocer el desplazamiento del bloque. Dado que la persona tira 2,0 m de cuerda, se tiene que el bloque se desplaza 2,0 m hacia arriba $\Delta\vec{r} = 2{,}0\,\hat{\jmath}$ m. Sobre el bloque actúan solo dos fuerzas, su peso y la tensión de la cuerda. Primero, **el trabajo del peso** es dado por[3]

$$\boxed{W_{m\vec{g}} = m\vec{g} \cdot \Delta\vec{r} = mg\Delta r \cos 180^\circ = -mg\Delta r = -5{,}0 \times 9{,}8 \times 2{,}0 = -98\,\text{N},}$$

mientras que **el trabajo de la tensión** es

$$W_{\vec{T}} = \vec{T} \cdot \Delta\vec{r} = T\Delta r \cos 0{,}0^\circ = T\Delta r = F\Delta r,$$

donde hemos utilizado que la fuerza $\vec{F}$ que ejerce la persona sobre la cuerda tiene la misma magnitud que la fuerza que ejerce la cuerda sobre la persona –la tensión $\vec{T}$–, es decir, son *fuerzas de acción y reacción*[4]. Reemplazando los datos se obtiene

$$\boxed{W_{\vec{T}} = F\Delta r = 100 \times 2{,}0 = 200\,\text{N} = 0{,}20\,\text{kN}.}$$

c) La energía cinética del bloque en B la obtenemos aplicando consideraciones de trabajo y energía.

Una opción es utilizar el *teorema del trabajo y la energía* ***cinética***

$$\sum W = \Delta K.$$

La otra opción es utilizar el *teorema del trabajo y la energía* ***mecánica***

$$\sum W_{\text{FNC}} = \Delta E,$$

[3]En general, el *trabajo de una fuerza conservativa* se puede calcular de manera muy sencilla como el negativo del cambio de la respectiva energía. En el caso del **trabajo del peso** esto es

$$W_{m\vec{g}} = -\Delta U_g = -mg\Delta h.$$

[4]Se trata de un par de fuerzas que satisfacen la tercera ley de Newton.

que es la opción que hemos utilizado en todos los problemas anteriores. De entre los dos teoremas es siempre *más sencillo* utilizar el de la *energía mecánica*, sin embargo, en este problema utilizaremos el de la *energía cinética* para mostrar como se aplica. En cualquier caso, el lector podrá comprobar rápidamente que ambos teoremas conducen a idénticos resultados.

Inicialmente, el bloque parte del reposo en A y luego, cuando alcanza B, tiene cierta energía cinética K_B. El **cambio de energía *cinética*** es dado por

$$\Delta K = K_f - \cancelto{0}{K_i} = K_B .$$

Luego, el **trabajo de todas las fuerzas externas sobre el bloque** corresponde a la suma de los trabajos del peso y la tensión calculados en la pregunta anterior

$$\sum W = W_{m\vec{g}} + W_{\vec{T}} .$$

El **teorema del trabajo y la energía *cinética*** ($\sum W = \Delta K$) conduce a

$$W_{m\vec{g}} + W_{\vec{T}} = K_B \quad \Longrightarrow \quad \boxed{K_B = W_{m\vec{g}} + W_{\vec{T}} = -98 + 200 = 102\,\mathrm{J} = 0{,}10\,\mathrm{kJ}.}$$

d) Una vez conocida la energía cinética en B, calcular la velocidad del bloque es una tarea sencilla. A partir de la definición de la energía cinética, se tiene que

$$K_B := \frac{1}{2} m v_B^2 \quad \Longrightarrow \quad \boxed{v_B = \sqrt{\frac{2K_B}{m}} = \sqrt{\frac{2 \times 102}{5{,}0}} = 6{,}39\,\frac{\mathrm{m}}{\mathrm{s}} = 6{,}4\,\frac{\mathrm{m}}{\mathrm{s}}.}$$

Así, la velocidad del bloque en B es de 6,4 m/s *hacia arriba* ($\vec{v}_B = 6{,}4\,\hat{\jmath}$ m/s).

Solución 5.4.

a) Para calcular el trabajo realizado por la fuerza de roce en el tramo $\overline{BC}$, debemos determinar la fuerza de roce primero.

La fuerza de roce *cinético* la determinamos a partir de la relación con la fuerza normal $f_r = \mu_c N$. La fuerza normal, a su vez, la obtenemos aplicando la segunda ley de Newton sobre el eje vertical de la Figura 11.5

$$\sum F_y : N - mg = 0 \quad \Longrightarrow \quad N = mg \quad \Longrightarrow \quad f_r = \mu_c mg .$$

A partir de la definición del trabajo de una fuerza constante obtenemos el trabajo de la fuerza de roce en $\overline{BC}$

$$W_{\vec{f}_r}^{\overline{BC}} = \vec{f}_r \cdot \Delta\vec{r} = \mu_c mg\,\hat{\imath} \cdot \left(-\overline{BC}\,\hat{\imath}\right) = -\mu_c mg\overline{BC},$$

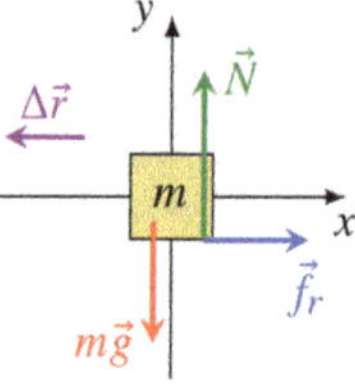

Figura 11.5. *DCL del bloque del Problema 5.4 en el tramo $\overline{BC}$.*

cuyo resultado es

$$\boxed{W_{\vec{f}_r}^{\overline{BC}} = -0{,}20 \times 2{,}0 \times 9{,}8 \times 1{,}0 = -3{,}92 = -3{,}9\,\mathrm{J}.}$$

Por supuesto, es un valor menor que cero puesto que el roce le resta energía al bloque.

b) La rapidez del bloque en D la obtenemos aplicando el teorema del trabajo y la energía. Considere como *situación inicial* el instante en que el bloque se suelta del reposo en A. La *situación final* tiene que ser el instante de tiempo en que el bloque pasa por el punto D con rapidez v –la incógnita–. El **cambio de energía mecánica** del bloque es

$$\Delta E = \frac{1}{2}mv^2 + mgh_D - mgh_A.$$

Las fuerzas que actúan sobre el bloque en su recorrido entre A y D son el peso, la fuerza normal y la fuerza de roce en $\overline{BC}$ (ver Figura 11.5). Solo la normal y el roce son no conservativas de modo que el **trabajo de las fuerzas no conservativas** es

$$\sum W_{\text{FNC}} = \cancelto{0}{W_{\vec{N}}} + W_{\vec{f}_r}^{\overline{BC}} = -\mu_c mg\overline{BC}.$$

Aquí, el trabajo de la fuerza normal es nulo porque durante todo el recorrido la fuerza normal es perpendicular al desplazamiento ($\vec{N} \perp d\vec{r}$), y el trabajo de la fuerza de roce fue calculado en la pregunta anterior. Aplicamos el **teorema del trabajo y la energía** para obtener

$$\frac{1}{2}mv^2 + mgh_D - mgh_A = -\mu_c mg\overline{BC} \quad \Longrightarrow \quad v = \sqrt{2g(h_A - h_D - \mu_c\overline{BC})},$$

que tras los cálculos, conduce a

$$\boxed{v = \sqrt{2 \times 9{,}8 \times (5{,}0 - 3{,}0 - 0{,}20 \times 1{,}0)} = 5{,}94 = 5{,}9\,\frac{\mathrm{m}}{\mathrm{s}}.}$$

c) El trabajo realizado por la fuerza de roce en el tramo $\overline{EF}$ se calcula siguiendo análogos razonamientos a los de la primera pregunta. De hecho, la fuerza de roce tiene la misma magnitud $f_r = \mu_c mg$ y solo cambia la magnitud del desplazamiento desde $\overline{BC}$ a $\overline{EF}$. Luego, el trabajo de la fuerza de roce en el intervalo $\overline{EF}$ es

$$\boxed{W_{\vec{f}_r}^{\overline{EF}} = -\mu_c mg\overline{EF} = -0{,}20 \times 2{,}0 \times 9{,}8 \times 1{,}2 = -4{,}70 = -4{,}7\,\text{J}.}$$

d) La máxima compresión del resorte se obtiene aplicando el teorema del trabajo y la energía. La *situación inicial* se puede considerar ya sea en A o en D. En nuestro caso consideraremos A. La *situación final* tiene que ser el instante en que el bloque comprime al máximo al resorte alcanzando el reposo. La **variación de energía mecánica** es dada por

$$\Delta E = \frac{1}{2}k\Delta l^2 + mgh_F - mgh_A,$$

donde Δl es la compresión del resorte buscada. El **trabajo de las fuerzas no conservativas** desde A hasta que el resorte se comprime al máximo es solo el trabajo del roce en $\overline{BC}$ y $\overline{EF}$

$$W_{\text{FNC}} = \cancelto{0}{W_{\vec{N}}} + W_{\vec{f}_r}^{\overline{BC}} + W_{\vec{f}_r}^{\overline{EF}} = -\mu_c mg\overline{BC} - \mu_c mg\overline{EF} = -\mu_c mg(\overline{BC} + \overline{EF}).$$

Aplicando el **teorema del trabajo y la energía** sobre el bloque conduce a

$$\frac{1}{2}k\Delta l^2 + mgh_F - mgh_A = -\mu_c mg(\overline{BC} + \overline{EF}),$$

que despejando la compresión del resorte lleva a

$$\Delta l = \sqrt{\frac{2mg}{k}\Big(h_A - h_F - \mu_c(\overline{BC} + \overline{EF})\Big)}.$$

Finalmente, reemplazando los datos se obtiene el siguiente resultado

$$\boxed{\Delta l = \sqrt{\frac{2 \times 2{,}0 \times 9{,}8}{300}\big(5{,}0 - 1{,}5 - 0{,}20(1{,}0 + 1{,}2)\big)} = 0{,}632 = 0{,}63\,\text{m}.}$$

Solución 5.5.

a) Para calcular la distancia que avanza el bloque hasta detenerse, utilizaremos el *teorema del trabajo y la energía mecánica* sobre el bloque y la cuerda.

Consideraremos como *situación inicial* cuando el resorte se encuentra en su largo natural. La *situación final* será cuando el bloque se ha deslizado una distancia d hacia abajo en el plano, de modo que el resorte se ha estirado una distancia d. Con lo anterior, el **cambio de energía mecánica** del sistema bloque-cuerda es dado por

$$\Delta E = \frac{1}{2}m\cancelto{0}{v_f^2} - \frac{1}{2}m\cancelto{0}{v_i^2} + \frac{1}{2}k(\Delta l_f)^2 - \frac{1}{2}k\cancelto{0}{(\Delta l_i)^2} + mg(h_f - h_i),$$

donde hemos considerado que la rapidez inicial y final son nulas. El estiramiento final del resorte es dado por $\Delta l_f = d$ mientras que la altura del bloque *disminuye*, de modo que $\Delta h = -d \operatorname{sen} 37°$ (ver Figura 11.6*a*)). Reemplazando en la variación de la energía se obtiene

$$\Delta E = \frac{1}{2}kd^2 - mgd \operatorname{sen} 37°.$$

Por otro lado, el diagrama de cuerpo libre de la Figura 11.6*b*) muestra que

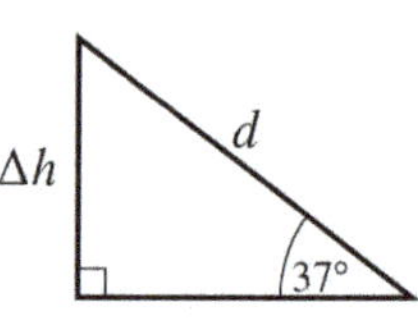

a) *Relación entre la distancia deslizada y la altura descendida.*

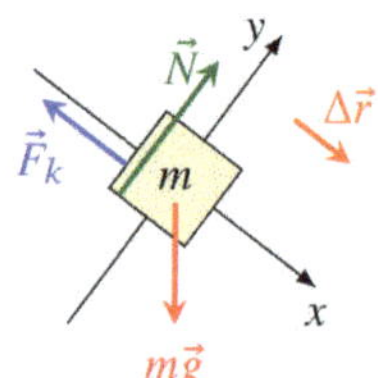

b) *DCL del bloque sobre el plano inclinado.*

Figura 11.6. *Diagramas para el bloque del Problema 5.5.*

sobre el bloque actúan tres fuerzas, la *fuerza elástica*[5], el peso y la normal. Las dos primeras son fuerzas conservativas, con lo cuál **el trabajo de las fuerzas no conservativas** es dado por

$$\sum W_{\text{FNC}} = W_{\vec{N}} = 0 \quad , \quad \vec{N} \perp \Delta\vec{r},$$

donde se tiene que el trabajo de la normal es nulo puesto que es perpendicular al desplazamiento. Concluimos que el sistema conserva la energía.

Aplicando el **teorema del trabajo y la energía mecánica** al sistema bloque-cuerda se obtiene

$$\Delta E = W_{\text{FNC}} \quad \Longrightarrow \quad \frac{1}{2}kd^2 - mgd \operatorname{sen} 37° = 0,$$

[5]En rigor, la cuerda realiza tensión sobre el bloque, pero como es usual, la cuerda sin masa es considerada parte del sistema haciendo que la tensión sea una fuerza interna. Por otro lado, en el punto donde la cuerda hace contacto con el resorte, la fuerza externa es la fuerza elástica.

que al despejar la distancia d conduce a dos soluciones

$$d = 0 \quad , \quad d = \frac{2mg}{k}\,\text{sen}\,37°.$$

Ambas soluciones corresponden a situaciones en que la energía cinética es nula. La primera corresponde a la situación inicial, cuando el resorte está en su largo natural, mientras que la segunda corresponde al resorte estirado, esta última es la solución buscada.

$$\boxed{d = \frac{2mg}{k}\,\text{sen}\,37° = \frac{2 \times 2{,}0 \times 9{,}8}{50}\,\text{sen}\,37° = 0{,}47\,\text{m}.}$$

b) Para determinar el coeficiente de roce entre el bloque y el plano inclinado, utilizaremos el teorema del trabajo y la energía mecánica. La diferencia con la pregunta anterior es que ahora el trabajo de las fuerzas no conservativas no es nulo.

La **variación de la energía mecánica** tiene la misma forma de la pregunta anterior sólo que esta vez $d = 30\,\text{cm}$

$$\Delta E = \frac{1}{2}kd^2 - mgd\,\text{sen}\,37°.$$

En esta situación, el diagrama de cuerpo libre del bloque cuenta con una fuerza

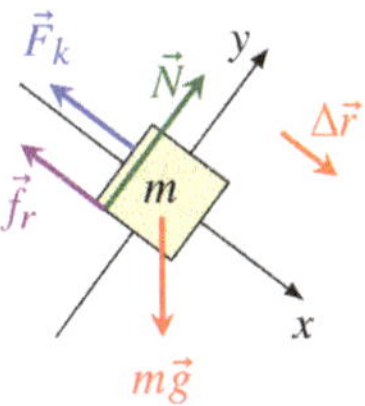

Figura 11.7. *DCL del bloque del Problema 5.5, esta vez con roce.*

más, el *roce* (ver Figura 11.7). El trabajo de la fuerza de roce es

$$W_{\vec{f}_r} = \vec{f}_r \cdot \Delta\vec{r} = -f_r\,d = -\mu_c N\,d = -\mu_c mgd\cos 37°,$$

donde se ha utilizado la segunda ley de Newton en el eje y para determinar la fuerza normal ($N - mg\cos 37° = 0$). La fuerza de roce y la normal son las únicas fuerzas no conservativas que actúan sobre el bloque por lo que **el trabajo de las fuerzas no conservativas** es dado por

$$\sum W_{\text{FNC}} = \cancelto{0}{W_{\vec{N}}} + W_{\vec{f}_r} = -\mu_c mgd\cos 37°\,.$$

Aquí, el trabajo de la normal es nulo puesto que es perpendicular al desplazamiento ($\vec{N} \perp \Delta\vec{r}$). Finalmente, aplicamos el **teorema del trabajo y la energía mecánica** para obtener

$$\frac{1}{2}kd^2 - mgd \operatorname{sen} 37° = -\mu_c mgd \cos 37° \quad \Longrightarrow \quad \mu_c = \tan 37° - \frac{kd}{2mg \cos 37°},$$

que reemplazando los datos conduce a

$$\boxed{\mu_c = \tan 37° - \frac{50 \times 0{,}30}{2 \times 2{,}0 \times 9{,}8 \times \cos 37°} = 0{,}27.}$$

Comentario. Un estudiante interesado en comprender con mayor profundidad las diferencias entre el uso de las leyes de Newton *versus* la aplicación del teorema del trabajo y la energía podría preguntarse:

> ¿Qué sucede si el problema se *intenta resolver* mediante el uso de las leyes de Newton?

Resolvamos la primera pregunta. En tal caso, se aplica la segunda ley de Newton sobre el bloque (ver DCL de la Figura 11.6*b*)) obteniéndose

$$\sum F_x : \quad mg \operatorname{sen} 37° - F_k = m\cancelto{0}{a}, \tag{11.1a}$$

$$\sum F_y : \quad N - mg \cos 37° = 0, \tag{11.1b}$$

«con aceleración nula puesto que se busca la distancia que recorre el bloque hasta detenerse». Luego, reemplazando la fuerza elástica ($F_k = kd$) en la primera ecuación y resolviendo para d se obtiene

$$mg \operatorname{sen} 37° - kd = 0 \quad \Longrightarrow \quad d = \frac{mg}{k} \operatorname{sen} 37° = 0{,}24\,\text{m}.$$

¡La mitad de la distancia que obtuvimos utilizando el teorema del trabajo y la energía!

Veamos como se explica esta aparente *paradoja*. Cuando se resuelve el problema mediante trabajo y energía, se utiliza como situación inicial el instante en que el resorte está en su largo natural. Aquí el sistema solo tiene energía potencial gravitacional. Desde ese momento, la energía se va transformando en cinética y elástica hasta que la energía cinética alcanza un máximo, para luego comenzar a frenar. Mientras frena pierde energía cinética y gana elástica, hasta que *se detiene momentáneamente en el punto más bajo.*

¿Qué hace después el bloque? Bueno, comienza a ascender por el plano inclinado hasta volver a la situación inicial y luego vuelve a descender. En otras palabras, *el bloque oscila entre la situación inicial y final.*

En su recorrido *hay un instante en que la energía cinética es máxima*. Antes de ese punto la velocidad va aumentando y después de ese punto va disminuyendo. Se concluye que en ese punto *la aceleración es nula*. Ese es el punto que la segunda ley de Newton encuentra. Dicho de otra forma, **la segunda ley de Newton determina situaciones con aceleración nula, que no siempre corresponden a situaciones con velocidad nula**.

La situación es análoga a lo que sucede en un péndulo oscilando. Cuando el péndulo alcanza la máxima altura, la velocidad se anula. Sin embargo, la aceleración se anula en el punto más bajo de la trayectoria, donde toda la energía está en forma de energía cinética y por lo tanto la velocidad es máxima.

Concluimos que la suposición realizada al comienzo de este comentario,

> «... *con aceleración nula puesto que se busca la distancia que recorre el bloque hasta detenerse*»

es errónea puesto que si bien el bloque se detiene en ese punto, esta detención es solo momentánea por lo que *la aceleración no puede ser nula*.

Para resolver el problema utilizando las leyes de Newton es necesario resolver la ecuación (11.1a) con aceleración no nula $a = d^2x/dt^2$. Ésta es una ecuación diferencial ordinaria, de segundo orden, no homogénea para la posición x del bloque. Sistemas descritos por esta ecuación reciben el nombre genérico de *osciladores armónicos*. Por lo pronto, esta ecuación va más allá del propósito de este libro.

Solución 5.6.

a) Utilizaremos el teorema del trabajo y la energía mecánica entre A y B para determinar la velocidad en B.

En la *situación inicial*, en A, la partícula solo tiene energía potencial gravitacional. En la *situación final*, en B, solo tiene energía cinética. En consecuencia, el **cambio de energía mecánica** de la partícula entre A y B es dado por

$$\Delta E = E_B - E_A = \frac{1}{2}mv_B^2 - mgh.$$

Durante el deslizamiento, la masa m es afectada por la fuerza peso y por la fuerza normal del riel. La única fuerza no conservativa es la normal de modo que el **trabajo de las fuerzas no conservativas** es

$$\sum W_{\text{FNC}} = W_{\vec{N}} = 0,$$

donde hemos utilizado que la normal es perpendicular al desplazamiento en cada punto de la trayectoria ($\vec{N} \perp d\vec{r}$).

Aplicando el **teorema del trabajo y la energía** se obtiene

$$\frac{1}{2}mv_B^2 - mgh = 0 \quad \Longrightarrow \quad \boxed{v_B = \sqrt{2gh} = \sqrt{2 \times 9{,}8 \times 3{,}0} = 7{,}7\ \frac{\text{m}}{\text{s}}.}$$

La velocidad en B es $\vec{v}_B = 7{,}7\,\mathrm{m/s}$ *horizontal hacia la derecha.*

Para determinar la fuerza del riel sobre la partícula es necesario considerar el movimiento circunferencial que ocurre en las cercanías de B.

En B, la fuerza que ejerce el riel sobre m es la normal. Como la trayectoria es una circunferencia entonces hay aceleración centrípeta de valor $a_c = v_B^2/R$ que apunta hacia arriba como muestra la Figura 11.8 *a*). Aplicando la **segunda**

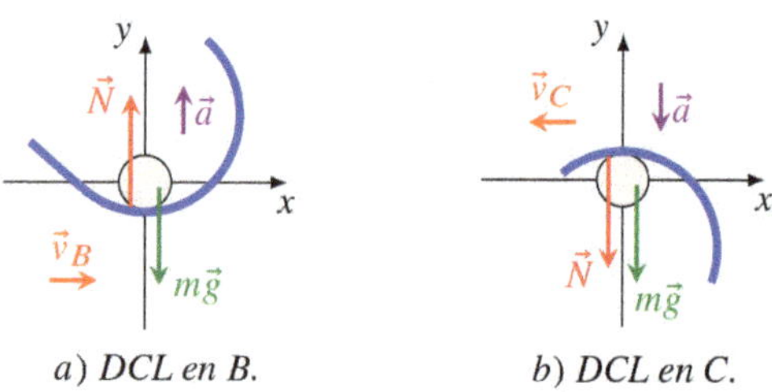

a) *DCL en B.* *b*) *DCL en C.*

Figura 11.8. *Diagramas de cuerpo libre de la partícula del Problema 5.6.*

ley de Newton en el eje vertical se obtiene

$$\sum F_y : N - mg = m\frac{v_B^2}{R} \quad \Longrightarrow \quad \boxed{N = m\left(\frac{v_B^2}{R} + g\right) = m\left(\frac{2h}{R} + 1\right)g = 25\,\mathrm{N}.}$$

b) Para calcular la velocidad en C volvemos a utilizar el **teorema del trabajo y la energía mecánica**, esta vez entre[6] A y C. *Inicialmente* en A, solo hay energía potencial gravitacional, mientras que al *final*, en C, hay energía cinética y potencial gravitacional, lo que conduce al siguiente **cambio de energía** de la partícula

$$\Delta E = \frac{1}{2}mv_C^2 + mg(2R) - mgh,$$

donde la altura final corresponde al diámetro del *loop* $h_C = 2R$. Al igual que en la pregunta anterior, durante el deslizamiento, la masa m es afectada solo por la fuerza peso y por la fuerza normal del riel. En consecuencia, el **trabajo de las fuerzas no conservativas** es nulo. Aplicando el **teorema del trabajo y la energía** se tiene

$$\frac{1}{2}mv_C^2 + 2mgR - mgh = 0 \quad \Longrightarrow \quad v_C = \sqrt{2(h - 2R)g},$$

que reemplazando los valores conduce a

$$\boxed{v_C = \sqrt{2 \times (3{,}0 - 2 \times 0{,}5) \times 9{,}8} = 6{,}3\,\frac{\mathrm{m}}{\mathrm{s}}.}$$

[6] También podría utilizarse el teorema del trabajo y la energía entre B y C.

La velocidad de la partícula en C es $\vec{v}_C = 6{,}3\,\mathrm{m/s}$ *hacia la izquierda.*

Para obtener la fuerza que realiza en C el riel sobre la partícula m –la normal–, utilizamos el DCL de la Figura 11.8 *b*) para formular la **segunda ley de Newton** en el eje vertical

$$\sum F_y : -N - mg = -m\frac{v_C^2}{R} \quad \Longrightarrow \quad N = m\left(\frac{v_C^2}{R} - g\right),$$

que puede ser simplificado para obtener

$$\boxed{N = m\left(\frac{2(h-2R)g}{R} - g\right) = m\left(\frac{2h}{R} - 5\right)g = 14\,\mathrm{N}.}$$

Solución 5.7.

a) Para calcular los trabajos de las fuerzas peso, normal y roce en AB, considere el diagrama de cuerpo libre del bloque de la Figura 11.9. Los **trabajos del peso**

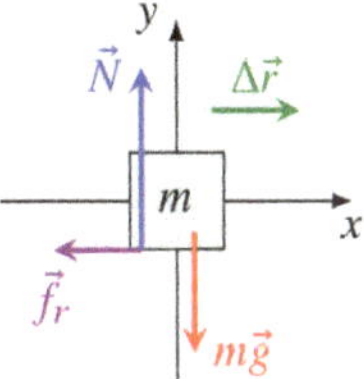

Figura 11.9. *Problema 5.7.*

y de la normal son nulos porque son perpendiculares al desplazamiento $\Delta\vec{r}$

$$\boxed{W_{m\vec{g}} = W_{\vec{N}} = 0,}$$

mientras que el trabajo de la fuerza de roce es

$$W_{\vec{f}_r} = \vec{f}_r \cdot \Delta\vec{r} = f_r d\cos 180^\circ = -f_r d = -\mu_c N d = -\mu_c mgd,$$

donde hemos utilizado que la fuerza de roce cinético es $f_r = \mu_c N$ y la normal la hemos obtenido utilizando la segunda ley de Newton en el eje y. Por supuesto, d es la longitud de la zona con roce AB. Reemplazando los valores se obtiene

$$\boxed{W_{\vec{f}_r} = -0{,}30 \times 4{,}00\,\mathrm{kg} \times 9{,}8\,\frac{\mathbf{m}}{\mathbf{s}^2} \times 3{,}00\,\mathrm{m} = -35{,}28\,\mathrm{J} = -35\,\mathrm{J}.}$$

b) La compresión del resorte k_1 la obtendremos utilizando el *teorema del trabajo y la energía*. Utilicemos como *situación inicial* el instante en que el resorte k_1 está comprimido y el bloque está a punto de comenzar su movimiento. En esta situación la única energía que posee el bloque es la energía potencial elástica. En la *situación final*, el bloque está detenido en A tras haber pasado por la zona AB, rebotado en el segundo resorte y vuelto a pasar por AB. En esta situación la energía es nula. La **variación de la energía** del bloque es

$$\Delta E = 0 - U_k^i = -\frac{1}{2}k_1(\Delta l)^2,$$

donde Δl es la compresión del resorte.

El **trabajo de las fuerzas no conservativas** corresponde solo al trabajo de la fuerza de roce de las *dos veces que pasa por la zona AB*. Esto porque el peso y la fuerza elástica en ambos resortes son fuerzas conservativas, y la fuerza normal no realiza trabajo durante todo el recorrido puesto que es perpendicular al desplazamiento.

$$\sum W_{\text{FNC}} = 2W_{\vec{f_r}}.$$

Aplicando el **teorema del trabajo y la energía** se obtiene

$$-\frac{1}{2}k_1(\Delta l)^2 = 2W_{\vec{f_r}} \quad \Longrightarrow \quad \Delta l = 2\sqrt{\frac{-W_{\vec{f_r}}}{k_1}}$$

cuyo valor es

$$\boxed{\Delta l = 2 \times \sqrt{\frac{-(-35{,}28\,\text{J})}{6{,}40 \times 10^3\,\text{N/m}}} = 0{,}148\,\text{m} = 0{,}15\,\text{m}.}$$

c) Para calcular la constante k_2 del resorte utilizaremos nuevamente el *teorema del trabajo y la energía*. Existen varias opciones para utilizar como situaciones inicial y final, pero aquí utilizaremos la misma *situación inicial* de la pregunta anterior (resorte de la izquierda comprimido) y como *situación final* cuando el resorte de la derecha (k_2) está comprimido al máximo. Esta vez el **cambio de energía mecánica** es

$$\Delta E = U_k^f - U_k^i = \frac{1}{2}k_2(\Delta l)^2 - \frac{1}{2}k_1(\Delta l)^2,$$

donde hemos considerado que las compresiones de los resortes son idénticas, según indica el enunciado. Ahora, el **trabajo de las fuerzas no conservativas** corresponde solo al trabajo del roce cuando pasa una vez por AB

$$\sum W_{\text{FNC}} = W_{\vec{f_r}}.$$

Al aplicar el **teorema del trabajo y la energía** se obtiene

$$\frac{1}{2}k_2(\Delta l)^2 - \frac{1}{2}k_1(\Delta l)^2 = W_{\vec{f_r}} \quad \Longrightarrow \quad k_2 = 2\frac{W_{\vec{f_r}}}{\Delta l^2} + k_1,$$

que reemplazando los datos lleva a

$$\boxed{k_2 = 2 \times \frac{-35{,}28\,\mathrm{J}}{(0{,}148\,\mathrm{m})^2} + 6{,}40 \times 10^3\,\frac{\mathrm{N}}{\mathrm{m}} = 3\,179\,\frac{\mathrm{N}}{\mathrm{m}} = 3{,}2\,\frac{\mathrm{kN}}{\mathrm{m}}.}$$

11.2 Colisiones

Solución 5.8.

a) Para poder responder las *dos primeras preguntas* es necesario encontrar el *vector velocidad* del sistema tras el choque. Utilizaremos el teorema del impulso y el *momentum* lineal. *Justo antes del choque* el momentum lineal del sistema formado por ambas partículas es

$$\vec{p}_i = m_1\vec{v}_1 + m_2\vec{v}_2 = m_1 v_1\,\hat{\imath} + m_2 v_2\,\hat{\jmath}.$$

Justo después del choque las partículas permanecen unidas (*choque completamente inelástico*) por lo que la velocidad final de ambas es la misma $\vec{v} = v_x\,\hat{\imath} + v_y\,\hat{\jmath}$

$$\vec{p}_f = (m_1 + m_2)\vec{v} = (m_1 + m_2)v_x\,\hat{\imath} + (m_1 + m_2)v_y\,\hat{\jmath}.$$

Así, se tiene que el **cambio de *momentum* lineal** del sistema es dado por

$$\Delta\vec{p} = \vec{p}_f - \vec{p}_i = \Big((m_1 + m_2)v_x - m_1 v_1\Big)\hat{\imath} + \Big((m_1 + m_2)v_y - m_2 v_2\Big)\hat{\jmath}.$$

Como se trata de un choque, la **suma de los impulsos externos** es despreciable, y entonces, el **teorema del impulso y el *momentum* lineal** en cada eje conduce a las siguientes ecuaciones

$$\Delta p_x:\ (m_1 + m_2)v_x - m_1 v_1 = 0, \qquad \Delta p_y:\ (m_1 + m_2)v_y - m_2 v_2 = 0,$$

de donde obtenemos las componentes de la velocidad final

$$v_x = \frac{m_1}{m_1 + m_2}v_1 = \frac{50\,\mathrm{kg}}{(50 + 80)\,\mathrm{kg}} \times 2{,}0\,\frac{\mathrm{m}}{\mathrm{s}} = 0{,}769\,\frac{\mathrm{m}}{\mathrm{s}}$$

y

$$v_y = \frac{m_2}{m_1 + m_2}v_2 = \frac{80\,\mathrm{kg}}{(50 + 80)\,\mathrm{kg}} \times 3{,}0\,\frac{\mathrm{m}}{\mathrm{s}} = 1{,}846\,\frac{\mathrm{m}}{\mathrm{s}}.$$

Con esta información calculamos el **ángulo que forma la velocidad final con el eje** x (ver Figura 11.10)

$$\boxed{\theta = \arctan\left(\frac{v_y}{v_x}\right) = \arctan\left(\frac{1{,}846\ \frac{\text{m}}{\text{s}}}{0{,}769\ \frac{\text{m}}{\text{s}}}\right) = 67^\circ.}$$

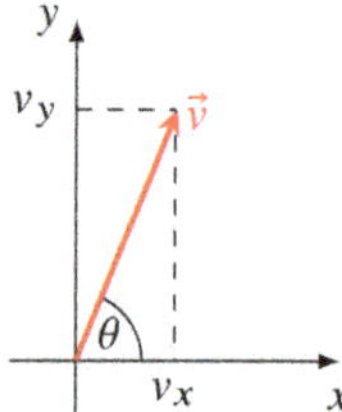

Figura 11.10. *Vector velocidad de las masa unidas tras la colisión. Problema 5.8.*

b) La magnitud de la velocidad final (rapidez) la obtenemos utilizando el teorema de Pitágoras

$$\boxed{v = \sqrt{v_x^2 + v_y^2} = \sqrt{\left(0{,}769\ \frac{\text{m}}{\text{s}}\right)^2 + \left(1{,}846\ \frac{\text{m}}{\text{s}}\right)^2} = 2{,}00\ \frac{\text{m}}{\text{s}} = 2{,}0\ \frac{\text{m}}{\text{s}}.}$$

c) La energía mecánica perdida en el choque. Dado que durante el choque la única variación de energía significativa es la energía cinética, calculamos a partir de su definición

$$\Delta E_M = \frac{1}{2}(m_1+m_2)v^2 - \left(\frac{1}{2}m_1 v_1^2 + \frac{1}{2}m_2 v_2^2\right) = \frac{1}{2}m_1\left(v^2 - v_1^2\right) + \frac{1}{2}m_2\left(v^2 - v_2^2\right),$$

de donde se obtiene

$$\Delta E_M = \frac{50\,\text{kg}}{2} \times \left(2{,}00^2 - 2{,}00^2\right)\frac{\text{m}^2}{\text{s}^2} + \frac{80\,\text{kg}}{2} \times \left(2{,}00^2 - 3{,}00^2\right)\frac{\text{m}^2}{\text{s}^2} = -200\,\text{J}.$$

Concluimos que $\boxed{\text{se perdieron } 0{,}20\,\text{kJ}}$ de energía.

Solución 5.9.

a) Para calcular la velocidad de m_1 justo antes de impactar a m_2, utilizaremos el *teorema del trabajo y la energía* sobre el bloque m_1 entre el punto A y justo antes del choque con m_2

En A (*situación inicial*) el bloque m_1 solo tiene energía potencial gravitacional, mientras que justo antes del choque (*situación final*), el bloque m_1 solo tiene energía cinética. Esto lleva a la siguiente **variación de energía mecánica** de m_1

$$\Delta E = \frac{1}{2}m_1 v^2 - m_1 g h_A.$$

En el trayecto, las fuerzas que actúan sobre m_1 son el peso y la fuerza normal. Dado que el peso es una fuerza conservativa, se tiene el **trabajo de las fuerzas no conservativas** es

$$W_{\text{FNC}} = W_{\vec{N}} = 0.$$

Esto porque los desplazamientos infinitesimales son perpendiculares a la normal en cada punto de la trayectoria (ver Figura 11.11) lo que resulta en que su trabajo sea nulo. Aplicando el teorema del **teorema del trabajo y la energía**

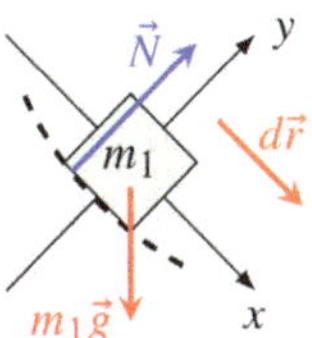

Figura 11.11. *DCL de m_1 durante descenso desde A. Problema 5.9.*

lleva a

$$\frac{1}{2}m_1 v^2 - m_1 g h_A = 0 \quad \Longrightarrow \quad v = \sqrt{2gh_A} = \sqrt{2\times 9{,}8\times 6{,}0} = 10{,}84\ \frac{\text{m}}{\text{s}}.$$

De aquí concluimos que el bloque m_1, justo antes del impacto, se mueve con velocidad $\boxed{\vec{v} = 11\ \text{m/s}\ \textit{hacia la derecha.}}$

b) La velocidad del conjunto tras el impacto la obtenemos analizando la colisión. Para esto utilizamos la conservación del *momentum* lineal del sistema.

Consideremos el eje x horizontal hacia la derecha. *Tras el impacto* ambos bloques se mueven con velocidad $\vec{V}$ hacia la derecha. *Antes del impacto*, solo m_1 se mueve y lo hace con velocidad $\vec{v}$ hacia la derecha. Con esto, el **cambio de *momentum* lineal** (en el eje x) es

$$\Delta p_x = (m_1 + m_2)V - (m_1 v + m_2 \cancel{v_0}^{\,0}).$$

Como se trata de una colisión, los **impulsos externos** actuando sobre el conjunto son despreciables (actúan durante un tiempo muy breve). Aplicando el **teorema del impulso y el *momentum* lineal** concluimos que el *momentum* lineal se conserva

$$(m_1 + m_2)V - m_1 v = 0 \quad \Longrightarrow \quad V = \frac{m_1}{m_1 + m_2}v,$$

donde se obtiene

$$V = \frac{10}{10+5{,}0} \times 10{,}84 = 7{,}23 = 7{,}2\,\frac{\text{m}}{\text{s}}.$$

El conjunto se mueve con velocidad $\boxed{\vec{V} = 7{,}2\,\text{m/s}\ \textit{hacia la derecha.}}$

c) Para obtener la máxima compresión del resorte, nuevamente utilizamos el teorema del trabajo y la energía mecánica, esta vez sobre el conjunto de los dos bloques.

Al comienzo, justo tras la colisión el conjunto de bloques solo tiene energía cinética. *Al final*, cuando el resorte se comprime al máximo, el sistema solo tiene energía potencial elástica. El **cambio de energía** del sistema es

$$\Delta E = \frac{1}{2}k\Delta l^2 - \frac{1}{2}(m_1 + m_2)V^2,$$

donde Δl es la máxima compresión del resorte buscada. Como muestra la Figura 11.12*a*), durante el trayecto hacia el resorte, las fuerzas que actúan sobre $m_1 + m_2$ son el peso, la fuerza normal, la fuerza de roce en el tramo $\overline{BC}$ y la fuerza elástica durante el contacto con el resorte. El peso y la fuerza elástica son fuerzas conservativas, mientras que el trabajo de la normal es nulo porque $\vec{N} \perp \Delta\vec{r}$. El único trabajo no conservativo corresponde al trabajo del roce

$$W_{\vec{f}_r} = \vec{f}_r \cdot \Delta\vec{r} = f_r\, d_{BC} \cos 180^\circ = -\mu_c N d_{BC}.$$

Así, el **trabajo de las fuerzas no conservativas** es

$$W_{\text{FNC}} = \cancelto{0}{W_{\vec{N}}} + W_{\vec{f}_r} = -\mu_c(m_1 + m_2)g\, d_{BC},$$

donde hemos obtenido la normal a partir de la segunda ley de Newton en el eje vertical $N - (m_1 + m_2)g = 0$. Aplicando el **teorema del trabajo y la energía**

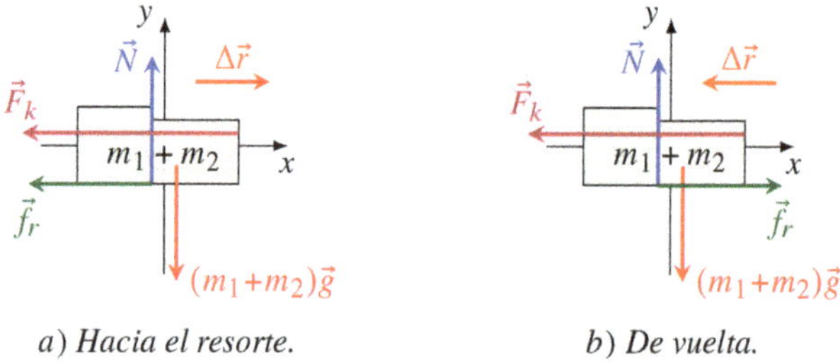

a) *Hacia el resorte.* *b*) *De vuelta.*

Figura 11.12. *DCL del sistema de bloques del Problema 5.9.*

conduce a

$$\frac{1}{2}k\Delta l^2 - \frac{1}{2}(m_1+m_2)V^2 = -\mu_c(m_1+m_2)gd_{BC},$$

de donde despejamos la compresión Δl

$$\Delta l = \sqrt{\frac{m_1+m_2}{k}\left(V^2 - 2\mu_c\, g\, d_{BC}\right)},$$

cuyo resultado es

$$\boxed{\Delta l = \sqrt{\frac{10+5{,}0}{800}\times\left(7{,}23^2 - 2\times 0{,}20\times 9{,}8\times 4{,}0\right)} = 0{,}828 = 0{,}83\,\text{m}.}$$

d) La altura h que alcanza el sistema de vuelta tras rebotar con el resorte también la determinaremos utilizando el teorema del trabajo y la energía mecánica.

En este caso podemos tomar como *situación inicial* cuando el resorte está comprimido al máximo, donde solo hay energía potencial elástica, y como *situación final* cuando los bloques alcanzan la máxima altura, donde solo tienen energía potencial gravitacional. Así, el **cambio de energía** es

$$\Delta E = (m_1+m_2)gh - \frac{1}{2}k\Delta l^2.$$

Como ya revisamos en las preguntas anteriores, la fuerza de roce es la única **fuerza no conservativa que realiza trabajo** (ver Figura 11.12*b*))

$$W_{\text{FNC}} = W_{\vec{f}_r} = -\mu_c(m_1+m_2)g\, d_{BC}.$$

Luego, a partir del **teorema del trabajo y la energía** se obtiene la siguiente relación

$$(m_1+m_2)gh - \frac{1}{2}k\Delta l^2 = -\mu_c(m_1+m_2)g\, d_{BC}.$$

Despejando la altura máxima h que alcanzan los bloques, se obtiene

$$\boxed{h = \frac{k\Delta l^2}{2(m_1+m_2)g} - \mu_c d_{BC} = \frac{800\times 0{,}828^2}{2\times(10+5{,}0)\times 9{,}8} - 0{,}20\times 4{,}0 = 1{,}1\,\text{m}.}$$

Comentario. En caso que hubiésemos obtenido una *altura negativa* indicaría que la energía que tiene el sistema cuando comprime al resorte es menor que la necesaria para recorrer la región con roce $\overline{BC}$, es decir, el bloque se habría detenido en algún punto del segmento $\overline{BC}$.

Otra situación que podría haberse encontrado es que la altura obtenida fuese nula. En este caso, el sistema tiene la energía justa para recorrer la región con rozamiento y se detiene al final de ésta sin tener más energía para ascender por la pendiente.

Finalmente, se tiene la situación que encontramos: los bloques logran recorrer toda la región con roce $\overline{BC}$ con suficiente energía para luego ascender 1,1 m.

Solución 5.10.

a) Para calcular la rapidez de la pelota *antes* del impacto, utilizaremos el teorema del trabajo y la energía entre la situación (*inicial*) cuando la pelota está en A hasta justo antes que la pelota haga contacto con el bloque (*final*). El **cambio de energía** es dado por

$$\Delta E = \Delta K + \Delta U_g + \cancelto{0}{\Delta U_e} = \frac{1}{2}mv_i^2 - \cancelto{0}{K_i} + mg\Delta h = \frac{1}{2}mv_i^2 - mgL,$$

donde $m = 0{,}50\,\text{kg}$ es la masa de la pelota, $\Delta h = 0 - L$ es su cambio de altura y v_i es la rapidez buscada. Por otro lado, las únicas fuerzas que actúan sobre la pelota son el peso (fuerza conservativa) y la tensión. Así, el **trabajo de las fuerzas no conservativas** es solo el trabajo de la tensión que es nulo puesto que es perpendicular al desplazamiento en cada punto de la trayectoria ($\vec{T} \perp d\vec{r}$)

$$\sum W_{\text{FNC}} = W_{\vec{T}} = 0.$$

Aplicando el **teorema del trabajo y la energía** se obtiene

$$\frac{1}{2}mv_i^2 - mgL = 0 \quad \Longrightarrow \quad \boxed{v_i = \sqrt{2gL} = \sqrt{2 \times 9{,}8 \times 1{,}5} = 5{,}422 = 5{,}4\,\frac{\text{m}}{\text{s}}.}$$

b) Para calcular la rapidez de la pelota *después* del impacto, nuevamente utilizamos el teorema del trabajo y la energía entre la situación (*inicial*) cuando la pelota ha rebotado contra el bloque y la situación (*final*) cuando llega a B. Luego, la **variación de la energía** es dada por

$$\Delta E = \Delta K + \Delta U_g = -\frac{1}{2}mv_f^2 + mg\Delta h = -\frac{1}{2}mv_f^2 + mg(L - L\,\text{sen}\,60°),$$

donde v_f es la rapidez de la pelota justo después del impacto. Ahora, el ascenso de la pelota ocurre bajo las mismas condiciones de la pregunta anterior, de modo que el **trabajo de las fuerzas no conservativas** también es nulo $\sum W_{\text{FNCi}} = 0$, es decir, se trata de un sistema conservativo. El **teorema del trabajo y la energía** conduce a

$$-\frac{1}{2}mv_f^2 + mgL(1 - \text{sen}\,60°) = 0 \quad \Longrightarrow \quad v_f = \sqrt{2gL(1 - \text{sen}\,60°)},$$

que al reemplazar los datos lleva a

$$\boxed{v_f = \sqrt{2 \times 9{,}8 \times 1{,}5(1 - \text{sen}\,60°)} = 1{,}985 = 2{,}0\,\frac{\text{m}}{\text{s}}.}$$

c) La rapidez del bloque tras el impacto la obtenemos analizando la colisión, es decir, utilizando la conservación del *momentum* lineal durante el choque con la pelota. Considere un eje x horizontal hacia la derecha, el **cambio del *momentum* lineal** para el sistema pelota-bloque durante la colisión es

$$\Delta p = p_f - p_i = (-mv_f + Mv) - mv_i.$$

Dado que se trata de un choque, la **suma de los impulsos externos** es despreciable $\sum \vec{I}_{\text{ext}} = 0$ y así, concluimos que el ***momentum* lineal se conserva**

$$(-mv_f + Mv) - mv_i = 0,$$

de donde se obtiene la rapidez v

$$\boxed{v = \frac{m}{M}(v_i + v_f) = \frac{0{,}50}{2{,}5} \times (5{,}422 + 1{,}985) = 1{,}5\ \frac{\text{m}}{\text{s}}.}$$

Solución 5.11.

a) La rapidez del sistema bala-bloque tras el impacto la obtenemos estudiando el *choque completamente inelástico* con el teorema del impulso y el *momentum* lineal.

Utilicemos un sistema de referencia con eje x positivo hacia la derecha. *Justo antes* del impacto solo la bala se mueve hacia la derecha. *Justo después* del impacto, bala y bloque se mueven juntos con velocidad V hacia la derecha. Así, la **variación del *momentum* lineal** es dada por

$$\Delta p = (M+m)V - \left(mv + M\cancelto{0}{v_M}\right) = (M+m)V - mv,$$

con $m = 10\,\text{g}$, la masa de la bala. Como se trata de una colisión, los **impulsos externos** sobre el sistema bala-bloque son despreciables. Aplicando el **teorema del impulso y el *momentum* lineal** se concluye que el *momentum* lineal se conserva

$$(M+m)V - mv = 0 \quad \Longrightarrow \quad V = \frac{m}{M+m}v = \frac{0{,}010}{1{,}3 + 0{,}010} \times 250 = 1{,}908\ \frac{\text{m}}{\text{s}}.$$

La rapidez con que se mueve el sistema justo tras el impacto es $\boxed{V = 1{,}9\,\text{m/s}.}$

b) Para calcular la altura que alcanza el sistema bala-bloque podemos utilizamos el teorema del trabajo y la energía mecánica entre el instante justo tras el choque y el momento en que el bloque alcanza la altura máxima.

En la *situación inicial*, el bloque con la bala incrustada en su interior se mueve con rapidez $V = 1{,}9\,\mathrm{m/s}$ hacia la derecha a una altura que podemos considerar nula. En la *situación final*, el bloque se detiene instantáneamente cuando alcanza la máxima altura h. Así, la **variación de energía mecánica** del sistema es

$$\Delta E = (M+m)gh - \frac{1}{2}(M+m)V^2.$$

Como muestra la Figura 11.13, solo dos fuerzas actúan sobre el bloque durante su recorrido: el peso y la tensión. De éstas, solo la segunda es una fuerza no

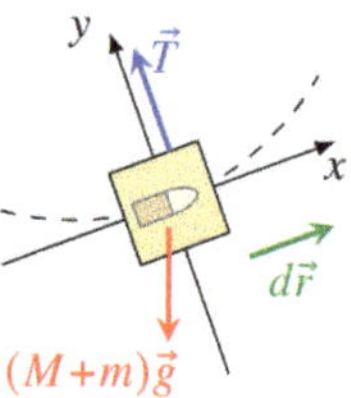

Figura 11.13. *DCL del sistema bala-bloque del Problema 5.11.*

conservativa, pero debido a que en todo momento la tensión y el desplazamiento infinitesimal son perpendiculares ($\vec{T} \perp d\vec{r}$) concluimos que su trabajo es nulo. Luego, la suma de los **trabajos de la fuerzas no conservativas** es nula

$$\sum W_{\mathrm{FNC}} = W_{\vec{T}} = 0,$$

y así, al aplicar el **teorema del trabajo y la energía mecánica**, se deduce que el sistema conserva la energía

$$0 = (M+m)gh - \frac{1}{2}(M+m)V^2 \quad \Longrightarrow \quad h = \frac{V^2}{2g} = \frac{1{,}908^2}{2\times 9{,}8} = 0{,}186\,\mathrm{m}.$$

El bloque alcanza una altura $\boxed{h = 0{,}19\,\mathrm{m}.}$

Solución 5.12.

a) La rapidez del bloque la determinaremos estudiando la colisión entre el proyectil y el bloque.

Consideremos m como el proyectil y M como el bloque de madera. Tomando un sistema de referencia con eje x hacia la derecha, se tiene que el **cambio de *momentum* lineal** del sistema proyectil-bloque es dado por

$$\Delta p = Mv + mv_f - mv_i.$$

Dado que se trata de un fenómeno violento (ocurre en una fracción de segundo), podemos despreciar los **impulsos externos**. Aplicando el **teorema del impulso y el *momentum* lineal**, concluimos que el *momentum lineal se conserva*

$$Mv + mv_f - mv_i = 0.$$

De aquí obtenemos la rapidez del bloque

$$\boxed{v = \frac{m}{M}(v_i - v_f) = \frac{0{,}005\,0}{0{,}70} \times (360 - 100) = 1{,}857 = 1{,}9\,\frac{\text{m}}{\text{s}}.}$$

b) La pérdida de energía cinética de la bala se obtiene directo de la resta entre la energía justo después del impacto, menos la energía antes del impacto

$$\Delta K = K_f - K_i = \frac{1}{2}m(v_i^2 - v_f^2) = \frac{1}{2} \times 0{,}005\,0 \times \left(100^2 - 360^2\right) = -299\,\text{J},$$

es decir, $\boxed{\text{la energía cinética de la bala } \textit{disminuye } 0{,}30\,\text{kJ.}}$

c) Después del impacto, el bloque se mueve hasta detenerse sobre una superficie que presenta roce. Aplicaremos el teorema del trabajo y la energía para obtener el coeficiente de roce cinético entre el bloque de madera y la superficie.

Tomemos como *situación inicial*, el instante justo después del choque, cuando el bloque tiene la velocidad de $v = 1{,}857\,\frac{\text{m}}{\text{s}}$ (calculada anteriormente). La *situación final* será cuando el bloque ha alcanzado el reposo. La **variación de energía** del bloque es dada por

$$\Delta E = \Delta K + \cancelto{0}{\Delta U_g} + \cancelto{0}{\Delta U_k} = -\frac{1}{2}Mv^2.$$

La Figura 11.14 muestra que las fuerzas que actúan sobre el bloque son su peso, la fuerza normal y la fuerza de roce cinético. Solo las dos últimas son fuerzas

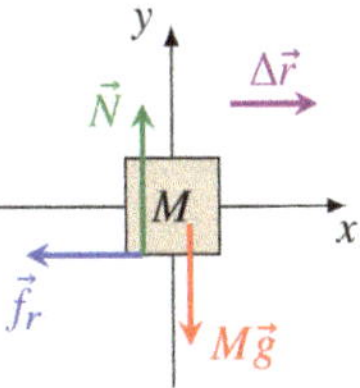

Figura 11.14. *DCL del bloque del Problema 5.12 tras el impacto de la bala.*

no conservativas, pero dado que el trabajo de la normal es nulo ($\vec{N} \perp \Delta\vec{r}$), se tiene que el **trabajo de las fuerzas no conservativas** es dado solo por el trabajo de la fuerza de roce

$$W_{\text{FNC}} = \cancelto{0}{W_{\vec{N}}} + W_{\vec{f}_r} = f_r\, d \cos 180° = -\mu_c N d = -\mu_c M g d,$$

donde $d = 65\,\text{cm}$ es la distancia recorrida por el bloque hasta detenerse y μ_c es el coeficiente de roce buscado. También hemos utilizado que $f_r = \mu_c N$, y la segunda ley de Newton en el eje vertical para obtener la normal ($\sum F_y$: $N - Mg = 0$). Aplicando el **teorema del trabajo y la energía** se obtiene

$$-\frac{1}{2}Mv^2 = -\mu_c Mgd \quad \Longrightarrow \quad \boxed{\mu_c = \frac{v^2}{2gd} = \frac{1{,}857^2}{2 \times 9{,}8 \times 0{,}65} = 0{,}27.}$$

d) Si la bala queda incrustada en el bloque, la velocidad del conjunto tras el choque se obtiene analizando la colisicón. El **cambio del *momentum* lineal** del sistema bala-bloque es

$$\Delta p = (M + m)V - mv_i,$$

donde V es la velocidad buscada. Como se trata de un choque, los **impulsos externos** son despreciables, lo que aplicando el **teorema del impulso y el *momentum* lineal** conduce a la conservación del *momentum* lineal, de donde se obtiene

$$(M + m)V - mv_i = 0 \quad \Longrightarrow \quad \boxed{V = \frac{mv_i}{M + m} = \frac{0{,}005\,0 \times 360}{0{,}70 + 0{,}005\,0} = 2{,}6\,\frac{\text{m}}{\text{s}}.}$$

Solución 5.13. Usaremos un sistema de referencia con eje x horizontal hacia la derecha y eje y vertical hacia arriba.

a) Se trata de un choque unidimensional ($\Delta p_x = 0$) y elástico ($\Delta E = 0$). De las cuatro rapideces en juego, se conocen dos: las de esfera y del bloque *justo antes* del impacto. De lo anterior vemos que se trata de un sistema de dos ecuaciones para dos incógnitas: las rapideces de la esfera y el bloque *tras* el choque.

Justo antes del choque, solo el bloque está en movimiento, mientras que *justo tras el choque* ambos cuerpos se mueven hacia la izquierda. Así, el **cambio de *momentum* lineal** del sistema bloque-esfera es

$$\Delta p_x = p_f - p_i = (-MV - mv) - \left(-Mv_0 + m\cancelto{0}{v_i}\right),$$

donde V y v son las rapideces tras el impacto del bloque y la esfera, respectivamente. Por otro lado, la **variación de energía** es solo de carácter cinética y dada por

$$\Delta E = K_f - K_i = \left(\frac{1}{2}MV^2 + \frac{1}{2}mv^2\right) - \left(\frac{1}{2}Mv_0^2 + \frac{1}{2}m\cancelto{0}{v_i^2}\right).$$

Como ya se mencionó, se trata de un choque –**conserva el *momentum* lineal**– ($\Delta\vec{p} = 0$ porque los impulsos externos durante el choque son despreciables) elástico –**conserva la energía (cinética)**–. En consecuencia se tienen las siguientes dos ecuaciones

$$\Delta p_x = -MV - mv + Mv_0 = 0,$$
$$\Delta E = \frac{1}{2}MV^2 + \frac{1}{2}mv^2 - \frac{1}{2}Mv_0^2 = 0.$$

Reuniendo los términos correspondientes a la esfera en el lado izquierdo de cada ecuación y los correspondientes al bloque en el lado derecho, el sistema anterior se puede reescribir como

$$mv = M(v_0 - V), \tag{11.2a}$$
$$mv^2 = M(v_0 - V)(v_0 + V). \tag{11.2b}$$

Una forma sencilla de resolver el sistema anterior (para v y V) consiste en dividir la ecuación (11.2b) entre la ecuación (11.2a). Se obtiene

$$v = v_0 + V \quad \Longrightarrow \quad V = v - v_0 \tag{11.3}$$

que se puede reemplazar en la ecuación (11.2a) para obtener

$$mv = M\Big(v_0 - (v - v_0)\Big) \quad \Longrightarrow \quad v = \frac{2M}{M+m}v_0 = \frac{2\times 1{,}0}{1{,}0+0{,}5}\times 2{,}0 = 2{,}667\,\frac{\text{m}}{\text{s}}.$$

La rapidez de la esfera justo tras el choque es $\boxed{v = 2{,}7\,\text{m/s.}}$

b) La altura máxima que alcanza la esfera la obtenemos aplicando sobre ella el teorema del trabajo y la energía después del choque. *Inicialmente*, justo tras el choque, la esfera se mueve hacia la izquierda con rapidez $v = 2{,}7\,\text{m/s}$ a una altura despreciable. En la *situación final*, la esfera llega al reposo durante un instante cuando alcanza la máxima altura h. La **variación de energía mecánica** es

$$\Delta E_M = mgh - \frac{1}{2}mv^2.$$

Como se puede ver en la Figura 11.15 *a*), sobre la esfera actúan solo dos fuerzas: la fuerza peso (conservativa) y la tensión de la cuerda. En consecuencia, el **trabajo de las fuerzas no conservativas** corresponde solo al trabajo de la tensión

$$\sum W_{\text{FNC}} = W_{\vec{T}} = 0,$$

que es nulo porque la tensión es siempre perpendicular al desplazamiento infinitesimal que realiza la esfera. Aplicando el **teorema del trabajo y la energía** concluimos que la *energía se conserva* y obtenemos

$$mgh - \frac{1}{2}mv^2 = 0 \quad \Longrightarrow \quad \boxed{h = \frac{v^2}{2g} = \frac{2{,}667^2}{2\times 9{,}8} = 0{,}36\,\text{m.}}$$

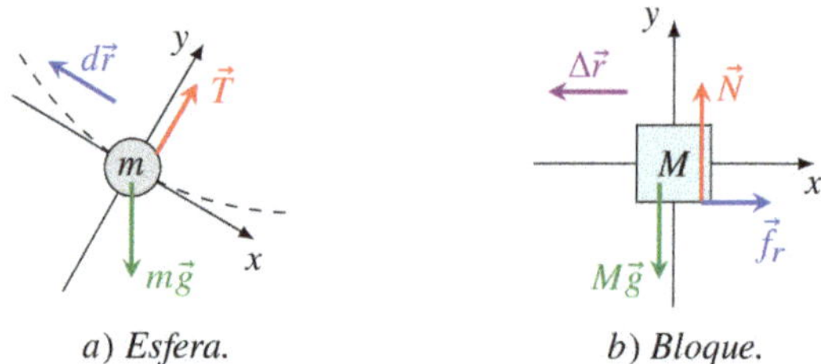

a) *Esfera.* *b*) *Bloque.*

Figura 11.15. *DCL de la esfera y el bloque del Problema 5.13 tras la colisión.*

c) La distancia x que recorre el bloque hasta detenerse también la obtenemos mediante consideraciones de energía, esta vez, sobre el bloque.

Justo tras el choque, el bloque solo tiene energía cinética, mientras que *una vez que recorre la distancia* x, el bloque ya no tiene energía. Luego, el **cambio de energía** del bloque es

$$\Delta E = 0 - \frac{1}{2}MV^2,$$

donde V es la velocidad justo tras el impacto. Está velocidad es una de las incógnitas del sistema de ecuaciones utilizado para resolver la primera pregunta. De la ecuación (11.3) y tomando en cuenta que $v = 2{,}667\,\text{m/s}$, se tiene que

$$V = v - v_0 = 2{,}667 - 2{,}0 = 0{,}667\,\text{m/s}.$$

Como muestra la Figura 11.15*b*), sobre el bloque actúan tres fuerzas: la fuerza peso (conservativa), la normal (perpendicular al desplazamiento) y la fuerza de roce. Solo esta última realiza **trabajo no conservativo**

$$\sum W_{\text{FNC}} = W_{\vec{f}_r} = \vec{f}_r \cdot \Delta\vec{r} = -f_r\, x = -\mu_c N x = -\mu_c M g x,$$

donde x es la magnitud del desplazamiento $\Delta\vec{r}$. Aquí hemos utilizado la relación $f_r = \mu_c N$ entre la fuerza de roce cinético y la fuerza normal, y la segunda ley de Newton en el eje y ($\sum F_y : N - Mg = 0$). Aplicamos el **teorema del trabajo y la energía**

$$-\frac{1}{2}MV^2 = -\mu_c M g x \quad \Longrightarrow \quad \boxed{x = \frac{v^2}{2\mu_c g} = \frac{0{,}667^2}{2 \times 0{,}20 \times 9{,}8} = 0{,}11\,\text{m}.}$$

Solución 5.14.

a) La energía cinética del sistema formado por las dos esferas antes de la colisión la obtenemos simplemente sumando las energías cinéticas de cada bola

$$K_i = \frac{1}{2}mv_i^2 + \frac{1}{2}MV_i^2,$$

donde $m = 0{,}50\,\mathrm{kg}$ y $v_i^2 = (2{,}0\,\mathrm{m/s})^2 + (-3{,}0\,\mathrm{m/s})^2$ son los datos de la esfera 1, mientras $M = 2{,}5\,\mathrm{kg}$ y $V_i = 2{,}24\,\mathrm{m/s}$ son los datos de la esfera 2. La energía cinética *antes del choque* es

$$\boxed{K_i = \frac{1}{2} \times 0{,}50 \times \left(2{,}0^2 + (-3{,}0)^2\right) + \frac{1}{2} \times 1{,}5 \times (2{,}24)^2 = 7{,}013 = 7{,}0\,\mathrm{J}.}$$

b) La velocidad final de la esfera de 1,5 kg la obtenemos analizando la colisión. Para esto, primero debemos determinar las componentes de la velocidad inicial de la esfera 2. La Figura 11.16 bosqueja la velocidad buscada a partir de las

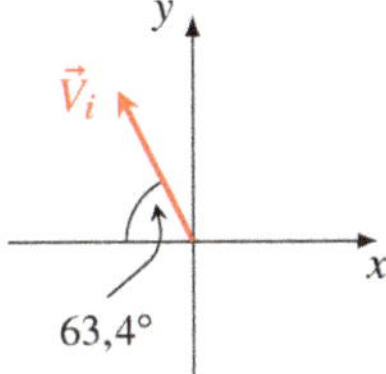

Figura 11.16. *Diagrama de la velocidad inicial de la esfera 2 del Problema 5.14.*

indicaciones del enunciado. Se obtiene

$$\vec{V}_i = (-2{,}24\cos 63{,}4°\,\hat{\imath} + 2{,}24\,\mathrm{sen}\,63{,}4°\,\hat{\jmath}) = (-1{,}00\,\hat{\imath} + 2{,}00\,\hat{\jmath})\,\frac{\mathrm{m}}{\mathrm{s}},$$

donde los signos han sido escogidos de modo que la velocidad apunta hacia el segundo cuadrante. Luego, el **cambio del *momentum* lineal** es

$$\Delta\vec{p} = m\vec{v}_f + M\vec{V}_f - \left(m\vec{v}_i + M\vec{V}_i\right).$$

Dado que hemos supuesto que no hay fuerzas externas actuando sobre el sistema, se tiene que los **impulsos externos** son nulos[7]. Aplicando el **teorema del impulso y el *momentum* lineal** concluimos que el *momentum* lineal se conserva, es decir,

$$m\vec{v}_f + M\vec{V}_f - \left(m\vec{v}_i + M\vec{V}_i\right) = 0.$$

[7]El solo hecho que se trate de una colisión ya nos permite despreciar los impulsos externos que actúan sobre el sistema.

Si la velocidad buscada es de la forma $V_f = V_x\,\hat{\imath} + V_y\,\hat{\jmath}$, la ecuación anterior se reescribe como

$$0{,}50\,(-1{,}0\,\hat{\imath} + 3{,}0\,\hat{\jmath}) + 1{,}5\,(V_x\,\hat{\imath} + V_y\,\hat{\jmath}) - \Big(0{,}50(2{,}0\,\hat{\imath} - 3{,}0\,\hat{\jmath}) + 1{,}50(-1{,}0\,\hat{\imath} + 2{,}0\,\hat{\jmath})\Big) = 0,$$

de modo que se tienen dos ecuaciones, una para cada componente

$$-0{,}50 + 1{,}5V_x + 0{,}50 = 0\,, \quad 1{,}5 + 1{,}5V_y - 1{,}5 = 0,$$

de donde concluimos que

$$V_x = 0{,}0\,,\ V_y = 0{,}0 \quad \Longrightarrow \quad \boxed{\vec{V}_f = 0{,}0\,\frac{\text{m}}{\text{s}}.}$$

La esfera 2 queda en reposo tras el impacto.

c) La energía cinética del sistema después de la colisión es

$$\boxed{K_f = \frac{1}{2}mv_f^2 + \frac{1}{2}MV_f^{2\nearrow 0} = \frac{1}{2}\times 0{,}50\times\Big((-1{,}0)^2 + (3{,}0^2)\Big) = 2{,}5\,\text{J}.}$$

Dado que la energía inicial es $K_i = 7{,}0\,\text{J}$ (calculada en la primera pregunta), vemos que la variación de energía es

$$\Delta K = K_f - K_i = 2{,}5 - 7{,}0 = -4{,}5\,\text{J},$$

es decir, se pierde energía por lo que se trata de un **choque inelástico**. También sabemos que las esferas tras la colisión *no se mueven juntas* por lo que concluimos que el **choque no es completamente inelástico**.

Solución 5.15.

a) La rapidez de m antes de impactar a M la calculamos utilizando el teorema del trabajo y la energía.

Como *situación inicial* consideremos cuando el bloque m está en *reposo comprimiendo* al resorte. La *situación final* será cuando el bloque m está a punto de impactar contra M (*en movimiento*) y ya ha *perdido el contacto con el resorte*. Notar que *no hay cambio de altura* entre ambas situaciones. Así, la **variación de energía mecánica** es

$$\Delta E_M = \frac{1}{2}mv_0^2 + \frac{1}{2}k(\Delta l)^{2\nearrow 0} - \left(\frac{1}{2}m(v)^{2\nearrow 0} + \frac{1}{2}k(\Delta l)^2\right) = \frac{1}{2}mv_0^2 - \frac{1}{2}k(\Delta l)^2,$$

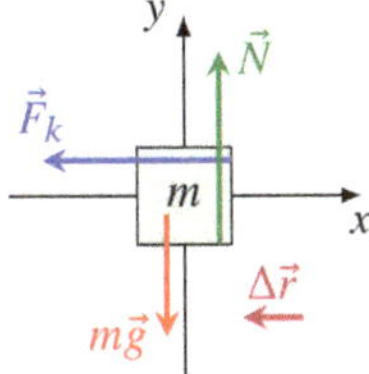

Figura 11.17. *DCL del bloque m antes de impactar con M.* *Problema 5.15.*

donde v_0 es la rapidez de m justo antes de impactar contra M. Como muestra la Figura 11.17, las fuerzas que actúan sobre el bloque m son el peso, la fuerza elástica y la fuerza normal. De éstas, *solo la fuerza normal es no conservativa* y su trabajo es nulo puesto que es perpendicular al desplazamiento de m. Así, el **trabajo de las fuerzas no conservativas** es

$$W_{\text{FNC}} = W_{\vec{N}} = \vec{N} \cdot \Delta\vec{r} = 0.$$

Luego, el **teorema del trabajo y la energía** conduce a la *conservación de la energía*

$$\frac{1}{2}mv_0^2 - \frac{1}{2}k(\Delta l)^2 = 0 \quad \Longrightarrow \quad \boxed{v_0 = \sqrt{\frac{k}{m}}\Delta l = \sqrt{\frac{180\,\frac{\text{N}}{\text{m}}}{0{,}80\,\text{kg}}} \times 0{,}20\,\text{m} = 3{,}0\,\frac{\text{m}}{\text{s}}.}$$

Esta es la rapidez de m justo antes de la colisión.

b) La rapidez de M y m después del impacto las obtenemos aplicando tanto el teorema del impulso y el *momentum* lineal, como la conservación de la energía en la *colisión elástica.*

Utilizaremos un sistema de referencia con eje x horizontal hacia la derecha.

Justo *antes de la colisión*, el bloque M se mueve con velocidad $\vec{V}_0 = 0{,}60\,\text{m/s}$ hacia la derecha mientras que el bloque m se mueve con velocidad $\vec{v}_0 = 3{,}0\,\text{m/s}$ hacia la izquierda. Justo *después de la colisión* supondremos que cada bloque rebota[8], es decir, el bloque M se moverá con velocidad $\vec{V}$ hacia la izquierda mientras que el bloque m lo hará con velocidad $\vec{v}$ hacia la derecha. con estas consideraciones, el **cambio de *momentum* lineal** en el eje x es

$$\Delta p = p_f - p_i = -MV + mv - (MV_0 - mv_0).$$

Como se trata de una colisión, despreciamos **los impulsos externos** con lo cual se **conserva el *momentum* lineal**

$$\Delta\vec{p} = \sum \vec{I}_{\text{ext}} \quad \Longrightarrow \quad -MV + mv - (MV_0 - mv_0) = 0. \tag{11.4}$$

[8]Esta es solo una suposición. Pudimos haber supuesto que ambos bloques se movían hacia la izquierda, o hacia la derecha o cualquier otra combinación.

Además, se trata de un choque *elástico*, es decir, se **conserva la energía mecánica** durante el choque

$$\Delta E_M = K_f - K_i = \frac{1}{2}MV^2 + \frac{1}{2}mv^2 - \left(\frac{1}{2}MV_0^2 + \frac{1}{2}mv_0^2\right) = 0. \tag{11.5}$$

Las ecuaciones (11.4) y (11.5) forman un sistema de ecuaciones de dos incógnitas v y V. Es conveniente reescribir las ecuaciones agrupando los términos dependientes de M en el lado izquierdo, mientras los términos dependientes de m se agrupan en el lado derecho de cada ecuación

$$M(V + V_0) = m(v + v_0), \tag{11.6a}$$

$$M(V^2 - V_0^2) = m(-v^2 + v_0^2). \tag{11.6b}$$

Dividimos la ecuación (11.6b) entre la ecuación (11.6a). Notar que ambos lados de la ecuación (11.6b) están formados por una *diferencia de cuadrados*, producto notable conocido como «suma por su diferencia». Esto conduce a una sencilla ecuación

$$\frac{M(V^2 - V_0^2)}{M(V + V_0)} = \frac{m(-v^2 + v_0^2)}{m(v + v_0)} \quad \Longleftrightarrow \quad V - V_0 = v_0 - v. \tag{11.7}$$

Así, el sistema de ecuaciones original se simplifica a un sistema de dos ecuaciones lineales (11.6a) y (11.7) en dos incógnitas (v y V).

$$M(V + V_0) = m(v + v_0), \quad V - V_0 = v_0 - v.$$

Utilizamos cualquiera de los métodos de resolución de sistemas de ecuaciones lineales y obtenemos

$$v = \frac{(M - m)v_0 + 2MV_0}{m + M} \quad , \quad V = \frac{2mv_0 + (m - M)V_0}{m + M}.$$

Reemplazando los datos se obtiene

$$\boxed{v = \frac{(5{,}0 - 0{,}80) \times 3{,}0 + 2 \times 5{,}0 \times 0{,}60}{0{,}80 + 5{,}0} = 3{,}207 = 3{,}2\,\frac{\text{m}}{\text{s}}.}$$

y

$$\boxed{V = \frac{2 \times 0{,}80 \times 3{,}0 + (0{,}80 - 5{,}0) \times 0{,}60}{0{,}80 + 5{,}0} = 0{,}393 = 0{,}39\,\frac{\text{m}}{\text{s}}.}$$

c) La compresión máxima del resorte tras el choque, cuando el bloque m se devuelve hacia el resorte, la obtenemos utilizando el teorema del trabajo y la energía sobre el bloque m con *situación inicial* justo después del choque (m se mueve con rapidez $v = 3{,}2\,\mathrm{m/s}$) y *situación final* al comprimir al máximo el resorte (m en reposo instantáneo).

Las consideraciones de energía son las mismas que las que se aplicaron en la primera pregunta de modo que **el cambio de energía** es

$$\Delta E_M = \frac{1}{2}k(\Delta l)^2 - \frac{1}{2}mv^2$$

y la suma de los **trabajos de las fuerzas no conservativas** es nula, porque solo la fuerza normal es no conservativa pero su trabajo es nulo. Luego, el **teorema del trabajo y la energía** conduce a

$$\frac{1}{2}k(\Delta l)^2 - \frac{1}{2}mv^2 = 0,$$

de modo que la compresión máxima del resorte es

$$\boxed{\Delta l = \sqrt{\frac{m}{k}}v = \sqrt{\frac{0{,}80\,\mathrm{kg}}{180\,\mathrm{N/m}}} \times 3{,}207\,\frac{\mathrm{m}}{\mathrm{s}} = 0{,}214\,\mathrm{m} = 0{,}21\,\mathrm{m}.}$$

Capítulo 12
Soluciones de dinámica del cuerpo rígido

12.1 Torque y aceleración angular

Solución 6.1.

a) Los diagramas de fuerza se muestran en la Figura 12.1. Sobre los bloques solo

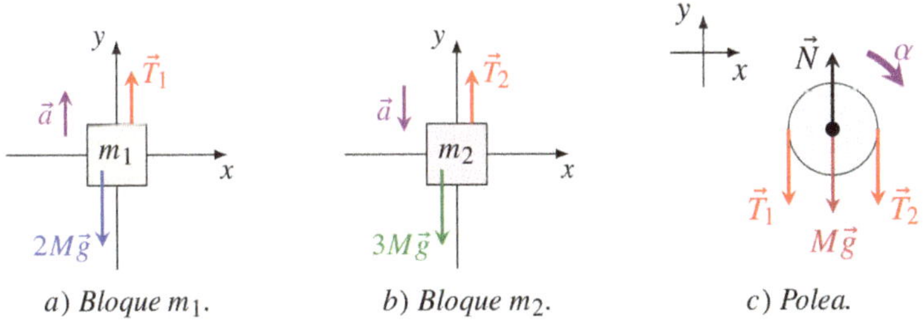

a) *Bloque* m_1. *b*) *Bloque* m_2. *c*) *Polea.*

Figura 12.1. *Diagramas de cuerpo libre del Problema 6.1.*

actúan sus respectivos pesos y las tensiones de la cuerda roja. Sobre la polea actúan el peso (en el centro de masa), la fuerza normal que ejerce el eje para sujetar todo el sistema (en el eje de la polea) y las tensiones a cada lado que genera la cuerda roja. Notar que a pesar de que es solo una cuerda, *las tensiones a cada lado de la polea son distintas*. Esto tiene que ser así para que aparezca un torque que haga girar la polea con masa.

b) La aceleración de los bloques la obtenemos formulando la segunda ley de Newton de traslación y de rotación para cada cuerpo, según corresponda. La **segunda ley de Newton de traslación** para el bloque m_1, el bloque m_2 y la polea establece, respectivamente, que

$$\sum F_y : T_1 - 2Mg = 2Ma, \tag{12.1}$$

$$\sum F_y : T_2 - 3Mg = 3M(-a), \tag{12.2}$$

$$\sum F_y : N - T_1 - T_2 - Mg = M\cancelto{0}{a}. \tag{12.3}$$

Además, la **segunda ley de Newton de rotaciones** con respecto al eje de la polea conduce a

$$\sum \tau_z : \ RT_1 - RT_2 = \frac{1}{2}MR^2(-\alpha), \tag{12.4}$$

donde hemos utilizado que el momento de inercia de un disco sólido con respecto a su eje de simetría es $I = MR^2/2$ (ver Apéndice A). Los torques del peso y de la fuerza normal son nulos porque estas fuerzas actúan en el eje de simetría de modo que $\vec{r} = 0$. Para calcular el torque de $\vec{T}_1$ hemos utilizado el sistema de referencia de la Figura 12.1 *c*)

$$\vec{\tau}_{\vec{T}} = \vec{r} \times \vec{T}_1 = (-R\,\hat{\imath}) \times (-\vec{T}_1\,\hat{\jmath}) = RT_1\,\hat{k}.$$

Por supuesto, el torque debido a $\vec{T}_2$ se pueda calular de manera completamente análoga, o bien, utilizando *consideraciones geométricas*. En este último caso se obtiene

$$\tau_{\vec{T}_2} = \|\vec{r} \times \vec{T}_2\| = RT_2 \operatorname{sen} 90^\circ \quad \Longrightarrow \quad \vec{\tau}_{\vec{T}_2} = -RT_2\,\hat{k}.$$

Para determinar la dirección de $\vec{\tau}_{\vec{T}_2}$ hemos utilizado la *regla de la mano derecha*: si la mano derecha apunta en la dirección del vector $\vec{r}^2$ (hacia la derecha) y se doblan los dedos largos de la mano hacia la dirección del vector $\vec{T}_2$ (hacia abajo), entonces el dedo pulgar apunta hacia el interior de este libro, en la dirección $-\hat{k}$.

También debemos considerar la **condición de ligadura**: la magnitud de la aceleración de los bloques es igual a la magnitud de la aceleración tangencial de un punto del borde de la polea

$$a = R\alpha. \tag{12.5}$$

De la ecuación anterior despejamos la aceleración angular, de las ecuaciones (12.1) y (12.2) despejamos las tensiones, y reemplazamos todo lo anterior en la ecuación (12.4), se obtiene

$$R2M(g + a) - R3M(g - a) = -\frac{1}{2}MR^2\frac{a}{R} \quad \Longrightarrow \quad \boxed{a = \frac{2}{11}g.}$$

c) La aceleración angular de la polea la obtenemos de la ecuación de ligadura (12.5) con el resultado de la pregunta anterior

$$a = R\alpha \quad \Longrightarrow \quad \boxed{\alpha = \frac{a}{R} = \frac{2}{11}\frac{g}{R}.}$$

d) La tensión T_1 la podemos obtener reemplazando $a = 2g/11$ en la ecuación (12.1)

$$T_1 - 2Mg = 2M\frac{2}{11}g \quad \Longrightarrow \quad \boxed{T_1 = \frac{26}{11}Mg.}$$

Solución 6.2.

a) La Figura 12.2 muestra los diagramas de cuerpo libre para cada bloque y la polea. Aquí, hemos supuesto la dirección en que aceleran los bloques y la polea.

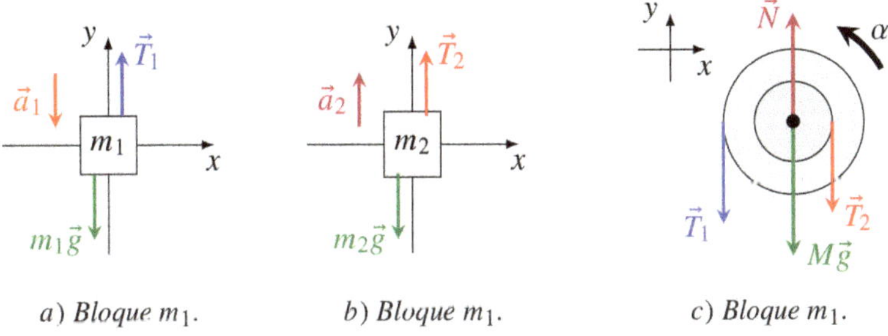

a) *Bloque* m_1. *b*) *Bloque* m_1. *c*) *Bloque* m_1.

Figura 12.2. *Diagramas de cuerpo libre para el Problema 6.2.*

En el tercer diagrama M es la masa de la polea doble mientras que $\vec{N}$ es la fuerza normal que ejerce el eje sobre la polea.

b) Para obtener el torque neto que actúa sobre la polea primero debemos calcular el torque que realiza cada fuerza que actúa sobre ella. Los torques del peso y de la normal son nulos puesto que *ambas fuerzas actúan sobre el eje de la polea* ($\vec{r} = 0$)

$$\vec{\tau}_{M\vec{g}} = \vec{r} \times M\vec{g} = 0\,, \quad \vec{\tau}_{\vec{N}} = \vec{r} \times \vec{N} = 0.$$

La tensión $\vec{T}_1$ actúa a una distancia R_1 del eje de simetría como muestra la Figura 12.3*a*) de modo que su torque es

$$\tau_1 = \|\vec{r} \times \vec{T}_1\| = R_1 T_1 \operatorname{sen} 90^\circ \quad \Longrightarrow \quad \vec{\tau}_1 = R_1 T_1\,\hat{k}.$$

Aquí, la dirección la hemos determinado a partir de la regla de la mano derecha (*sentido antihorario* ↺). De manera completamente análoga, la tensión $\vec{T}_2$ actúa

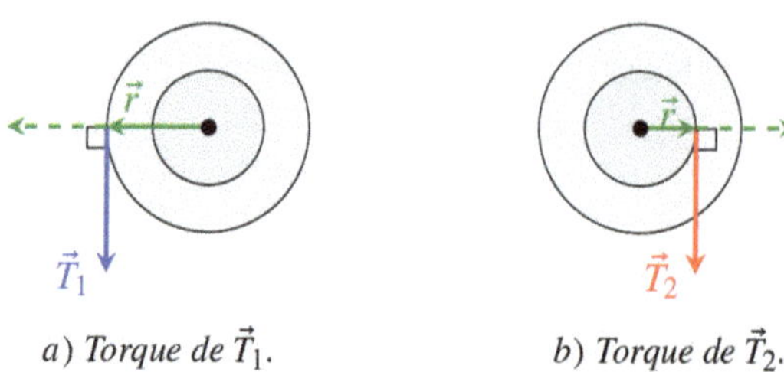

a) Torque de $\vec{T}_1$. *b) Torque de* $\vec{T}_2$.

Figura 12.3. *Geometría involucrada en el cálculo de los torques sobre la polea del Problema 6.2.*

a una distancia R_2 del eje de simetría (ver Figura 12.3 *b*))

$$\tau_2 = \|\vec{r} \times \vec{T}_2\| = R_2 T_2 \operatorname{sen} 90^\circ \quad \Longrightarrow \quad \vec{\tau}_2 = -R_2 T_2 \,\hat{k}.$$

Otra vez hemos utilizado regla de la mano derecha para obtener la dirección $-\hat{k}$ (*sentido horario* ↻). Así, el **torque neto** sobre la polea es

$$\boxed{\sum \vec{\tau}_{\text{ext}} = \vec{\tau}_{M\vec{g}} + \vec{\tau}_{\vec{N}} + \vec{\tau}_1 + \vec{\tau}_2 = R_1 T_1 \,\hat{k} - R_2 T_2 \,\hat{k} = (R_1 T_1 - R_2 T_2)\hat{k}.}$$

El valor numérico del torque neto se puede obtener una vez conocidas las tensiones.

c) Para calcular la aceleración de los bloques debemos formular la *segunda ley de Newton de traslación* sobre cada bloque y la *segunda ley de Newton de rotación* sobre la polea doble.

La **segunda ley de Newton de traslación** sobre cada bloque es

$$\sum F_y^1 : \; T_1 - m_1 g = m_1(-a_1)\,, \quad \sum F_y^2 : \; T_2 - m_2 g = m_2 a_2, \tag{12.6}$$

mientras que la **segunda ley de Newton de rotación** sobre la polea lleva a

$$\sum \tau_z : \; R_1 T_1 - R_2 T_2 = I\alpha. \tag{12.7}$$

Dado que los movimientos de la polea y de los bloques no son independientes entre sí, entonces podemos introducir **condiciones de ligadura** entre las distintas aceleraciones

$$a_1 = R_1\alpha\,, \quad a_2 = R_2\alpha. \tag{12.8}$$

Reemplazamos las aceleraciones de la ecuación (12.8) en la ecuación (12.6) y despejamos las tensiones

$$T_1 = m_1(g - a_1) = m_1(g - R_1\alpha)\,, \quad T_2 = m_2(g + a_2) = m_2(g + R_2\alpha).$$

Luego, reemplazamos este resultado en la ecuación (12.7) y despejamos la aceleración angular de la polea

$$R_1 m_1 (g - R_1 \alpha) - R_2 m_2 (g + R_2 \alpha) = I\alpha \quad \Longrightarrow \quad \alpha = \frac{R_1 m_1 - R_2 m_2}{m_1 R_1^2 + m_2 R_2^2 + I}\, g,$$

cuyo valor es

$$\alpha = \frac{(0{,}40\,\mathrm{m} \times 8{,}0\,\mathrm{kg} - 0{,}25\,\mathrm{m} \times 12{,}0\,\mathrm{kg}) \times 9{,}8\,\frac{\mathrm{m}}{\mathrm{s}^2}}{8{,}0\,\mathrm{kg} \times (0{,}40\,\mathrm{m})^2 + 12{,}0\,\mathrm{kg} \times (0{,}25\,\mathrm{m})^2 + 0{,}20\,\mathrm{kg} \cdot \mathrm{m}^2} = 0{,}879\,\frac{\mathrm{rad}}{\mathrm{s}^2}.$$

Reemplazando el resultado anterior en la ecuación (12.8) con $R_1 = 0{,}40\,\mathrm{m}$ y $R_2 = 0{,}25\,\mathrm{m}$, obtenemos las aceleraciones de los bloques

$$\boxed{a_1 = 0{,}35\,\frac{\mathrm{m}}{\mathrm{s}^2}} \quad \text{y} \quad \boxed{a_2 = 0{,}22\,\frac{\mathrm{m}}{\mathrm{s}^2}.}$$

Dado que la aceleración angular obtenida es positiva ($\alpha = 0{,}879\,\mathrm{rad/s^2}$), concluimos que el sentido que supusimos para la aceleración angular fue el correcto: **sentido antihorario**.

d) Para determinar la tensión en la cuerda amarrada al bloque m_1 basta con reemplazar la aceleración a_1 en la primera de las ecuaciones (12.6)

$$\boxed{T_1 = m_1(g - a_1) = 8{,}0\,\mathrm{kg} \times (9{,}8 - 0{,}35)\frac{\mathrm{m}}{\mathrm{s}^2} = 76\,\mathrm{N}.}$$

Solución 6.3. Considere los diagramas de cuerpo libre del tablón y los tres objetos que se muestra en la Figura 12.4.

a) Para determinar la magnitud de la fuerza normal $\vec{N}_B$ que ejerce el segundo soporte utilizaremos la **segunda ley de Newton de traslación** sobre el tablón y los tres objetos, considerando que los cuatro cuerpos permanecen estáticos $\vec{a} = 0$.

- Sobre el tablón

$$\sum F_y : \; -N_1 + N_A - Mg - N_3 + N_B - N_2 = 0. \tag{12.9}$$

- Sobre los tres objetos

$$\sum F_y : \; N_1 - m_1 g = 0, \tag{12.10a}$$

$$\sum F_y : \; N_2 - m_2 g = 0, \tag{12.10b}$$

$$\sum F_y : \; N_3 - m_3 g = 0. \tag{12.10c}$$

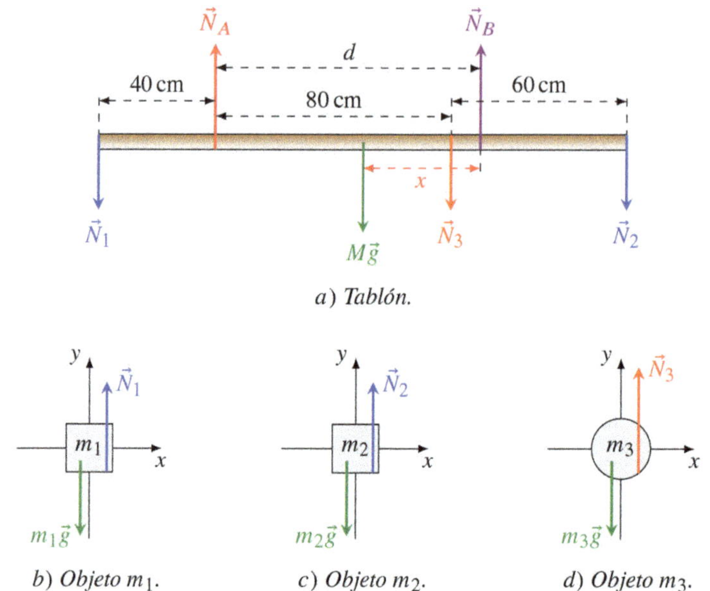

Figura 12.4. *Digramas de cuerpo libre de los objetos del Problema 6.3.*

Despejamos las fuerzas normales N_1, N_2 y N_3 de la ecuación (12.10) y reemplazamos en la ecuación (12.9)

$$-m_1 g + N_A - Mg - m_3 g + N_B - m_2 g = 0 \quad \Longrightarrow \quad N_B = (m_1 + m_2 + m_3)g - N_A.$$

Al reemplazar los valores se obtiene

$$\boxed{N_B = (5{,}0 + 5{,}0 + 12{,}0 + 25{,}0) \times 9{,}8 - 200 = 260{,}6\,\text{N} = 261\,\text{N}.}$$

b) La distancia de separación entre los soportes la calculamos aplicando la **segunda ley de Newton de rotación** sobre el tablón. Para esto es necesario definir un eje de giro que sea perpendicular al plano de la hoja. Podemos elegir uno que pase por el *centro de masa* del tablón (su centro geométrico).

Dado que todas las fuerzas se ejercen a lo largo del eje y, y los respectivos *brazos* son paralelos al eje x, se tiene que los torques son dados por

$$\tau_1 = N_1 \times \frac{1{,}80}{2} = 0{,}90\,N_1, \qquad \tau_2 = -N_2 \times \frac{1{,}80}{2} = -0{,}90\,N_2,$$
$$\tau_3 = -N_3 \times (0{,}90 - 0{,}60) = -0{,}30\,N_3, \qquad \tau_{Mg} = Mg \times 0{,}0 = 0{,}0,$$
$$\tau_A = -N_A \times (0{,}90 - 0{,}40) = -0{,}50\,N_A, \qquad \tau_B = xN_B,$$

donde x es la distancia desde el centro geométrico del tablón hasta el punto de contacto entre el tablón y el segundo soporte (soporte B). Como muestra la Figura 12.4a), la distancia desde el soporte B hasta el extremo izquierdo del tablón es $x + 1{,}80/2$, la distancia x más la mitad de la longitud del tablón. Esta distancia también se puede obtener como $d + 0{,}40$, la distancia entre los soportes más la distancia desde A hasta el extremo izquierdo del tablón. Se concluye que existe la siguiente relación entre x y d

$$x + 0{,}90 = d + 0{,}40 \quad \Longrightarrow \quad x = d - 0{,}50,$$

con lo cual, el torque de la fuerza normal en B es

$$\tau_B = xN_B = (d - 0{,}50)N_B.$$

Luego, aplicando la **segunda ley de Newton de rotación** sobre el tablón, con aceleración angular nula. Se obtiene

$$\sum \tau_z \,:\; 0{,}90\,N_1 - 0{,}50\,N_A - 0{,}30\,N_3 + (d - 0{,}50)N_B - 0{,}90\,N_2 = 0,$$

que reemplazando las fuerzas normales N_1, N_2 y N_3 obtenidas de la ecuación (12.10) y luego despejando d, lleva a

$$d = \frac{(0{,}90\,m_2 + 0{,}30\,m_3 - 0{,}90\,m_1)g + 0{,}50N_A}{N_B} + 0{,}50.$$

Aquí, reemplazamos las normales N_A (ver enunciado) y N_B (ver pregunta anterior)

$$d = \frac{(0{,}90 \times 5{,}0 + 0{,}30 \times 12{,}0 - 0{,}90 \times 5{,}0) \times 9{,}8 + 0{,}50 \times 200}{260{,}6} + 0{,}50\,,$$

que resolviendo lleva a $\boxed{d = 1{,}0\,\mathrm{m}.}$

Solución 6.4.

a) Considere el diagrama de cuerpo libre del cascarón de la Figura 12.5. Sobre el cascarón actúan la fuerza normal $\vec{N}$, la tensión $\vec{T}$, su peso $m\vec{g}$ y la fuerza de *roce estático* $\vec{f}_r$. Ésta última es *estática* porque no hay deslizamiento entre el cascarón y la superficie. Al aplicar la **segunda ley de Newton de traslación** en el eje x se obtiene

$$\sum F_x \,:\; T\cos\theta + f_r - mg\,\mathrm{sen}\,\theta = m\cancelto{0}{a_x}, \tag{12.11}$$

donde hemos considerado que la aceleración del cascarón es nula porque se encuentra en reposo. Por otro lado, al aplicar la **segunda ley de Newton de**

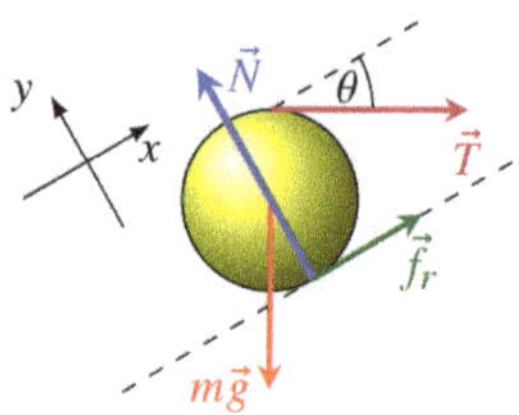

Figura 12.5. *DCL del cascarón esférico del Problema 6.4.*

rotación sobre el eje z (perpendicular al plano xy) que pasa por el centro del cascarón se tiene

$$\sum \tau_z : \cancelto{0}{\tau_{\vec{N}}} + \cancelto{0}{\tau_{m\vec{g}}} + \tau_{\vec{T}} + \tau_{\vec{f}_r} = I\cancelto{0}{\alpha_z}.$$

Aquí, el torque de la normal es nulo porque el brazo de la fuerza es paralelo a la normal ($\measuredangle \vec{r}\vec{N} = 180°$), mientras que el torque del peso es nulo porque se aplica en el eje de giro ($\vec{r} = 0$) y la aceleración angular es nula puesto que el cascarón está en reposo. Así, la ecuación anterior se convierte en

$$-RT + Rf_r = 0 \implies f_r = T. \tag{12.12}$$

Reemplazando la fuerza de roce en la ecuación (12.11) conduce a

$$T\cos\theta + T - mg\operatorname{sen}\theta = 0 \implies T = mg\frac{\operatorname{sen}\theta}{1+\cos\theta} = 2{,}0\times 9{,}8\times\frac{\operatorname{sen}30°}{1+\cos 30°},$$

cuyo resultado es

$$\boxed{T = 5{,}252 = 5{,}3\,\mathrm{N}.}$$

b) Para determinar la fuerza normal ejercida sobre la esfera por el plano inclinado, basta formular la **segunda ley de Newton de traslación** en el eje y

$$\sum F_y : N - mg\cos\theta - T\operatorname{sen}\theta = m\cancelto{0}{a_y} \implies N = mg\cos\theta + T\operatorname{sen}\theta,$$

de donde se obtiene

$$\boxed{N = 2{,}0\times 9{,}8\times\cos 30° + 5{,}252\times\operatorname{sen}30° = 19{,}60 = 20\,\mathrm{N}.}$$

Como se sabe, la fuerza normal apunta perpendicular al plano inclinado, hacia arriba (ver Figura 12.5).

c) Como ya se obtuvo en la ecuación (12.12), la fuerza de roce que actúa sobre la esfera es de igual magnitud que la tensión en la cuerda

$$\boxed{f_r = T = 5{,}3\,\mathrm{N}}$$

y apunta paralela al plano inclinado, hacia arriba (ver Figura 12.5).

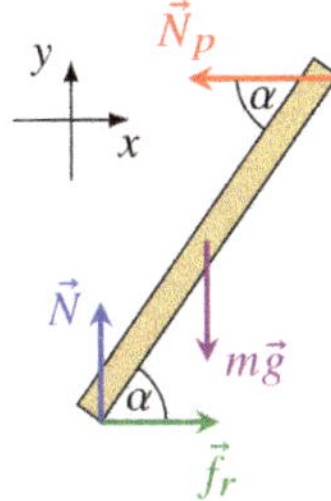

Figura 12.6. *DCL de la escalera del Problema 6.5.*

Solución 6.5. Considere el diagrama de cuerpo libre de la escalera mostrado en la Figura 12.6. Las fuerza que actúan sobre la escalera son la normal $\vec{N}$ y la fuerza de roce estático (sin deslizamiento) del suelos, el peso de la escalera $m\vec{g}$ y la normal de la pared $\vec{N}_P$. No se considera roce con la pared puesto que el enunciado así lo indica. Luego, la **segunda ley de Newton** en cada eje lleva a

$$\sum F_x : f_r - N_p = 0\,, \quad \sum F_y : N - mg = 0, \tag{12.13}$$

mientras que la **suma de los torques** en el eje z respecto del centro de masa lleva a

$$\sum \tau_z : \frac{L}{2}N_P \operatorname{sen}\alpha - \frac{L}{2}N \operatorname{sen}(90^\circ - \alpha) + \frac{L}{2}f_r \operatorname{sen}\alpha = 0. \tag{12.14}$$

En la suma anterior no figura el torque del peso debido a que es nulo porque actúa en el centro de masa de la escalera ($\vec{r} = 0$).

a) Para determinar la fuerza normal que ejerce la pared sobre la escalera es necesario resolver el sistema de ecuaciones (12.13) y (12.14).

De la segunda ley de Newton dada en la ecuación (12.13) se obtiene $f_r = N_p$ y $N = mg$. Luego, reemplazamos en la ecuación (12.14) y se obtiene

$$N_p \operatorname{sen}\alpha - mg \operatorname{sen}(90^\circ - \alpha) + N_p \operatorname{sen}\alpha = 0,$$

que despejando N_p conduce a,

$$\boxed{N_p = \frac{\operatorname{sen}(90^\circ - \alpha)}{2\operatorname{sen}\alpha}mg = \frac{\operatorname{sen}35^\circ}{2\times\operatorname{sen}55^\circ} \times 10 \times 9{,}8 = 34{,}3 = 34\,\text{N}.}$$

b) La fuerza normal que ejerce el piso la calculamos a partir de la segunda ley de Newton en el eje vertical de la ecuación (12.13)

$$\boxed{N = mg = 10 \times 9{,}8 = 98\ \text{N}.}$$

c) El mínimo coeficiente de roce *estático* entre la escalera y el piso se puede calcular considerando que la fuerza de roce máxima

$$f_r^{\max} = \mu_e N$$

debe ser igual a la fuerza de roce que se obtiene de la segunda ley de Newton en el eje x de la ecuación (12.13)

$$f_r = N_p.$$

El razonamiento anterior conduce a

$$f_r^{\max} = f_r \quad \Longrightarrow \quad \mu_e N = N_p \quad \Longrightarrow \quad \boxed{\mu_e = \frac{N_p}{N} = \frac{34{,}3\,\mathrm{N}}{98\,\mathrm{N}} = 0{,}35.}$$

Cualquier coeficiente de roce entre la escalera y el piso mayor o igual que 0,35 evita que la escalera deslice.

Solución 6.6. Para calcular la aceleración del sistema con la polea con masa es necesario formular la *segunda ley de Newton de traslación* sobre cada bloque, teniendo en cuenta que las tensiones que actúan sobre los bloques son distintas entre sí. Considere los diagramas de cuerpo libre de los bloques se muestran en la Figura 12.7. Sobre el bloque M actúa la tensión del *lado izquierdo* de la cuerda $\vec{T}_M$,

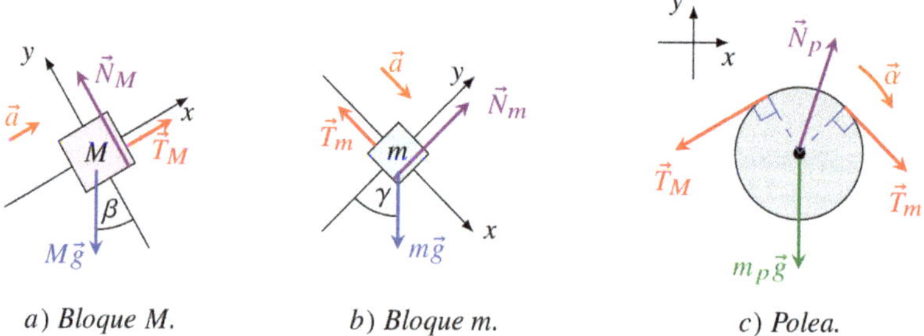

a) *Bloque M.* b) *Bloque m.* c) *Polea.*

Figura 12.7. *Diagramas de cuerpo libre del Problema 6.6.*

la normal $\vec{N}_M$ y el peso $M\vec{g}$ de modo que la **segunda ley de Newton** sobre el bloque M lleva a

$$\sum F_x : T_M - Mg\,\mathrm{sen}\,\beta = Ma, \tag{12.15a}$$

$$\sum F_y : N_M - Mg\cos\beta = 0. \tag{12.15b}$$

Sobre el bloque m actúan la tensión del *lado derecho* de la cuerda $\vec{T}_m$, la normal $\vec{N}_m$ y el peso $m\vec{g}$. Aquí, la **segunda ley de Newton** conduce a

$$\sum F_x : -T_m + mg \operatorname{sen}\gamma = ma, \tag{12.16a}$$

$$\sum F_y : N_m - mg\cos\gamma = 0. \tag{12.16b}$$

Note que hemos supuesto de *manera arbitraria* que el bloque M asciende por el plano inclinado mientras que el bloque m desciende. En este punto, lo importante es que la **condición de ligadura** entre los bloques y la poleas sea consistente. En nuestro caso, si el bloque M acelera hacia arriba en el plano inclinado, implica que el bloque m acelera hacia abajo y que la polea acelera en sentido horario.

El sistema de cuatro ecuaciones (12.15)-(12.16) cuenta con cinco incógnitas. Vemos que es necesaria una ecuación más. Esta ecuación corresponde a la *segunda ley de Newton de rotación sobre la polea*. En la Figura 12.7*c*) se muestran las fuerzas que actúan sobre la polea y sus puntos de aplicación. Luego, la **segunda ley de Newton de rotación** sobre la polea, con respecto del eje z que pasa por su centro de masa, lleva a

$$\sum \tau_z : \cancelto{0}{\tau_{\vec{N}}} + \cancelto{0}{\tau_{m_p\vec{g}}} + \tau_{\vec{T}_M} - \tau_{\vec{T}_m} = I(-\alpha),$$

donde $I = 0{,}125\,\mathrm{kg\,m^2}$ es el momento de inercia de la polea dado en el enunciado y α la aceleración angular de la polea, consistente con la dirección en que hemos supuesto que aceleran los bloques (ambos hacia la derecha). Los torques del peso de la polea y de la fuerza (normal) del eje de giro son nulos puesto que ambas fuerzas actúan en el centro de masa ($\vec{r} = 0$). Los torques de las tensiones se calculan de manera directa, de modo que la última ecuación se puede reescribir como

$$RT_M - RT_m = -I\frac{a}{R}. \tag{12.17}$$

Aquí hemos utilizado la **condición de ligadura** entre la aceleración angular de la polea y la aceleración (lineal) de los bloques ($a = R\alpha$).

Como es usual en los problemas con poleas, es buena idea eliminar la tensión del sistema de ecuaciones (12.15)-(12.17). Para esto, despejamos las tensiones de las ecuaciones (12.15a) y (12.16a) y las reemplazamos en la ecuación (12.17). El resultado se muestra a continuación

$$RM(g\operatorname{sen}\beta + a) - Rm(g\operatorname{sen}\gamma - a) = -I\frac{a}{R} \quad\Longrightarrow\quad a = \frac{m\operatorname{sen}\gamma - M\operatorname{sen}\beta}{mR^2 + MR^2 + I}R^2 g.$$

Reemplazando los datos se obtiene la aceleración de los bloques

$$\boxed{a = \frac{3{,}0\operatorname{sen}45^\circ - 7{,}0\operatorname{sen}30^\circ}{3{,}0\times 0{,}25^2 + 7{,}0\times 0{,}25^2 + 0{,}125}\times 0{,}25^2\times 9{,}8 = -1{,}126 = -1{,}1\ \frac{\mathrm{m}}{\mathrm{s}^2}.}$$

Por otro lado, la aceleración angular de la polea se obtiene directo de la condición de ligadura

$$a = R\alpha \quad \Longrightarrow \quad \boxed{\alpha = \frac{a}{R} = \frac{-1{,}126}{0{,}25} = -4{,}5\,\frac{\text{rad}}{\text{s}}.}$$

En ambos casos, los signos «−» indican que la aceleración ocurre en la dirección contraria a la que habíamos supuesto, es decir, el bloque M acelera hacia abajo, el bloque m lo hace hacia arriba y la polea acelera en sentido antihorario ↺.

Solución 6.7.

a) Para encontrar la aceleración de los bloques aplicaremos la *segunda ley de Newton de traslación* sobre los bloques y la *segunda ley de Newton de rotación* sobre la polea.

Supongamos que el bloque de masa $3m$ acelera hacia arriba en el plano inclinado de modo que el bloque colgando de masa m acelera hacia abajo, ambos con la misma magnitud a. Esto también obliga a que la polea acelere en sentido horario con aceleración angular $\vec{\alpha}_p$ relacionada con la aceleración de los bloques como $a = R\alpha_p$, con R el radio de la polea.

Consideremos los diagramas de cuerpo libre de los bloques que se muestran en la Figura 12.8. Vemos que sobre el bloque $3M$ actúan las tensión del lado

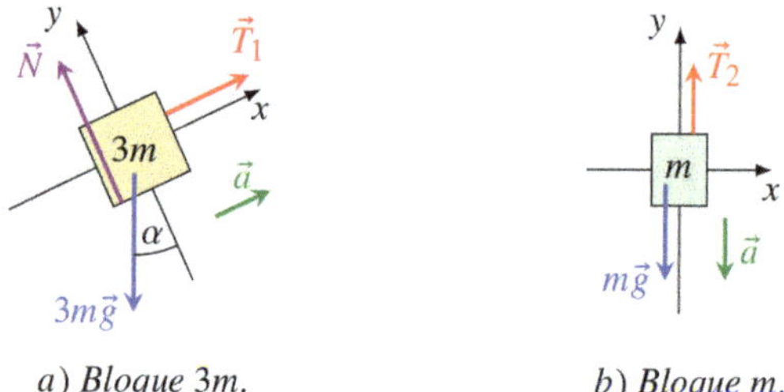

a) *Bloque* $3m$. *b*) *Bloque* m.

Figura 12.8. *Diagramas de cuerpo libre de los bloques del Problema 6.7.*

izquierdo de la cuerda $\vec{T}_1$, la fuerza normal del plano inclinado $\vec{N}$ y su peso $3m\vec{g}$. Con esto, la **segunda ley de Newton** *sobre el bloque de masa* $3m$ lleva a

$$\sum F_x : T_1 - 3mg\,\text{sen}\,\alpha = 3ma, \tag{12.18a}$$

$$\sum F_y : N - 3mg\cos\alpha = 0. \tag{12.18b}$$

Sobre el bloque m solo actúan la tensión del lado derecho de la cuerda $\vec{T}_2$ y su peso por lo que la **segunda ley de Newton** *sobre el bloque de masa* m lleva a

$$\sum F_y : \; T_2 - mg = m(-a). \tag{12.19}$$

Es importante notar que a pesar de tratarse de una única cuerda, deben existir tensiones distintas $\vec{T}_1$ y $\vec{T}_2$ antes y después de la *polea con masa* para hacer que ésta gire. También es importante mencionar que hemos supuesto que el bloque $3M$ asciende por el plano inclinado con aceleración de magnitud a, mientras que el bloque m desciende con aceleración de la misma magnitud, por eso el signo «-»frente a la aceleración en la ecuación (12.19). En resumen, hemos introducido una **condición de ligadura** entre los bloques.

Hasta ahora se tienen *cuatro incógnitas*: las dos tensiones (T_1 y T_2), la aceleración a y la normal N; y *solo tres ecuaciones* dadas en (12.18) y (12.19). Es necesario formular al menos *una ecuación más* por lo que formularemos la *segunda ley de Newton de rotación* sobre la polea.

Calculemos los torques que realiza cada fuerza que actúa sobre la polea con respecto al eje de giro que pasa por su centro. Para esto, considere el diagrama de cuerpo libre de la Figura 12.9. Sobre la polea actúan las tensiones $\vec{T}_1$ y $\vec{T}_2$,

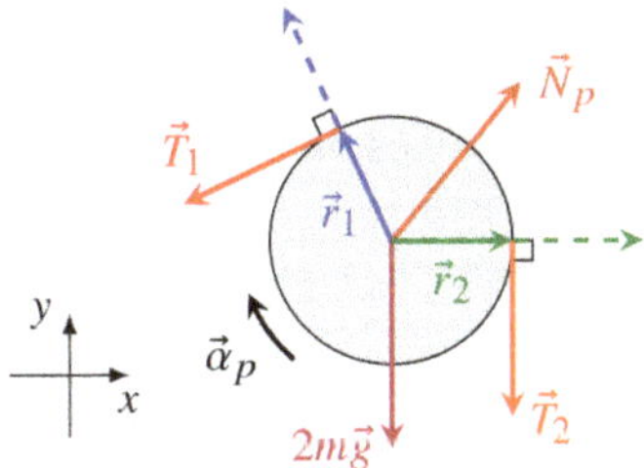

Figura 12.9. *DCL de la polea del Problema 6.7.*

el peso de la polea $2m\vec{g}$ y la fuerza (normal) $\vec{N}_p$ que ejerce el eje de la polea. Primero, el *torque del peso* es

$$\vec{\tau}_{2m\vec{g}} = \vec{r} \times 2m\vec{g} = 0,$$

porque el peso de la polea actúa en el eje de giro de la misma.

El eje de giro de la polea realiza una fuerza de contacto sobre la polea ($\vec{N}_p$) que mantiene a la polea en su lugar. Podemos deducir que apunta hacia el primer cuadrante ($\nearrow$) puesto que debe equilibrar a las otras tres fuerzas que tiran la polea hacia el tercer cuadrante[1] ($\swarrow$). Cualquiera sea la dirección en que apunta $\vec{N}_p$, sabemos que actúa en el centro de la polea de modo que concluimos que *el eje de giro no realiza torque* $\vec{\tau}_{\vec{N}_p} = 0$.

La *tensión del lado izquierdo de la cuerda* actúa en la misma dirección en que está la cuerda y como sabemos, las cuerdas siempre son tangentes al borde de

[1]Para corroborar este punto basta aplicar la segunda ley de Newton de traslación sobre la polea con aceleración (lineal) nula.

las poleas, lo que lleva a $\vec{r}_1 \perp \vec{T}_1$. De aquí concluimos que

$$\vec{\tau}_1 = \vec{r}_1 \times \vec{T}_1 = RT_1\,\hat{k},$$

donde se ha utilizado la regla de la mano derecha para identificar la dirección en que apunta este torque.

Consideraciones análogas a las del cálculo de $\vec{\tau}_1$ llevan a determinar el *torque de la tensión del lado derecho*

$$\vec{\tau}_2 = \vec{r}_2 \times \vec{T}_2 = -RT_2\,\hat{k},$$

con la diferencia de que este torque apunta en la dirección contraria a $\vec{\tau}_1$.

Ahora, aplicamos la **segunda ley de Newton de rotación** sobre la polea

$$\sum \tau :\; RT_1 - RT_2 = I_p(-\alpha_p),$$

donde hemos fijado la dirección de la aceleración angular de la polea α_p como en la Figura 12.9. Vemos que esta fijación es consistente con la dirección en que hemos supuesto las aceleraciones de los bloques mostrada en la Figura 12.8. Así, la **condición de ligadura** es $\alpha_p = a/R$. Por otro lado, el momento de inercia de un disco sólido es[2] $I = \frac{1}{2}mr^2$con lo cuál, la ecuación anterior se reescribe como

$$RT_1 - RT_2 = -\frac{1}{2}(2m)R^2\,\frac{a}{R} \quad\Longrightarrow\quad T_1 - T_2 = -ma. \tag{12.20}$$

Ahora estamos en condiciones de resolver el sistema de ecuaciones (12.18)-(12.20). Despejamos la tensión T_1 de la ecuación (12.18a) y la tensión T_2 de la ecuación (12.19), y luego reemplazamos en (12.20)

$$3m(a + g\,\mathrm{sen}\,\alpha) - m(g - a) = -ma,$$

de donde es directo despejar la aceleración buscada

$$\boxed{a = \frac{(1 - 3\,\mathrm{sen}\,\alpha)}{5}\,g = \frac{(1 - 3\,\mathrm{sen}\,10°)}{5} \times 9{,}8 = 0{,}94\,\frac{\mathrm{m}}{\mathrm{s}^2}.}$$

Como la aceleración es un valor positivo y habíamos supuesto que el bloque de masa m bajaba, concluimos que hemos acertado, el bloque de masa m **acelera hacia abajo**.

b) Ahora suponemos que el coeficiente de roce cinético entre el plano y el bloque $3m$ es $\mu_c = 0{,}10$. Esto implica que se debe incluir la fuerza de roce que actúa sobre el bloque de masa $3m$.

[2]Ver el Apéndice A.

Dado que en la pregunta anterior concluimos que cuando no hay roce el bloque m acelera hacia abajo, se tiene que el bloque $3m$ asciende por el plano inclinado. Así, la fuerza de roce sobre $3m$ va en la dirección contraria, es decir, hacia abajo, paralela al plano inclinado.

Al agregar la fuerza de roce sobre $3m$, solo cambia la segunda ley de Newton en el eje x sobre $3m$ (12.18a). Las otras ecuaciones, (12.18b), (12.19) y (12.20) permanecen sin cambio. El sistema de ecuaciones a resolver es el siguiente

$$T_1 - 3mg \operatorname{sen} \alpha - f_r = 3ma, \tag{12.21a}$$

$$N - 3mg \cos \alpha = 0, \tag{12.21b}$$

$$T_2 - mg = -ma, \tag{12.21c}$$

$$T_1 - T_2 = -ma. \tag{12.21d}$$

De la ecuación (12.21b) obtenemos la normal y luego la fuerza de roce *cinético*

$$f_r = \mu_c N = 3\mu_c mg \cos \alpha.$$

Luego, reemplazamos la fuerza de roce en la ecuación (12.21a) y despejamos la tensión T_1

$$T_1 = 3m(a + g \operatorname{sen} \alpha) + f_r = 3m(a + g \operatorname{sen} \alpha + \mu_c g \cos \alpha),$$

y de la ecuación (12.21c) despejamos la tensión T_2

$$T_2 = m(g - a).$$

Finalmente, reemplazamos ambas tensiones en la ecuación (12.21d)

$$3m(a + g \operatorname{sen} \alpha + \mu_c g \cos \alpha) - m(g - a) = -ma,$$

de donde se obtiene la aceleración

$$\boxed{a = \frac{(1 - 3 \operatorname{sen} \alpha - 3\mu_c \cos \alpha)}{5} g = 0{,}36 \ \frac{\text{m}}{\text{s}^2}.}$$

Solución 6.8.

a) El momento de inercia del carrete *–respecto de su eje de simetría–* es igual a la suma de los momentos de inercia de los dos discos I_d y el cilindro I_c (ver Apéndice A)

$$\boxed{I = 2I_d + I_c = 2\left(\frac{1}{2}m(2R)^2\right) + \frac{1}{2}(2m)R^2 = 5mR^2.}$$

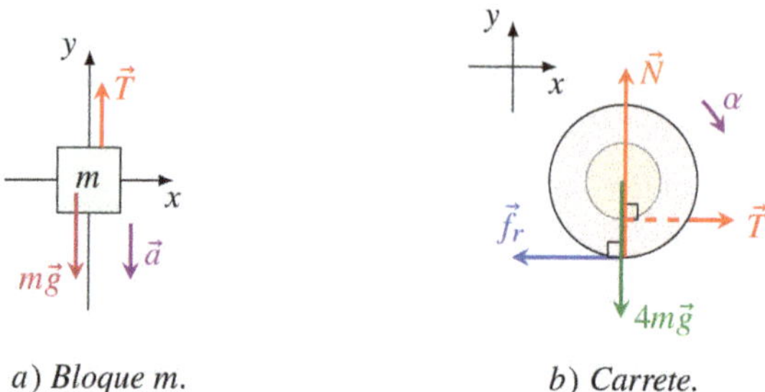

a) Bloque m. *b) Carrete.*

Figura 12.10. *Diagramas de cuerpo libre del bloque y del carrete del Problema 6.8.*

b) Para obtener las ecuaciones de movimiento del bloque y el carrete, primero consideremos sus diagramas de cuerpo libre dados en la Figura 12.10. Tenemos que sobre el bloque actúan la tensión de la cuerda $\vec{T}$ y su peso $m\vec{g}$. Con esto, la **segunda ley de Newton de traslación** sobre el bloque m lleva a

$$\sum F_y : \; T - mg = m(-a), \tag{12.22}$$

donde hemos supuesto qu el bloque acelera hacia abajo. Por otro lado, sobre el carrete actúan la fuerza normal de la mesa $\vec{N}$, la tensión de la cuerda $\vec{T}$, su peso $4m\vec{g}$ y la fuerza de roce *estático* $\vec{f}_r$. Notar que la tensión de la cuerda que actúa sobre el carrete es la misma que la que actúa sobre el bloque porque la polea del extremo derecho de la mesa tiene masa despreciable, como indica el enunciado. También es importante notar que la fuerza de roce es de carácter estático porque el carrte *rueda* sobre la mesa, es decir, no desliza. Luego, la **segunda ley de Newton de traslación** sobre el carrete lleva a

$$\sum F_x : \quad T - f_r = (2m + m + m)a_c, \tag{12.23a}$$

$$\sum F_y : \quad N - (2m + m + m)g = m\cancelto{0}{a_y}. \tag{12.23b}$$

Por otro lado, la **segunda ley de Newton de rotación** sobre el carrete con respecto a su eje de simetría establece que

$$\sum \tau_z : \; RT - 2Rf_r = 5mR^2(-\alpha), \tag{12.24}$$

donde hemos considerado el momento de inercia del carrete calculado en la primera pregunta. Notar que el *peso se ejerce en el eje de giro*, mientras que la *fuerza normal se ejerce* en el punto de contacto entre el carrete y la mesa en la dirección *(anti-)paralela al vector* $\vec{r}$, de modo que ambos torques son nulos

$$\vec{\tau}_{m\vec{g}} = \cancelto{0}{\vec{r}} \times m\vec{g} = 0\,, \quad \vec{\tau}_{\vec{N}} = \vec{r} \times \vec{N} = (-2R\,\hat{\jmath}) \times N\,\hat{\jmath} = 0.$$

La **condición de ligadura** entre la aceleración del centro de masa del carrete y su aceleración angular es dada por la *condición de rodadura*, es decir, la aceleración del centro de masa a_c es igual al radio de giro $2R$ por la aceleración angular α

$$a_c = 2R\alpha. \tag{12.25}$$

La **otra condición de ligadura** que relaciona la aceleración del bloque con las otras aceleraciones es un tanto más complicada. Si el carrete se desplaza pero no rota, la cuerda no se enrollaría en el carrete y entonces se tendría que $a = a_c$. Si por el contrario, la cuerda se enrollara pero el carrete no se desplazara se tendría $a = -R\alpha$ (aceleración del bloque igual a la aceleración tangencial del cilindro del carrete). Dado que los ambos efectos ocurren en simultáneo concluimos que

$$a = a_c - R\alpha = 2R\alpha - R\alpha = R\alpha. \tag{12.26}$$

Las ecuaciones de movimiento para el carrete y el bloque corresponden al sistema de seis ecuaciones (12.22)-(12.26). Las incógnitas del sistema son las aceleraciones a, a_c y α; la tensión T; la fuerza de roce estática f_r y la normal N.

c) Para encontrar la aceleración angular del carrete reemplazaremos las condiciones de ligadura (12.25) y (12.26) en las ecuaciones (12.22)-(12.24)

$$T - mg = -mR\alpha, \tag{12.27a}$$

$$T - f_r = 8mR\alpha, \tag{12.27b}$$

$$N - 4mg = 0, \tag{12.27c}$$

$$T - 2f_r = -5mR\alpha. \tag{12.27d}$$

Para resolver este sistema, multiplicamos (12.27b) por dos y le restamos (12.27d) con lo cuál eliminamos f_r y obtenemos la tensión T en términos de α

$$T = 21mR\alpha.$$

Luego, reemplazamos el resultado anterior en la ecuación (12.27a) y despejamos la aceleración angular del carrete α

$$21mR\alpha - mg = -mR\alpha \quad \Longrightarrow \quad \boxed{\alpha = \frac{1}{22R}g.}$$

12.2 *Momentum* angular

Solución 6.9.

a) El momento de inercia del sistema formado por el estudiante, las mancuernas y el banco giratorio corresponde a la suma de los momentos de inercia de las mancuernas I_{m} con el momento de inercia del estudiante-banco I_{eb}

$$I = 2I_{\text{m}} + I_{\text{eb}} = 2mr^2 + I_{\text{eb}},$$

donde hemos considerado que las dimensiones de las mancuernas son mucho menores que la distancia r al eje de giro, de modo de poder tratarlas como masas puntuales con momento de inercia $I = mr^2$.

El *momento de inercia inicial* del sistema, cuando el estudiante tiene los brazos extendidos ($r = 0{,}750\,\text{m}$), es

$$\boxed{I_i = 2 \times 3{,}00\,\text{kg} \times (0{,}750\,\text{m})^2 + 3{,}00\,\text{kg} \cdot \text{m}^2 = 6{,}375\,\text{kg} \cdot \text{m}^2 = 6{,}38\,\text{kg} \cdot \text{m}^2,}$$

mientras que el *momento de inercia final* del sistema, cuando el estudiante cierra sus brazos ($r = 0{,}300\,\text{m}$), es

$$\boxed{I_f = 2 \times 3{,}00\,\text{kg} \times (0{,}300\,\text{m})^2 + 3{,}00\,\text{kg} \cdot \text{m}^2 = 3{,}54\,\text{kg} \cdot \text{m}^2.}$$

b) Para calcular la rapidez angular del estudiante cuando cierra sus brazos utilizaremos la **conservación del *momentum* angular**.

Cuando el estudiante tiene sus *brazos extendidos*, el ***momentum* angular inicial** del sistema es $L_i = I_i\omega_i$, con $\omega_i = 0{,}750\,\text{rad/s}$ la rapidez angular inicial. En cambio, cuando el estudiante tiene sus *brazos cerrados*, el ***momentum* angular final** del sistema es $L_f = I_f\omega_f$, donde ω_f es la rapidez angular buscada. El **cambio de *momentum* angular** en la dirección vertical es

$$\Delta L = L_f - L_i = I_f\omega_f - I_i\omega_i.$$

Durante el intervalo de tiempo desde que el estudiante tiene sus brazos extendidos hasta que los tiene cerrados, las fuerzas externas que actúan sobre el sistema son el peso, y la normal con el piso. Ambas *fuerzas no realizan torque* ($\sum \tau_z = 0$) que cambie el estado de giro respecto de la vertical del sistema (no harán que gire más rápido o más lento), de modo que el ***momentum* angular se conserva**

$$\Delta L = 0 \quad \Longrightarrow \quad \omega_f = \frac{I_i}{I_f}\omega_i,$$

donde hemos despejado la rapidez angular final cuyo valor es

$$\boxed{\omega_f = \frac{6{,}375\,\text{kg} \cdot \text{m}^2}{3{,}54\,\text{kg} \cdot \text{m}^2} \times 0{,}750\,\frac{\text{rad}}{\text{s}} = 1{,}351\,\frac{\text{rad}}{\text{s}} = 1{,}35\,\frac{\text{rad}}{\text{s}}.}$$

c) La energía cinética de rotación la obtenemos de manera directa a partir de su definición

$$K = \frac{1}{2} I\omega^2.$$

Así, la energía cinética de rotación inicial es

$$\boxed{K_i = \frac{1}{2} I_i \omega_i^2 = \frac{1}{2} \times 6{,}375\,\text{kg} \cdot \text{m}^2 \times \left(0{,}750\,\frac{\text{rad}}{\text{s}}\right)^2 = 1{,}79\,\text{J},}$$

mientras que la energía cinética de rotación final es

$$\boxed{K_f = \frac{1}{2} I_f \omega_f^2 = \frac{1}{2} \times 3{,}54\,\text{kg} \cdot \text{m}^2 \times \left(1{,}351\,\frac{\text{rad}}{\text{s}}\right)^2 = 3{,}23\,\text{J}.}$$

¿De dónde aparece la energía extra final?

Solución 6.10. Estudiaremos el impacto de la bala con el cascarón utilizando la conservación del *momentum* líneal y la conservación del *momentum* angular.

a) Justo antes del impacto de la bala, el cascarón cilíndrico se encuentra en reposo ($\vec{V}_i = 0$), por lo que su *momentum* lineal es nulo. Luego, el *momentum* lineal del sistema bala-cascarón buscado corresponde solo al de la bala

$$\boxed{\vec{p}_i = M\vec{V}_i \; - mv_0\,\hat{\imath} = -mv_0\,\hat{\imath},}$$

donde hemos considerado un sistema de referencia con eje x hacia la derecha como muestra la Figura 12.11.

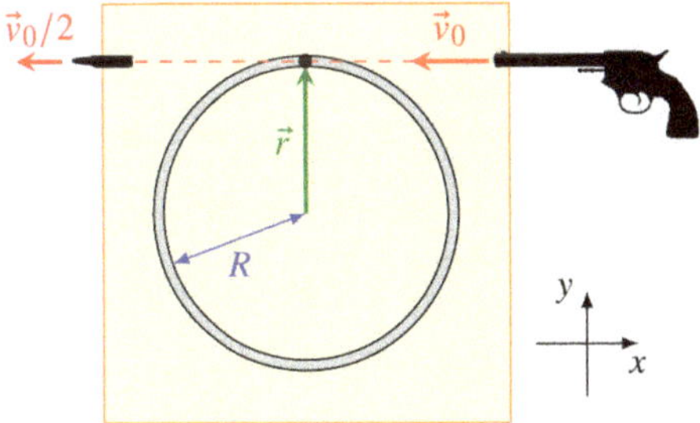

Figura 12.11. *Diagrama del impacto de la bala en el cascarón cilíndrico del Problema 6.10.*

b) Para obtener la velocidad lineal del centro del cascarón después de la colisión con la bala, basta con utilizar la conservación del *momentum* lineal durante la colisión.

Como establecimos en la pregunta anterior, *justo antes de la colisión*, solo la bala está en movimiento en el eje x por lo que el *momentum* inicial del sistema bala-cascarón es $p_i = -mv_0$. *Justo después de la colisión*, la bala reduce su velocidad a la mitad manteniendo su dirección, mientras que el cascarón se mueve con velocidad V desconocida[3]. Así, el **cambio de *momentum* lineal** durante la colisión es

$$\Delta p_x = p_f - p_i = \left(MV - m\frac{v_0}{2}\right) - (-mv_0) = MV + m\frac{v_0}{2}.$$

Dado que se trata de una colisión, consideramos que el ***momentum* lineal se conserva**, es decir,

$$\Delta p_x = MV + m\frac{v_0}{2} = 0 \quad \Longrightarrow \quad \boxed{\vec{V} = -\frac{m}{2M}\, v_0\,\hat{\imath}.}$$

Aquí obtuvimos la velocidad del cascarón cilíndrico tras la colisión. El signo «−» indica que el cascarón cilíndrico se mueve hacia la *izquierda*, contra el eje x, consistente con la intuición que nos provee la Figura 12.11.

c) El *momentum* angular del sistema bala-cascarón *justo antes* de la colisión corresponde solo al de la bala ya que el cascarón está inicialmente en reposo. Si consideramos la bala como una masa puntual, es decir, consideramos que sus dimensiones son despreciables comparadas con las del cascarón, se tiene que en términos de su *momentum* lineal $\vec{p}$ y de su posición $\vec{r}$ respecto del eje de giro, su *momentum* angular es dado por

$$\vec{L} = \vec{r} \times \vec{p}.$$

En nuestro caso, el *momentum* lineal de la bala es $\vec{p} = -mv_0\,\hat{\imath}$ mientras que el vector que apunta desde el eje de griro hasta la posición de la bala *justo antes de la colisión* es $\vec{r} = R\,\hat{\jmath}$, como muestra la Figura 12.11. Así, el vector *momentum* angular inicial de la bala es[4]

$$\vec{L}_i^b = R\,\hat{\jmath} \times (-mv_0\,\hat{\imath}) = mRv_0\,\hat{k}.$$

[3]El sistema bala-cascarón solo tiene *momentum* lineal en el eje x puesto que en un inicio solo la bala se mueve y lo hace paralelo al eje x. Tras la colisión, la bala se sigue moviendo en el eje x por lo que el cascarón también debe moverse solo en el eje x de modo de satisfacer la conservación del *momentum* lineal.

[4]No es difícil demostrar que el *momentum* angular de la bala permanece constante durante todo el trayecto antes de impactar con el cilindro. Durante este trayecto, el vector que apunta desde el centro del cascarón (eje de giro) hasta la posición de la bala es de la forma

$$\vec{r} = x\,\hat{\imath} + R\,\hat{\jmath},$$

donde x es algún valor mayor o igual que cero. Luego , el *momentum* angular de la bala con $\vec{p} = -mv_0\,\hat{\imath}$ es

$$\vec{L}_i^b = (x\,\hat{\imath} + R\,\hat{\jmath}) \times (-mv_0\,\hat{\imath}) = mRv_0\,\hat{k},$$

el mismo valor obtenido justo antes del impacto.

Tras toda la discusión anterior, concluimos que el *momentum* angular inicial del sistema bala-cascarón es

$$\boxed{\vec{L}_i = I_c \cancelto{0}{\vec{\omega}_i} + mRv_0\,\hat{k} = mRv_0\,\hat{k}.}$$

d) La velocidad angular ω del cascarón después de la colisión la obtenemos aplicando la *conservación del momentum angular* durante el impacto de la bala.

Justo antes de la colisión, solo la bala está en movimiento por lo que el *momentum* angular del sistema (en el eje z) es el calculado en la pregunta anterior $L_i = mRv_0$. *Justo después de la colisión*, la bala reduce su velocidad a la mitad mientras que el cascarón rota con velocidad angular ω desconocida, por lo que el *momentum* angular solo tiene componente z dada por

$$L_f = I_c\omega + mR\frac{v_0}{2} = MR^2\omega + \frac{m}{2}Rv_0.$$

Aquí, el *momentum* angular de la bala tras la colisión lo obtuvimos siguiendo el mismo razonamiento de la pregunta anterior. Durante la colisión, las fuerzas externas al sistema bala-cascarón son: el peso de la bala, el peso del cascarón y la fuerza normal de la mesa sobre el cascarón. Ninguna de estas fuerzas realiza torque para cambiar el estado de giro de los dos cuerpos[5], por lo que concluimos que el ***momentum* angular se conserva**

$$\Delta L = L_f - L_i = \left(MR^2\omega + \frac{m}{2}Rv_0\right) - mRv_0 = 0.$$

Despejando la rapidez angular del cascarón, se obtiene

$$\boxed{\omega = \frac{m}{2MR}\,v_0.}$$

Concluimos que el cascarón queda tras la colisión girando en sentido **antihorario** ↺ (visto desde arriba de la mesa).

Solución 6.11. Utilizaremos la conservación del *momentum* angular para estudiar este sistema.

a) Antes del impacto de la bala, el sistema disco-barra-bala tiene *momentum* angular respecto del eje de giro dado por

$$\vec{L}_i = I_{\text{bala}}\,\vec{\omega}_{\text{bala}} + I_{\text{disco}}\,\vec{\omega}_0 + I_{\text{barra}}\,\vec{\omega}_0.$$

[5]En rigor, el peso de la bala realiza torque sobre el sistema que tiende a hacer que rote respecto de un eje horizontal paralelo a la trayectoria (casi)recta de la bala, es decir, respecto del eje x. Sin embargo, este torque es despreciable –dada la pequeña masa de la bala– y además solo cambia el *momentum* angular en el eje x y no en el eje z que es el que estamos estudiando.

Definiendo el eje z apuntando hacia arriba de manera que coincida con el eje de giro del sistema se tiene que las velocidades angulares son dadas por

$$\vec{\omega}_{\text{bala}} = \frac{v}{L/2}\,\hat{k} = \frac{2v}{L}\hat{k} \quad , \quad \vec{\omega}_0 = -\omega_0\,\hat{k},$$

donde hemos utilizado la relación $v = R\omega$ para obtener la velocidad angular de la bala *justo antes del impacto*. Así, el *momentum* angular inicial del sistema (en el eje z) es

$$\begin{aligned} L_i &= m\left(\frac{L}{2}\right)^2\frac{2v}{L} - \frac{1}{2}M_d R^2\omega_0 - \frac{1}{12}M_b L^2\omega_0 \\ &= \frac{1}{2}mLv - \left(\frac{1}{2}M_d R^2 + \frac{1}{12}M_b L^2\right)\omega_0. \end{aligned}$$

Aquí hemos introducido los momentos de inercia listados en el Apéndice A. Reemplazando los datos

$$L_i = \frac{1}{2}\times 0{,}010\times 0{,}60\times 240 - \left(\frac{1}{2}\times 1{,}6\times 0{,}15^2 + \frac{1}{12}\times 0{,}300\times 0{,}60^2\right)\times 20,$$

se obtiene

$$\boxed{\vec{L}_i = 0{,}18\,\hat{k}\ \text{kg}\cdot\frac{\text{m}^2}{\text{s}^2}.}$$

b) Para determinar la rapidez angular del sistema después del impacto utilizaremos la conservación del *momentum* angular. Sobre el sistema disco-barra-bala no actúa fuerza alguna que ejerza torque en el eje z que altere el *momentum* angular del sistema respecto del eje[6] z.

El *momentum* angular del sistema *justo antes del impacto* de la bala es el que calculamos en la pregunta anterior, mientras que el *momentum* angular *justo después* es

$$\vec{L}_f = \left\{m\left(\frac{L}{2}\right)^2 + \frac{1}{2}M_d R^2 + \frac{1}{12}M_b L^2\right\}\omega\,\hat{k} = 0{,}027\,9\,\omega\,\hat{k},$$

donde hemos considerado que todo el sistema gira con la misma rapidez ω tras el impacto. Como ya discutimos, el ***momentum* angular se conserva** en este sistema, lo que lleva a determinar la rapidez angular

$$\Delta L_z = 0{,}027\,9\,\omega - 0{,}18 = 0 \quad\Longrightarrow\quad \boxed{\omega = \frac{0{,}18}{0{,}027\,9} = 6{,}452 = 6{,}5\ \frac{\text{rad}}{\text{s}}.}$$

[6]Al igual que en el Problema 6.10, el peso de la bala realiza un torque despreciable sobre un eje perpendicular al eje z. Una explicación más detallada se puede encontrar en la Nota a pie de página 5 de la Página 197.

Concluimos que el sistema disco-barra-bala gira tras el impacto con velocidad angular $\vec{\omega} = 6{,}5\,\hat{k}$ rad/s, es decir *gira en contra* de como lo hacían la barra y el disco antes del impacto.

c) Ahora buscamos la velocidad de la bala que hará que el sistema completo quede en resposo tras el impacto. Para esto es necesario que el *momentum* angular tras el choque sea nulo.

El *momentum* angular *antes del impacto* se obtiene de manera idéntica a como lo hicimos en la primera pregunta de este problema, solo que ahora, la velocidad v de la bala es la incógnita

$$\begin{aligned} L_i &= \frac{1}{2} \times 0{,}010 \times 0{,}60 \times v - \left(\frac{1}{2} \times 1{,}6 \times 0{,}15^2 + \frac{1}{12} \times 0{,}300 \times 0{,}60^2\right) \times 20 \\ &= 0{,}003\,0\,v - 0{,}54. \end{aligned}$$

Como ya mencionamos, la velocidad angular final tiene que ser nula, lo que conduce a que el *momentum* angular *justo tras el impacto* también deba ser nulo $L_f = 0$. El *momentum* angular del sistema se conserva puesto que se satisfacen las mismas condiciones de la pregunta anterior, por tanto

$$\Delta L = -(0{,}003\,0\,v - 0{,}54) = 0 \quad \Longrightarrow \quad \boxed{v = \frac{0{,}54}{0{,}003\,0} = 180\,\frac{\text{m}}{\text{s}} = 0{,}18\,\frac{\text{km}}{\text{s}}.}$$

Si la bala se mueve con rapidez $v = 0{,}18\,\frac{\text{km}}{\text{s}}$, entonces el sistema queda inmóvil tras el impacto.

12.3 Energía mecánica de cuerpos rígidos

Solución 6.12. Resolveremos el problema utilizando consideraciones de energía.

a) Para obtener la altura que asciende el cilindro en su recorrido utilizaremos geometría elemental. Para esto, consideremos el triangulo rectángulo de la Figura 12.12.

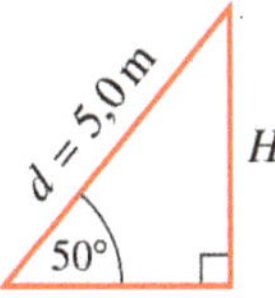

Figura 12.12. *Diagrama del recorrido del cilindro del Problema 6.12.*

$$\operatorname{sen} 50° = \frac{H}{d} \quad \Longrightarrow \quad \boxed{H = d \operatorname{sen} 50° = 5{,}0 \times \operatorname{sen} 50° = 3{,}830\,\text{m} = 3{,}8\,\text{m}.}$$

b) La energía del sistema formado por el cilindro y la masa colgante se conserva durante el desarrollo de la situación. Veamos el detalle.

Las **fuerzas externas no conservativas** que actúan sobre el sistema cilindro-masa son: el peso del cilindro, el peso de la masa, y la fuerza normal y la fuerza de roce *estático* (el cilindro no desliza) que realiza el plano inclinado sobre el cilindro[7]. De éstas solo la normal y la fuerza de roce estático son no conservativas, sin embargo, el trabajo de la fuerza normal es nulo porque es perpendicular al desplazamiento, mientras que el trabajo del roce estático *se convierte en energía cinética de rotación del cilindro* debido a la condición de ligadura.

La **energía del sistema cilindro-masa** se puede calcular al inicio, cuando el sistema se encuentra en reposo. Aquí, las energías cinéticas de ambos cuerpos son nulas mientras que solo el bloque colgante tiene energía potencial gravitacional respecto del suelo

$$\boxed{E_i = mgh = 75 \times 9{,}8 \times 5{,}0 = 3{,}675 \times 10^3\,\mathrm{J} = 3{,}7\,\mathrm{kJ}.}$$

Aquí $m = 75\,\mathrm{kg}$ es la masa del bloque colgante y $h = 5{,}0\,\mathrm{m}$ su altura inicial sobre el suelo.

c) Para calcular la velocidad del centro de masa del cilindro cuando ha recorrido los 5,0 m, utilizaremos el *teorema del trabajo y la energía mecánica*.

En la *situación inicial*, cuando el cilindro está en reposo en la base del plano inclinado y la masa colgante también está en reposo en la altura $h = 5{,}0\,\mathrm{m}$, la energía del sistema es $E_i = mgh$. Esto ya lo calculamos en la pregunta anterior. En la *situación final*, cuando la masa colgante ha descendido 5,0 m y el cilindro ha avanzado 5,0 m por el plano inclinado, se tiene que la energía del sistema es

$$E_f = \frac{1}{2}MV^2 + \frac{1}{2}I_c\omega^2 + MgH + \frac{1}{2}mv^2 + mgh_f\,.$$

Aquí, $M = 50\,\mathrm{kg}$ e $I_c = (1/2)MR^2$ son la masa y el momento de inercia del cilindro, mientras que V, ω y $H = 3{,}830\,\mathrm{m}$ son la rapidez del centro de masa, la rapidez angular y la altura final del cilindro, respectivamente. Además, v es la rapidez del bloque colgante y $h_f = 0{,}0\,\mathrm{m}$ es su altura cuando el cilindro ha avanzado 5,0 m.

En este punto es necesario introducir las **condiciones de ligadura** del sistema. Por un lado, es claro que la rapidez V con que avanza el cilindro es igual a

[7]La tensión de la cuerda es una **fuerza interna** por lo que no realiza trabajo. Para comprender esto, note que la tensión sobre el cilindro se aplica en la misma dirección en que ocurre el desplazamiento mientras que sobre la masa colgante apunta en la dirección contraria, los trabajos realizados tienen la misma magnitud pero con signo contrario por lo que al hacer la suma de los trabajos no conservativos, los trabajos de la tensión se anulan entre sí. Esto sucede con toda fuerza interna de un sistema.

la rapidez v con que el bloque colgante desciende ($V = v$). Por otro lado, el cilindro «rueda» por lo que su rapidez angular ω está ligada con la rapidez de su centro de masa V mediante $V = R\omega$. Reemplazando todo lo anterior en la energía, lleva a

$$E_f = \frac{1}{2}Mv^2 + \frac{1}{2}\left(\frac{1}{2}MR^2\right)\left(\frac{v}{R}\right)^2 + MgH + \frac{1}{2}mv^2 = \left(\frac{3}{4}M + \frac{1}{2}m\right)v^2 + MgH.$$

Luego, el **cambio de energía mecánica** del sistema bloque-cilindro es

$$\Delta E = \left(\frac{3}{4}M + \frac{1}{2}m\right)v^2 + MgH - mgh.$$

En la pregunta anterior discutimos sobre las fuerzas que actúan sobre el sistema bloque-cilindro y concluimos que el sistema **conserva la energía**. Así,

$$\left(\frac{3}{4}M + \frac{1}{2}m\right)v^2 + MgH - mgh = 0 \quad \Longrightarrow \quad v = \sqrt{\frac{mh - MH}{\frac{3}{4}M + \frac{1}{2}m}g}.$$

Reemplazando los valores, se obtiene la rapidez del centro de masa del cilindro (y del bloque)

$$\boxed{V = v = \sqrt{\frac{75 \times 5{,}0 - 50 \times 3{,}830}{\frac{3}{4} \times 50 + \frac{1}{2} \times 75}} \times 9{,}8 = 4{,}897 - 4{,}9\ \frac{\text{m}}{\text{s}}.}$$

d) El *momentum* angular del cilindro cuando ha recorrido los 5,0 m se obtiene a partir de la condición de ligadura entre la velocidad angular y la velocidad del centro de masa

$$V = R\omega \quad \Longrightarrow \quad \omega = \frac{V}{R},$$

con lo cuál, el *momentum* angular es dado por

$$\boxed{L_f = I_c\omega = \frac{1}{2}MR^2\frac{V}{R} = \frac{1}{2}MRV = \frac{1}{2} \times 50 \times 0{,}60 \times 4{,}897 = 73\,\text{kg}\cdot\frac{\text{m}^2}{\text{s}}.}$$

Solución 6.13.

a) Se trata de un choque elástico, es decir, el sistema formado por la esfera y el cascarón conserva el *momentum* lineal y la energía mecánica. De estas condiciones podemos determinar la rapidez angular del cascarón.

Consideremos un sistema de referencia con el eje x horizontal hacia la derecha. Como se trata de un choque ($\Delta t \sim 0$) los *impulsos externos* al sistema formado por la esfera y el cascarón son despreciables ($\sum \vec{I}_{\text{ext}} = 0$), por lo que el ***momentum* lineal se conserva**. El *cambio de momentum lineal* en el eje horizontal es dado por

$$\Delta p_x : \ 2mv + mV - (2mv_0 + m\cancelto{0}{v_i}) = 0,$$

donde hemos supuesto que tras el choque la esfera rueda con rapidez v hacia la derecha mientras que el cascarón también rueda hacia la derecha pero con rapidez V. Tras acomodar los términos se obtiene

$$V = 2(v_0 - v). \qquad (12.28)$$

Además, el choque es *elástico*, es decir, la **energía se conserva**. Por supuesto, la energía del sistema (durante el choque) es solo cinética. Sin embargo, tanto la esfera como el cascarón ruedan, de modo que *tienen tanto energía cinética de traslación como de rotación*. La energía inicial corresponde solo a la energía de la esfera sólida

$$E_i = \frac{1}{2}(2m)v_0^2 + \frac{1}{2}I_s\omega_0^2 = \frac{1}{2}\,(2m)\,v_0^2 + \frac{1}{2}\left(\frac{2}{5}(2m)R^2\right)\left(\frac{v_0}{R}\right)^2 = \frac{7}{5}mv_0^2,$$

donde hemos introducido el momento de inercia de la esfera sólida ($I_s = \frac{2}{5}MR^2$) y la **condición de rodadura** entre la rapidez v_0 del centro de masa de la esfera y su rapidez angular ω_0. La energía cinética final es la suma de las energías de la esfera sólida y el cascarón

$$\begin{aligned} E_f &= \left(\frac{1}{2}(2m)v^2 + \frac{1}{2}I_s\omega^2\right) + \left(\frac{1}{2}mV^2 + \frac{1}{2}I_c\Omega^2\right) \\ &= \frac{1}{2}\,(2m)\,v^2 + \frac{1}{2}\left(\frac{2}{5}(2m)R^2\right)\left(\frac{v}{R}\right)^2 + \frac{1}{2}mV^2 + \frac{1}{2}\left(\frac{2}{3}mR^2\right)\left(\frac{V}{R}\right)^2 \\ &= \frac{7}{5}mv^2 + \frac{5}{6}mV^2, \end{aligned}$$

donde hemos introducido el momento de inercia del cascarón $I_c = \frac{2}{3}MR^2$ y la condición de rodadura tanto en la esfera sólida ($v = R\omega$) como del cascarón ($V = R\Omega$). Concluimos que la *variación de energía* del sistema es

$$\Delta E = \frac{7}{5}mv^2 + \frac{5}{6}mV^2 - \frac{7}{5}mv_0^2 = \frac{7}{5}m\left(v^2 - v_0^2\right) + \frac{5}{6}mV^2.$$

Dado que el sistema conserva la energía, se tiene que

$$\frac{7}{5}m\left(v^2 - v_0^2\right) + \frac{5}{6}mV^2 = 0 \quad \Longrightarrow \quad \frac{5}{3}V^2 = \frac{14}{5}\left(v_0^2 - v^2\right). \qquad (12.29)$$

Procedemos a resolver el sistema de ecuaciones (12.28)-(12.29). Al dividir (12.29) entre (12.28) se obtiene una ecuación lineal que simplifica el sistema

$$\frac{5}{3}V = \frac{7}{5}\,(v_0 + v)\,. \qquad (12.30)$$

Así, el sistema a resolver dado en las ecuaciones (12.28) y (12.29) se simplifica a resolver las ecuaciones lineales (12.28) y (12.30). La solución es

$$v = \frac{29}{71}\, v_0\,, \quad V = \frac{84}{71}\, v_0. \tag{12.31}$$

Tras el choque, la esfera sólida rueda hacia la derecha con rapidez $v = \frac{29}{71}\, v_0$ mientras que el cascarón también rueda hacia la derecha pero con rapidez $V = \frac{84}{71}\, v_0$. De aquí obtenemos que **la rapidez angular del cascarón** tras el choque es

$$\boxed{\Omega = \frac{V}{R} = \frac{84}{71}\frac{v_0}{R}.}$$

b) La distancia D que recorre el cascarón m la obtenemos a partir de la conservación de la energía mecánica durante el ascenso en el plano inclinado.

Definamos la *situación inicial* justo después del choque. En esta situación hay solo energía cinética, tanto de traslación como de rotación. La *situación final* será cuando el cascarón recorra la máxima distancia D sobre el plano inclinado hasta detenerse momentáneamente. En esta situación solo hay energía potencial gravitacional. En consecuencia, la **variación de energía** es dada por

$$\Delta E = mgD \operatorname{sen}\alpha - \left\{\frac{1}{2}mV^2 + \frac{1}{2}\left(\frac{2}{3}mR^2\right)\left(\frac{V}{R}\right)^2\right\},$$

donde hemos considerado que la altura que alcanza el cascarón es $h = D \operatorname{sen}\alpha$. Las fuerzas que actúan sobre la esfera son el peso, la normal y la fuerza de roce *estática*. Como el peso es una fuerza conservativa se tiene que **el trabajo de las fuerzas no conservativas** es

$$\sum W_{\text{FNC}} = \cancelto{0}{W_{\vec{N}}} + \cancelto{0}{W_{\vec{f}_r}} = 0.$$

Aquí, el trabajo de la normal es nulo porque es perpendicular al desplazamiento, mientras que el trabajo del roce estático no produce deslizamiento. Luego, aplicamos el **teorema del trabajo y la energía mecánica**, lo que conduce a

$$mgD \operatorname{sen}\alpha - \frac{5}{6}mV^2 = 0 \quad \Longrightarrow \quad D = \frac{5}{6}\,\frac{V^2}{g \operatorname{sen}\alpha},$$

que reemplazando $V = 84/71\, v_0$ obtenido en la ecuación (12.31) de la pregunta anterior, lleva a la respuesta final

$$\boxed{D = \frac{5\,880}{5\,041}\,\frac{V_0^2}{g \operatorname{sen}\alpha} \approx 1{,}17\frac{V_0^2}{g \operatorname{sen}\alpha}.}$$

Apéndice A
Momentos de inercia de cuerpos homogéneos

A continuación se presenta una lista con algunos de los momentos de inercia que son necesarios para resolver los problemas de este libro.

- Partícula:

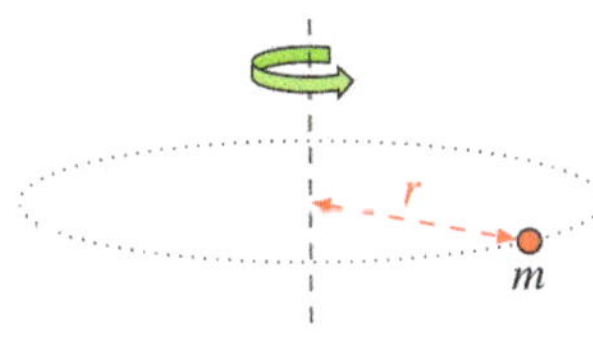

$$I = mr^2$$

- Barra delgada:

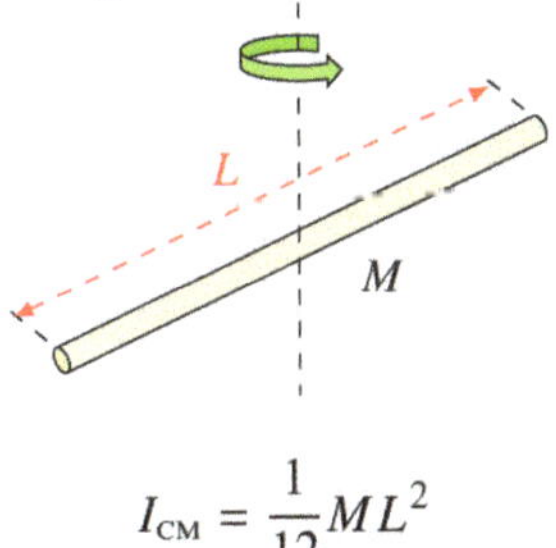

$$I_{CM} = \frac{1}{12}ML^2$$

- Aro o cascarón cilíndrico:

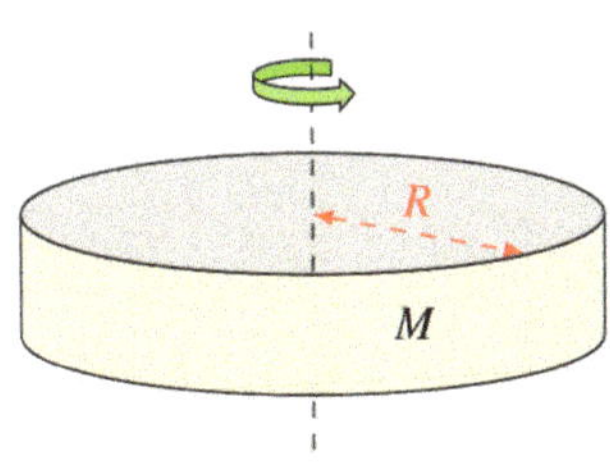

$$I_{CM} = MR^2$$

- Disco o cilindro sólido:

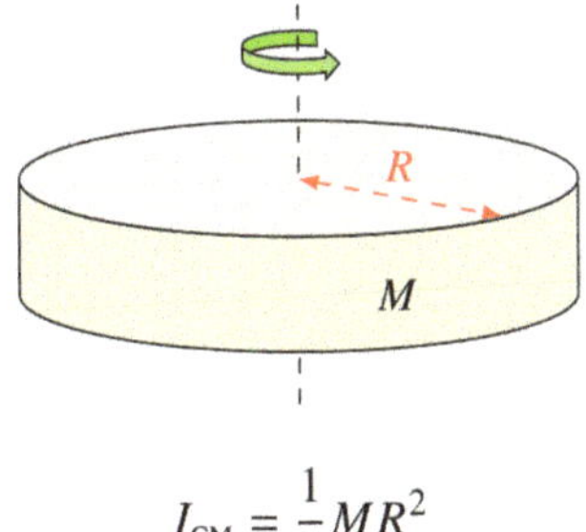

$$I_{CM} = \frac{1}{2}MR^2$$

- Cilindro hueco:

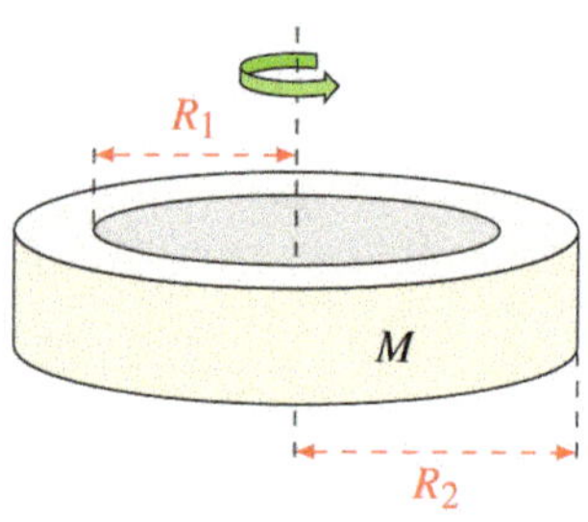

$$I_{CM} = \frac{1}{2}M\left(R_1^2 + R_2^2\right)$$

- Placa rectangular:

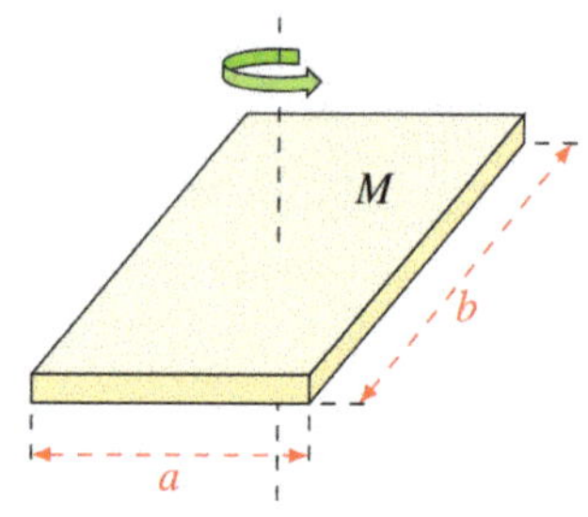

$$I_{CM} = \frac{1}{12}M(a^2 + b^2)$$

- Esfera sólida:

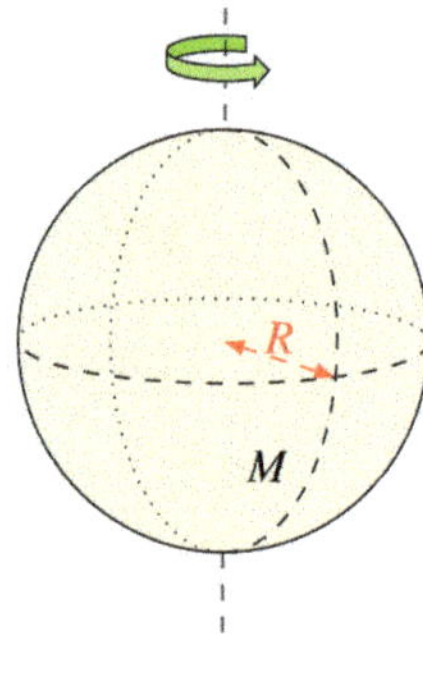

$$I_{CM} = \frac{2}{5}MR^2$$

- Cascarón esférico:

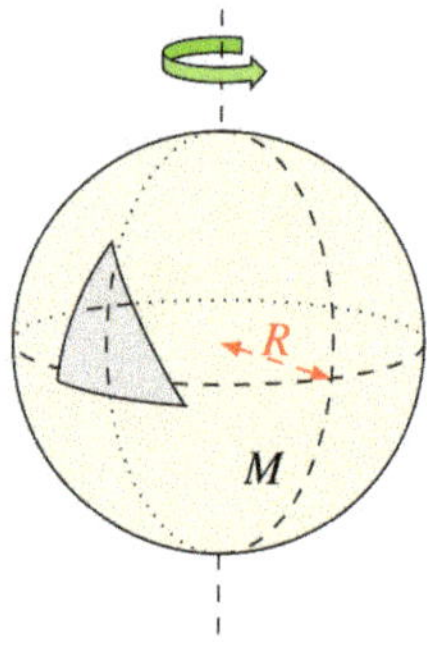

$$I_{CM} = \frac{2}{3}MR^2$$

- Teorema de los ejes paralelos (Teorema de Steiner): $I_P = I_{CM} + MD^2$

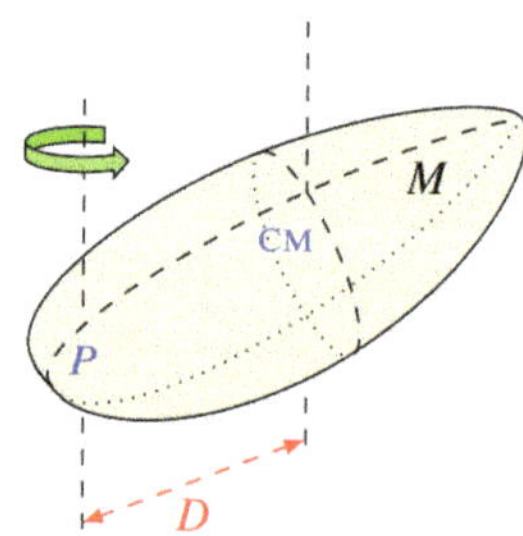

www.ingramcontent.com/pod-product-compliance
Ingram Content Group UK Ltd.
Pitfield, Milton Keynes, MK11 3LW, UK
UKHW021831270726
14058UKWH00001B/82